数据科学与统计系列
规划教材

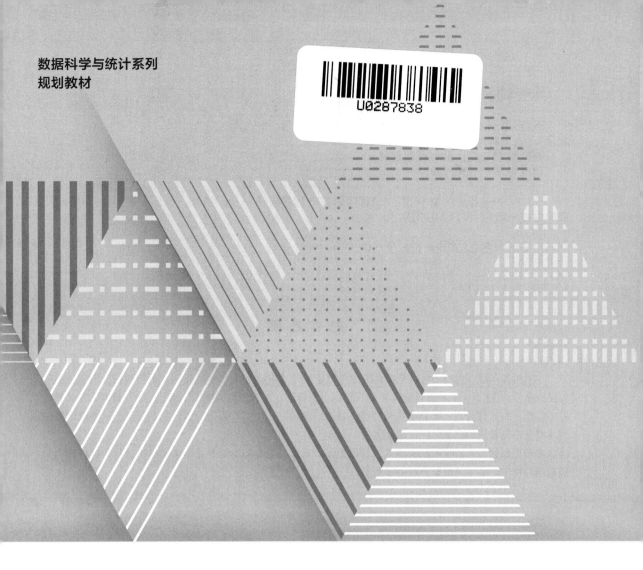

R语言
数据分析与挖掘

微课版

谢佳标 ◎ 编著

人民邮电出版社

北 京

图书在版编目（CIP）数据

R语言数据分析与挖掘：微课版 / 谢佳标编著. --
北京：人民邮电出版社，2022.9（2023.12重印）
数据科学与统计系列规划教材
ISBN 978-7-115-58633-9

Ⅰ. ①R… Ⅱ. ①谢… Ⅲ. ①程序语言－程序设计－
高等学校－教材 Ⅳ. ①TP312

中国版本图书馆CIP数据核字(2022)第018087号

内 容 提 要

本书由浅入深，内容丰富，全面系统地介绍了 R 语言基础知识和使用 R 语言进行数据分析与挖掘的方法。全书共 12 章，主要内容包括 R 语言数据分析概述、R 语言数据操作基础、R 语言数据读写、数据基本管理、数据预处理、R 语言的重要绘图函数、高级绘图工具、聚类分析、回归分析、决策树、神经网络与支持向量机和模型性能评估及优化。

本书可作为高等院校数据科学与大数据技术、大数据管理与应用专业相关课程的教材，也可作为初级数据分析学习者学习数据分析的参考书。

♦ 编　著　谢佳标
　　责任编辑　许金霞
　　责任印制　李 东　胡 南
♦ 人民邮电出版社出版发行　　北京市丰台区成寿寺路 11 号
　邮编　100164　　电子邮件　315@ptpress.com.cn
　网址　https://www.ptpress.com.cn
　大厂回族自治县聚鑫印刷有限责任公司印刷
♦ 开本：787×1092　1/16
　印张：17.25　　　　　　　　2022 年 9 月第 1 版
　字数：486 千字　　　　　　2023 年 12 月河北第 2 次印刷

定价：62.00 元

读者服务热线：(010)81055256　印装质量热线：(010)81055316
反盗版热线：(010)81055315
广告经营许可证：京东市监广登字 20170147 号

在大数据和人工智能时代，数据已成为人们在决策时最为重要的参考之一，数据分析行业已迈入了一个全新的阶段。本书正是基于企业对数据分析人才能力的需求而编写的。

本书侧重于讲解 R 语言的数据存取、图形展示和统计数据分析，重点介绍 R 语言在基础统计、计量经济分析与多元统计分析中的应用，同时结合大量的实例，采用 R 语言 3.4.3 版本进行科学、准确和全面的介绍，以帮助读者深刻理解 R 语言的精髓，并能够灵活、高效地使用 R 语言进行数据分析和挖掘。

➢ 本书特点

1. 基于 R 语言

本书之所以采用 R 语言，是因为 R 软件具有强大的图形展示和统计分析功能、可让用户免费使用与更新并具有大量可随时加载的程序包。而 Stata、SAS、SPSS、Eviews、Matlab、S-PLUS 等都是收费软件。R 软件简洁的输出和强大的帮助系统为用户提供了极好的自学环境，因此受到广大用户的欢迎和喜爱。

2. 理论与应用相结合

本书详细地介绍了 R 语言在数据分析中的应用，侧重于理论与应用相结合，实例丰富且通俗易懂，对 R 语言的各种绘图方法、与数据表格的连接、基础统计分析和多元统计分析应用等方面的讲解有着自己的特色，详细介绍了各种统计方法在 R 语言中的实现过程。本书以问题为导向，通过问题来介绍 R 语言的使用方法。因此，读者通过本书不仅能掌握使用 R 语言及相关程序包的方法，而且能学会从实际问题分析入手，应用 R 语言来解决商业实际数据分析的问题。

3. 案例丰富且实用性强

本书案例丰富，有很强的针对性。书中各章详细地介绍了 R 语言数据分析与挖掘案例的具体操作过程，读者只需按照书中步骤一步一步操作，就能掌握全书的内容。为了帮助读者更加直观地学习本书，我们将提供书中案例的全部数据文件，读者可登录人邮教育社区（www.ryjiaoyu.com）下载。下载后，读者在自己的计算机中建立一个文件夹，将所有数据文件复制到此文件夹中即可进行相关操作。

编著者
2022 年 5 月

目录

1

第 1 章　R 语言数据分析概述

随着大数据时代到来，各行业积累了海量数据，越来越多的企业开始重视数据，期待从数据中寻找有价值的信息，以指导公司管理层决策，最终创造更大的价值。但是在大数据时代所积累的海量数据本身并无意义，真正的意义体现在对含有信息的数据进行的专业化处理。仅靠传统的商业智能（Business Intelligence，BI）技术已经不能很好地实现该目的，此时需要专业的数据工具对海量数据进行分析和挖掘，发现数据的内在规律，把握未来发展趋势。

R 语言作为统计和数据挖掘界广泛应用的统计分析编程语言，受到越来越多的企业"追捧"。R 软件是一个基于 GNU 系统的免费、源代码开放的软件，提供了各种语言和工具的接口，是项目工程化中数据分析挖掘模块中重要的武器之一。对于有志成为数据分析师或数据挖掘工程师的读者来说，掌握 R 语言将成为他们未来必备的技能之一。

本章首先带领读者了解数据分析，以及成为数据分析师需要具备哪些技能。然后介绍 R 语言工具的安装及使用，让读者掌握 R 语言的基本知识，为将来的数据分析和挖掘奠定良好基础。

1.1　认识数据分析

各行业的市场竞争日趋激烈，企业需要借助大数据，以便挖掘更多更细的用户群来进行精细化、个性化的运营。数据分析不仅能让企业了解运营现状，掌握客户特征及喜好，还能通过分析发现规律，对未来发展趋势进行预测。

1.1.1　为什么要对数据做分析

在大数据时代，出现"数据越多，知识越匮乏"的怪现象，企业虽然积累了海量数据，且开发了自己的商业智能报表系统，但是多数停留在"看数据"阶段，仍然用传统的数据分析方法对数据进行简单的加工、统计及展示，并没有进行深度挖掘来发现数据背后的规律和未来趋势。如何在海量的、复杂的高维数据中发掘出有价值的信息，将是很多企业下一步亟须解决的难题。

数据化运营是飞速发展的数据存储技术、数据挖掘技术等先进技术推动的结果。数据技术的飞速发展，使得数据存储成本大大减低，从而使公司积累了大量的用户数据。而成熟的数据挖掘算法和工具则让公司可以尝试海量数据的分析、挖掘、提炼和应用。有了数据分析、数据挖掘的强有力的支持，运营人员不再靠"拍脑袋"，而可以真正做到在运营过程中自始至终都心中有数。比如，在用户购买偏好分析中，数据分析师利用数据挖掘手段对用户进行偏好分群，运营人员根据不同的用户群制定差异化策略，数据分析师再根据推送结果评估模型效果。

数据分析流程

1.1.2　数据分析的流程

数据分析、数据挖掘的成果一定要落实到具体的业务才得以体现价值，所

1

以需要制定流程和制度来有效保障最终的业务实践效果。这些流程一方面可以促使有关各方在数据分析业务实践的不同阶段明确各自的角色、分工和价值，维护整个业务流的畅通和保证效率；另一方面可以有效达成数据分析项目中各环节的阶段性目标。

数据挖掘标准流程（CRISP-DM）方法论是一种业界认可的用于指导数据挖掘工作的方法。按照 CRISP-DM 方法论，一个数据分析与挖掘的完整流程包括 6 个阶段，分别是业务理解、数据理解、数据准备、建立模型、模型评估和模型发布。这 6 个阶段的顺序并不是固定不变的，在不同的业务场景中，各阶段可以有不同的流转方向。但是总体来说，业务理解是第一位的，是数据分析流程中的第一环节，制定了业务目标，从而针对业务目标进行数据理解、数据准备、建立模型、模型评估及模型发布等流程。图 1-1 是 CRISP-DM 方法论的示意图。

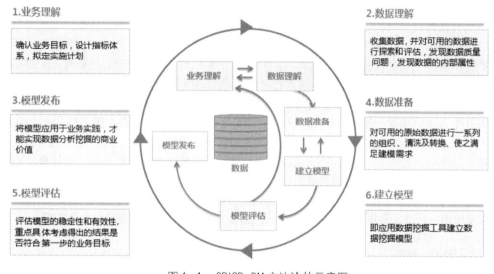

图 1-1　CRISP-DM 方法论的示意图

图 1-1 的外圈象征数据分析自身的循环本质，数据分析过程可以不断循环、优化，人们在后续的过程可以从前面的过程中得到借鉴和启发。

（1）业务理解：该阶段的核心内容包括正确理解业务背景和业务需求，同时把业务需求有效转化成合理的分析需求，并确认业务目标、设计指标体系和拟定实施计划。

（2）数据理解：该阶段从数据收集开始，并对可用的数据进行探索和评估，发现数据质量问题，以及数据不同属性间的关系。

（3）数据准备：该阶段主要是进行数据清洗和转换工作，包含数据缺失值和异常值的处理，保证建模前的数据质量；数据的重组、转换以及衍生等处理，例如对数据进行标准化处理、对某些指标进行分箱操作以便满足建模需求。

（4）建立模型：该阶段是数据分析流程中技术含量最高的阶段，数据分析师应该根据项目需求和数据特点选择适合的算法，并使用专业的数据挖掘工具建立模型。

（5）模型评估：评估建立模型的稳定性和有效性，常用的模型评估方法有混淆矩阵、ROC 曲线、K-S 曲线、交叉验证等。根据评估结果判断是否符合当初的业务目标，如果模型不符合业务目标，需要重复建模工作，有时甚至需要从数据准备阶段重新开始。

（6）模型发布：将模型应用于业务实践，才能实现数据分析挖掘的商业价值。该阶段根据业务反馈的结果调整分析方法。

我们已经了解了数据分析的重要性及分析流程，接下来让我们一起来了解 R 语言，以及 R 软件的安装。

1.2　R语言简介及R软件安装

R语言的简介与安装

1.2.1　R语言简介

R语言的前身是S语言。S语言是由AT&T公司贝尔实验室的里克·贝克尔（Rick Becker）、约翰·钱伯斯（John Chambers）和艾伦·威尔克斯（Allan Wilks）开发的一种用来进行数据探索、统计分析、作图的解释型语言。最初S语言的实现版本主要是S-PLUS。S-PLUS是一个商业软件，它基于S语言，并由MathSoft公司的统计科学部进一步完善。R语言最初由来自新西兰大学的罗斯·伊哈卡（Ross Ihaka）和罗伯特·杰特曼（Robert Gentleman）开发（由于他们的名字都是以R开头的，所以它被命名为R）。R语言是基于S语言的一个GNU项目，所以可以当作S语言的一种实现，通常用S语言编写的代码都可以不做修改地在R语言环境下运行。

R语言是一套开源的数据分析解决方案，几乎可以独立完成数据处理、数据可视化、数据建模及模型评估等工作，而且可以完美配合其他工具进行数据交互。具体来说，R语言具有以下优势。

（1）R语言作为一种GNU项目，开放了全部源代码，用户可以免费下载使用和修改。

（2）R语言可以运行在多种操作系统上，包括Windows、UNIX和macOS。

（3）R语言可以轻松地从各种类型的数据源中导入数据，包括文本文件、数据库管理系统、统计系统乃至Hadoop、Spark等。它同样可以将数据输出并写入这些文件或系统。

（4）R语言内置多种统计学及数据分析功能。因为有S语言的"血缘"，R语言比其他统计学或数学专用的编程语言有更强的面向对象的功能。

（5）R语言拥有顶尖的制图功能。不仅有lattcie包、ggplot2包能对复杂数据进行可视化，更有rCharts包、recharts包、plotly包实现数据交互可视化，甚至可以利用功能强大的shiny包实现R与Web整合部署，构建网页应用，帮助不懂CSS、HTML的用户利用R语言快速搭建自己的数据分析App。

当然，R语言也存在一些固有的缺点，R语言现在主要的问题有如下3点。

其一，R语言是一种解释型语言，和其他编程语言相比，其编译速度显得略慢一些，但是随着硬件和R自身的发展，这个问题已经被慢慢弱化了，而且如果能够熟练运用向量化运算，可以大大提高速度。如果使用R的内置分析函数，效率会高很多，因为很多函数都是由C或者Fortran编写的。

其二，R所有的计算实际基于内存进行，这就意味着，在处理数据的过程中，数据必须完整地装入内存，这在处理小型数据是没有任何问题的，但是当遇到大数据的时候，问题就会变得很严重。其实，这个问题也得到了解决，可以利用并行包提升R的性能，或者利用R结合Hadoop、Spark的方式进行大数据分析的工作。

其三，由于R语言的"自由"特性，各种包的编写者来自不同的领域，所以在一定程度上R语言是比较混乱的，它没有统一的命名格式、参数格式，源代码和文档质量参差不齐。

1.2.2　R软件的安装

截至编写本书时，R软件的最新版本是3.5.2版本，我们可以在R综合典藏网（Comprehensive R Archive Network，CRAN）获取最新版本。

本书使用的是Windows操作系统下的3.4.3版本。直接双击下载好的R-3.4.3-win.exe进行安装即可。安装完成后，双击桌面图标启动R，打开如图1-2所示的界面。

R软件的界面相当简洁，只有为数不多的几个菜单和快捷按钮。快捷按钮下面是主控制台，它是输入脚本和执行结果的窗口。

1.2.3 其他辅助工具

RStudio 安装及 R 语法初步认识

与传统的数据挖掘工具 SAS、SPSS 和 IBM SPSS Modeler 等软件相比，R 软件的缺点在于没有友好的操作菜单，这会使很多熟悉其他工具的用户起初觉得很困难。幸好，R 自由的特性得到很好的发挥，用户贡献的 R 包实现了很多功能的菜单化操作。下面介绍一个比较友好的编辑器和一个可以实现菜单化操作完成数据挖掘工作的包。

现在有很多可用的集成开发环境（Integrated Development Environment，IDE），其中比较好用的有 RStudio，它是专门用于 R 语言的 IDE。RStudio 可用于 Windows、macOS 和 Linux，并且可以在 Linux 环境中安装 RStudio-Server，它允许用户通过一个 Web 浏览器的标准 RStudio 界面来对 RStudio 进行多人协同操作。

可以从其官网免费下载 RStudio，如果用于教学，下载安装桌面版即可。安装完成后启动 RStudio 的启动界面，并打开新的文本编辑界面，如图 1-3 所示。

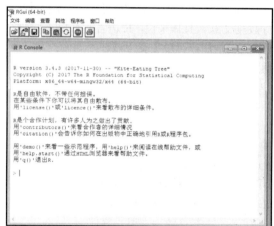

图 1-2　R 软件的启动界面

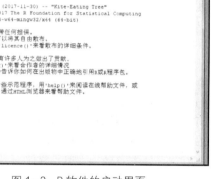

图 1-3　RStudio 中打开的新文本编辑界面

图 1-3 中，左上方的窗口是文本编辑器，其具有强大的功能，我们可以在文本编辑器中写好脚本，单击 Run 按钮（或者按 Ctrl +Enter 组合键）批量运行代码；右上方的窗口包括当前环境下的信息、历史命令；左下方的窗口是标准的 R 控制台；右下方的窗口包括文件路径、绘图窗口、已经在本地安装的包信息、帮助文档以及交互绘图时的图形浏览界面。

1.2.4　R 语言快速上手

R 语言是一种区分大小写的解释型语言，程序内置的函数可以满足基本的数据分析需求，并且有丰富的帮助文档帮助新手快速上手。也有很多用户贡献了高质量的包，极大地扩展了 R 的功能，例如，用来进行数据处理的 resharp2、dplyr、tidyr 包，用来画图的 ggplot2 包和 R 与 Web 整合部署的 shiny 包。

1. 新手上路

我们可以在命令提示符>后每次输入一行命令，或者一次性执行写在脚本文件里的一组命令。R 语言是解释型语言，输入命令后可以实时响应，就像计算器一样，我们输入完指令按=立即输出计算结果。

```
> 1+1
[1] 2
```

如果 R 监测到输入的命令行未结束，就会给出一个提示符+，提示我们要在下一行继续输入未输入完的命令，直到从语法角度来讲命令已经输入完为止，否则 R 会有"unexpected end of input"

的错误提示。

```
> 1+
+
错误: unexpected end of input
> 1+
+ 1
[1] 2
```

R 语言的标准赋值符号是<-，也可以用=。例如，将序列 1：10 赋予对象 a，执行如下操作。

```
> a = 1:10
```

此时，如果我们想查看对象 a，在文本编辑器中直接输入 a 即可。由于 R 语言是一种区分大小写的解释型语言，此时如果输入 A，则系统会报错。

```
> a
 [1]  1  2  3  4  5  6  7  8  9 10
> A
错误: 找不到对象'A'
```

不仅针对数据对象，对于其他对象，R 语言也是区分大小写的。例如：R 语言自带的求相关系数函数 cor()，如果我们错写为 Cor()，则系统会出现 "没有"Cor"这个函数" 的错误提示。

```
> cor(iris[,1:4])
             Sepal.Length   Sepal.Width    Petal.Length   Petal.Width
Sepal.Length    1.0000000    -0.1175698       0.8717538     0.8179411
Sepal.Width    -0.1175698     1.0000000      -0.4284401    -0.3661259
Petal.Length    0.8717538    -0.4284401       1.0000000     0.9628654
Petal.Width     0.8179411    -0.3661259       0.9628654     1.0000000
> Cor(iris[,1:4])
错误: 没有"Cor"这个函数
```

2．获得帮助

R 提供了大量的帮助文档，通过这些帮助文档读者可以快速上手。如果你想知道某个函数或者数据集的信息，可以在 RStudio 的控制台中输入？，加上函数名或数据集名。如果你想查找某个函数，可以输入？？，后面加上与此函数相关的关键词。help() 函数及 help.search()函数分别等价于?和??。median()函数可查看一组数据中的中位数，通过函数 help()查找中位数函数 median()的帮助文档，示例如下。

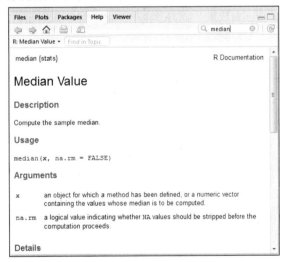

```
?median  # 等价于 help("median")，查看中
位数函数的帮助文档
??median  # 等价于 help.search("median") 搜
索包含 median 的帮助信息
```

如果你使用的是 RStudio，也可以在 Help 选项卡中的搜索文本框中输入 median，查看该函数的帮助文档，如图 1-4 所示。

图 1-4　RStudio 帮助界面

默认情况下，help()只能查找已经加载到内存中扩展包的函数和数据。如果我们想查找那些未加载到内存中扩展包的函数和数据，需要将包名赋值给 help()函数中的 package 参数，或者将 try.all.package 参数设置为 TRUE。例如我们想查找 shiny 包中的 runExample()函数。

```
> help("runExample")
No documentation for 'runExample' in specified packages and libraries:
you could try '??runExample'
> help("runExample",package = "shiny")
> help("runExample",try.all.packages = TRUE)
```

apropos()函数能在已加载到内存的包中，找出所有名字中含有 "关键字" 的函数。下面示例是查找包含关键字"plot"的所有函数。

```
> apropos("plot")
 [1] ".__C__recordedplot"   "assocplot"         "barplot"
 [4] "barplot.default"      "biplot"            "boxplot"
 [7] "boxplot.default"      "boxplot.matrix"    "boxplot.stats"
[10] "cdplot"               "coplot"            "fourfoldplot"
[13] "interaction.plot"     "lag.plot"          "matplot"
[16] "monthplot"            "mosaicplot"        "plot"
[19] "plot.default"         "plot.design"       "plot.ecdf"
[22] "plot.function"        "plot.new"          "plot.spec.coherency"
[25] "plot.spec.phase"      "plot.stepfun"      "plot.ts"
[28] "plot.window"          "plot.xy"           "preplot"
[31] "qqplot"               "recordPlot"        "replayPlot"
[34] "savePlot"             "screeplot"         "spineplot"
[37] "sunflowerplot"        "termplot"          "ts.plot"
```

大多数函数已提供相应的例子帮助我们了解该函数的用法。可以通过 example()函数来查看它们。以下示例查看 median()函数自带的例子。

```
> example("median")

median> median(1:4)                    # = 2.5 [even number]
[1] 2.5

median> median(c(1:3, 100, 1000))      # = 3 [odd, robust]
[1] 3
```

可以通过 data()函数查看 datasets 包中的数据集。如果要查看本地安装包的所有数据集，可以用命令 data(package = .packages(all.available = TRUE))。

```
> data()
> data(package = .packages(all.available = TRUE))
```

3．工作空间

工作空间（workspace）就是当前 R 的工作环境，它存储着用户定义的所有对象（向量、矩阵、函数、数据框、列表、模型、图形等）。例如，我们通过以下代码创建几个对象。

```
> # 创建数据对象 a 和 b
> a <- 1:10
> b <- 10:1
> # 创建模型对象 fit
> fit <- lm(Sepal.Length~Sepal.Width,data=iris)
> # 创建图形对象 q 和 p
> library(ggplot2)
> q <- qplot(mpg, wt, data = mtcars)
> library(rCharts)
> names(iris) = gsub('\\.', '', names(iris))
> p <- rPlot(SepalLength ~ SepalWidth | Species, data = iris, type = 'point', color = 'Species')
```

可以通过 ls()函数查看当前工作空间的所有对象，结果如下。

```
> ls()
[1] "a"   "b"   "fit"   "iris"   "p"   "q"
```

如果你使用的是 RStudio，可以直接在右上角查看当前工作空间的对象，如图 1-5 所示。

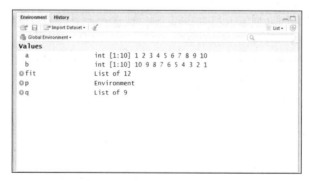

图 1-5 通过 RStudio 界面查看当前工作空间的对象

因为对象存储在内存中，所以可以通过 rm()函数删除不需要的对象，及时释放内存，提高 R 运行的性能。通过 rm()函数可移除一个或多个对象，比如想删除对象 fit，可执行以下命令。

```
# 移除对象 fit
> rm(list="fit")
> ls()
[1] "a" "b" "p" "q"
```

如果我们需要删除全部对象，可以结合 list=ls()实现。

```
> # 移除所有对象
> rm(list=ls())
> ls()
character(0)
```

当前的工作目录（working directory）是 R 用来读取文件和保存结果的默认目录，我们可以使用 getwd()函数来查看当前的工作目录。

```
> getwd()
[1] "C:/Users/Think/Documents"
```

如果我们想改变当前的工作目录，可以使用 setwd()函数实现。譬如将默认目录修改为 D 盘下的"写书"文件夹，可以运行以下命令。

```
> setwd("D:/写书")
> getwd()
[1] "D:/写书"
```

也可以通过 R 菜单栏的"文件→改变工作目录"调出"浏览文件夹"对话框，选择新的默认工作目录后点击确定即可。

4．包的安装及使用

包是 R 函数、数据、预编译代码以一种定义完善的格式组成的集合。R 语言的使用，很大程度上借助了各种各样的 R 包。从某种程度上讲，R 包就是针对 R 的插件，不同的插件满足不同的需求。截至 2019 年 1 月 24 日，CRAN 已经收录了各类包 13710 个。计算机上存储包的目录称为库（library）。该库位于 R 软件的安装目录/library 下。我们可以通过.libPaths()函数查看库所在的位置，通过 library()函数则可以显示库中已安装的包。

安装 CRAN 上的扩展包，使用命令 install.packages("package_name","dir")进行在线安装即可。默认情况下是安装在 library 文件夹中的，指定 dir 参数可修改包的安装目录。

例如，我们要安装一个可以快速读取大数据集的扩展包 data.table，只需要执行 install.packages("data.table")即可。

```
> install.packages("data.table")
Installing package into 'C:/Users/Daniel/Documents/R/win-library/3.4'
(as 'lib' is unspecified)
trying URL 'https://cran.rstudio.com/bin/windows/contrib/3.4/data.table_1.12.0.zip'
Content type 'application/zip' length 1879550 bytes (1.8 MB)
downloaded 1.8 MB

package 'data.table' successfully unpacked and MD5 sums checked

The downloaded binary packages are in
 C:\Users\Daniel\AppData\Local\Temp\RtmpuGG43v\downloaded_packages
```

我们可通过图形化界面的方式进行扩展包的安装。在 R 中，选择"程序包"→"安装程序包"，在弹出的"Packages"对话框中，选择需要安装的包，单击"确定"按钮。如果使用的是 RStuido，可以选择"Tools"→"Install Packages"，弹出对话框，该对话框包括在线安装和本地安装两种方式，我们选择在线安装，只需要在 Packages 中输入包名后单击"Install"按钮进行安装即可，如图 1-6 所示。

默认情况下，安装好的扩展包是未加载到内存的。如果要

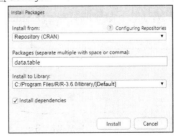

图 1-6 通过 RStudio 界面安装包

使用该包的函数或数据，必须先把包加载到内存（默认情况下，R 启动后默认加载基本包）。加载扩展包命令为 library("包名")或者 require("包名")。

```
> example("first")
Warning message:
In example("first") : 找不到与'first'有关的帮助文件
> library(data.table)
> example("first")

first> first(1:5) # [1] 1
[1] 1

first> x = data.table(x=1:5, y=6:10)

first> first(x) # same as x[1]
    x y
1: 1 6
```

也可以通过 RStuido 右下窗口中的 Packages 对包进行加载，如图 1-7 所示。

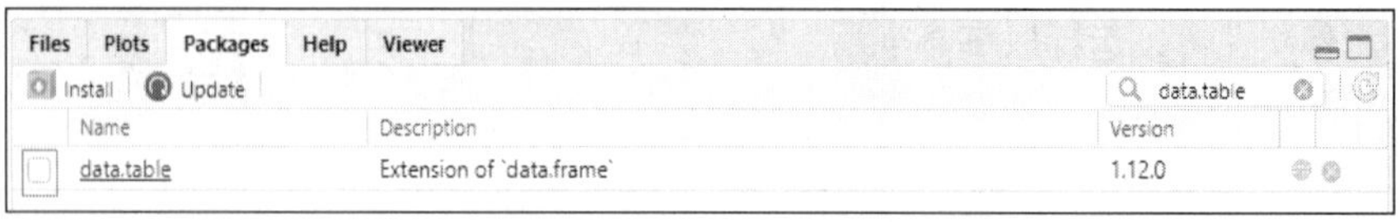

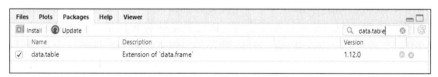

图 1-7 data.table 包未加载到内存

直接选中 data.table 前面的复选框，即可完成包的加载，如图 1-8 所示。

图 1-8 data.table 包已加载到内存

通过 find.package()函数或者 path.package()查看当前环境中有哪些已加载到内存的包。

```
> find.package() # or path.package()
[1] "C:/Users/Daniel/Documents/R/win-library/3.4/data.table"
[2] "C:/Program Files/R/R-3.4.3/library/stats"
[3] "C:/Program Files/R/R-3.4.3/library/graphics"
[4] "C:/Program Files/R/R-3.4.3/library/grDevices"
[5] "C:/Program Files/R/R-3.4.3/library/utils"
[6] "C:/Program Files/R/R-3.4.3/library/datasets"
[7] "C:/Program Files/R/R-3.4.3/library/methods"
[8] "C:/PROGRA~1/R/R-34~1.3/library/base"
```

可以通过 detach()函数将已加载的包移除出内存。例如我们要将 data.table 包从内存中释放，执行 detach("package:data.table", unload = TRUE)或再单击 RStuido 右下窗口中 data.table 包前的复选框即可。

通过 remove.packages()函数可将包从计算机中删除。例如我们要将 data.table 包从计算机中删除，需执行以下命令或者单击 RStuido 右下窗口中的 data.table 包版本号右边的叉，如图 1-9 所示。

```
> remove.packages("data.table", lib="~/R/win-library/3.4")
> library(data.table)
Error in library(data.table) : 不存在叫'data.table'这个名字的程序包
```

图 1-9 将 data.table 包从计算机中删除

1.3　本章小结

本章首先带领大家认识了数据分析的重要性及流程，同时介绍了数据挖掘工具在从事数据分析挖掘工作时的优势，然后介绍了 R 及 Rstuido 工具的安装及 R 语言基本知识，为后面的学习打下良好的基础。

1.4　本章练习

一、单选题

1．需要查看当前工作目录，可输入以下哪个函数？（　　）
   A．setwd　　　　　　B．setwd()　　　　　　C．getwd　　　　　　D．getwd()

2．需要查看当前环境已有对象内容，可输入以下哪个函数？（　　）
   A．ls　　　　　　　　B．Ls　　　　　　　　C．List　　　　　　　D．ls()

3．需要查看包的安装路径，可输入以下哪个函数？（　　）
   A．LibraryPath()　　　　　　　　　　B．.Librarypaths()
   C．.libPaths()　　　　　　　　　　　D．library()

4．需要在 CRAN 在线安装扩展包，需利用以下哪个函数？（　　）
   A．install.package(包名)　　　　　　B．install.package("包名")
   C．update.packages(包名)　　　　　　D．install.packages("包名")

5．以下哪个字符不是代表逻辑值？（　　）
   A．TRUE　　　　　　B．T　　　　　　　　C．True　　　　　　D．FALSE

二、上机题

1．下载及安装 R 和 RStudio 工具。

2．通过 install.packages()函数在线安装 ggplot2 扩展包。

3．通过 library()函数将 ggplot2 包加载到 R 中。

第2章 R语言数据操作基础

R 语言拥有许多用于存储数据的对象，包括向量、矩阵、数组、数据框和列表等。它们在存储数据的类型、创建方式、结构复杂度，以及用于定位和访问其中个别元素的标记等方面均有所不同。多样化的数据对象赋予了 R 语言灵活处理数据的能力。

本章首先介绍 R 语言常用的数据类型，再介绍基础包中的常用时间函数；然后详细介绍各种数据对象的创建及操作；最后介绍如何利用基础包和 stringr 包的常用函数处理复杂的文本内容。

2.1 R 语言数据类型

2.1.1 数据类型判断及转换

数据类型判断及转换

R 语言中用来存储数据的类型有多种，包括数值型（numeric）、整型（integer）、逻辑型（logical）、日期型（date）、字符型（character）、复数型（complex），此外，也可能有默认值（NA）和空值（NULL）。其中最常用到的 4 种类型是数值型、逻辑型、日期型和字符型。

R 语言中提供了一系列用来判断某个对象的数据类型和将其转换为另一种数据类型的函数，如表 2-1 所示。

表 2-1 判断和转换数据对象类型的函数

类型	判断函数	转换函数
数值型（numeric）	is.numeric()	as.numeric()
整型（integer）	is.integer()	as.integer()
逻辑型（logical）	is.logical()	as.logical()
日期型（date）	is.date()	as.date()
字符型（character）	is.character()	as.character()
复数型（complex）	is.complex()	as.complex()
空值（NULL）	is.null()	as.null()

可以通过 methods(is)命令来查看所有的类型判断函数，用 methods(as)命令查看所有的类型转换函数。

通过下面代码可创建一个 1～10 的等差序列，并通过 as.character()函数将其数据类型转换成字符型。

```
> (b <- 1:10)
 [1]  1  2  3  4  5  6  7  8  9  10
> is.numeric(b) #判断是否为数值型，返回结果为真（TRUE）
 [1] TRUE
```

```
> (c <- as.character(b)) # 进行类型转换
 [1] "1"  "2"  "3"  "4"  "5"  "6"  "7"  "8"  "9"  "10"
> is.numeric(c) #判断是否为数值型，返回结果为假（FALSE）
[1] FALSE
> is.character(c) #判断是否为字符型，返回结果为真（TRUE）
[1] TRUE
```

对象中所存储的数据类型可以用 class()、mode()、typeof()函数查看。其中 class()函数查看变量的类，mode()函数查看变量的数据大类，typeof()函数查看数据细类。

通过下面代码可创建一个对象 df，df 有 3 个变量。对比 3 个函数返回结果区别。

```
> # 创建一个对象 df，内含 3 个不同类型的变量，设置参数避免自动转换为因子型
> df <- data.frame(c1=letters[1:3],c2=1:3,c3=c(1.1,1.2,1.3),stringsAsFactors = F)
> df
  c1 c2  c3
1  a  1 1.1
2  b  2 1.2
3  c  3 1.3
> # 使用 class()函数分别查看 3 个变量的类
> sapply(df,class)
         c1          c2          c3
"character"   "integer"   "numeric"
> # 使用 mode()函数分别查看 3 个变量的数据大类
> sapply(df,mode)
         c1          c2          c3
"character"   "numeric"   "numeric"
> # 使用 typeof()函数分别查看 3 个变量的数据细类
> sapply(df,typeof)
         c1          c2          c3
"character"   "integer"    "double"
```

因 R 语言中的浮点型分为整型和双精度型，所以 typeof()函数返回结果中 df 对象的 c2 变量为整型，c3 变量为双精度型（double）。

2.1.2 日期类型数据处理

日期类型数据处理
函数介绍

日期或时间格式处
理函数 format 详解

现在，日期类型的变量越来越普遍，接下来我们重点学习基础包中的时间函数。R 语言的基础包中提供了两种类型的时间数据，一类是 Date 日期数据，它存储的是天，不包括时间和时区信息；另一类是 POSIXct/POSIXlt 类型数据，其中包括了日期、时间和时区信息。基础包中常用的日期时间函数如表 2-2 所示。

表 2-2　　　　　　　　　　　常用的日期时间函数

函数	功能描述
ISOdate()	用数字直接生成日期对象，得到的是一个 POSIXct 对象
ISOdatetime()	用数字直接生成日期对象，允许继续加入小时、分钟、秒数信息
Sys.date()	返回系统当前的日期
Sys.time()	返回系统当前的日期和时间
Sys.timezone()	返回系统当前所在的时区
date()	返回系统当前的日期和时间（返回的值为字符串）
as.date()	将字符串形式的日期转换为日期格式的日期
format()	将日期变量转换成指定格式的字符串
as.POSIXlt()	将字符串转化为包含时间及时区的日期变量
strptime()	将字符型变量转化为包含时间的日期变量
strftime()	将日期变量转换成指定格式的字符型变量

续表

函数	功能描述
difftime()	计算两个日期变量间隔的秒数、分钟数、小时数、天数、周数
weekdays()	取日期变量所处的星期几
months()	取日期变量所处的月份
quarters()	取日期变量所处的季度

让我们先来学习直接利用数字生成日期对象的方法，ISOdate()和 ISOdatetime()函数的各参数如下所示：

```
ISOdate(year, month, day, hour = 12, min = 0, sec = 0, tz = "GMT")
ISOdatetime(year, month, day, hour, min, sec, tz = "")
```

ISOdate()函数必须给 year、month 和 day 参数进行赋值，其他参数可使用默认值。比如想创建 2019-01-27 这个日期，可以运行以下代码。

```
> # ISOdate()函数得到的是一个 POSIXct 对象
> (t <- ISOdate(2019,1,27))
[1] "2019-01-27 12:00:00 GMT"
> class(t)
[1] "POSIXct" "POSIXt"
```

从结果可知，ISOdate()函数返回结果默认是 12 点 0 分 0 秒，时区默认是 GMT。如果想修改时间为 23 点 35 分 48 秒的中国标准时间（CST：China Standard Time UT+8:00），可利用 ISODatetime()轻松实现，示例代码如下。

```
> (t <- ISOdatetime(2019,1,27,23,35,48))
[1] "2019-01-27 23:35:48 CST"
> class(t)
[1] "POSIXct" "POSIXt"
```

Sys.Date()、Sys.time()、Sys.timezone()、date()这几个函数不需传参，返回系统当前的日期、时间和时区。其中 Sys.Date()、Sys.time()返回值的数据类型是 double 类型，date()返回值的数据类型是字符型。

```
> Sys.Date() # 返回当前日期
[1] "2019-01-28"
> typeof(Sys.Date()) # 返回的是 double 类型
[1] "double"
> Sys.time() # 返回当前时间
[1] "2019-01-28 00:09:37 CST"
> typeof(Sys.time()) # 返回的是 double 类型
[1] "double"
> date() # 返回当前时间
[1] "Mon Jan 28 00:09:37 2019"
> typeof(date()) # 返回的是字符串类型
[1] "character"
```

利用 as.Date()函数可以将一个字符串转换为日期值，默认格式为 yyyy-mm-dd。结果显示为字符串，但实际是用 double 类型存储的。还可以把定制的日期字符串转换为日期型。

```
> s <- "2019-01-27" # 创建一个字符串
> typeof(s)
[1] "character"
> (d <- as.Date(s)) # 将字符串转换成日期值
[1] "2019-01-27"
> class(d) # 得到日期类型
[1] "Date"
> typeof(d) # 数据类型为 double 类型
[1] "double"
> (s1 <- "2019 年 1 月 27 日") # 创建定制的日期字符串
[1] "2019 年 1 月 27 日"
> (d1 <- as.Date(s1,"%Y 年%m 月%d 日")) # 将字符串转换成日期值
[1] "2019-01-27"
```

```
> class(d1);typeof(d1)
[1] "Date"
[1] "double"
```

format()函数将日期或时间输出为字符串，各种日期或时间格式含义如表 2-3 所示。

表 2-3　　　　　　　　　　　　　　　　日期或时间格式含义

格式	含义	示例
%d	数字表示的日期（0～31）	01～31
%a	缩写的星期名	Mon/周一
%A	非缩写星期名	Monday/星期一
%w	数字表示的星期几	0～6（0 为周日）
%b	缩写的月份	Jan/1 月
%B	非缩写月份	January/一月
%m	月份（01～12）	01～12
%y	两位数的年份	19
%Y	四位数的年份	2019
%H	24 小时制小时（00～23）	00～23
%I	12 小时制小时（01～12）	01～12
%p	AM/PM（上午/下午）指示	AM/PM（上午/下午）
%M	十进制分钟（00～59）	00～59
%S	十进制秒（00～59）	00～59

以下简单代码可让我们熟悉不同格式的输出结果。

```
> (today <- Sys.Date());class(today) # 创建日期变量，查看变量类型
[1] "2019-01-28"
[1] "Date"
> format(today);class(format(today)) # 使用 format()函数转换成字符串
[1] "2019-01-28"
[1] "character"
> # 输出格式为 format 指定的格式
> format(today,"%Y/%m/%d") # "yyyy/mm/dd"格式
[1] "2019/01/28"
> format(today,"%d/%m/%Y") # "dd/mm/yyyy"格式
[1] "28/01/2019"
> format(today, "%Y 年%m 月%d 日") #"yyyy 年 mm 月 dd 日"
[1] "2019 年 01 月 28 日"
> format(today,"%A");format(today,"%a");format(today,"%w") #返回星期几
[1] "星期一"
[1] "周一"
[1] "1"
> format(today,"%B");format(today,"%b");format(today,"%m") #返回月份
[1] "一月"
[1] "1 月"
[1] "01"
>
> (time <- Sys.time());class(time) # 创建时间变量，查看变量类型
[1] "2019-01-28 01:10:53 CST"
[1] "POSIXct" "POSIXt"
> format(time);class(format(time)) # 使用 format()函数转换成字符串
[1] "2019-01-28 01:10:53"
[1] "character"
> format(time, "%Y 年%m 月%d 日%H 时%M 分%S 秒") # 输出指定的格式
[1] "2019 年 01 月 28 日 01 时 10 分 53 秒"
> format(time,"%p") # 输出上午或下午
```

```
[1] "上午"
> format(time,"%H");format(time,"%I") # 输出小时
[1] "01"
[1] "01"
> format(time,"%M") # 输出分钟
[1] "10"
> format(time,"%S") # 输出秒
[1] "53"
```

as.POSIXlt()将字符串转换成 POSIXlt 类型，其以列表的形式存储：年、月、日、时、分、秒、时区数据。

```
> (s <- "2019-02-28 01:10:53");class(s) # 创建字符串
[1] "2019-02-28 01:10:53"
[1] "character"
> (p <- as.POSIXlt(s)) # 转换成 POSIXlt 类型
[1] "2019-02-28 01:10:53 CST"
> class(p);mode(p);
[1] "POSIXlt" "POSIXt"
[1] "list"
> # 提取日期中的各个组成部分信息
> print(p$year+1900) # p$year 表示自 1900 年以来的年份
[1] 2019
> print(p$mon+1) # p$mon 表示 0~11 月
[1] 2
> print(p$mday) # p$mday 表示该月的第几天
[1] 28
> print(p$yday+1) # p$yday 表示该年的第几天，0~365 天，元旦当天是第 0 天
[1] 59
> print(p$wday) # p$wday 表示对应周几，0~6，周日为 0，其他时间和我们日常习惯一致
[1] 4
```

strptime()返回的是时间类型数据，strftime()返回的是字符串型数据。函数形式分别如下：

```
strftime(x, format = "", tz = "", usetz = FALSE, …)
strptime(x, format, tz = "")
```

format 参数在 strptime()中为必选，在 strftime()中为可选。strptime()强制包含时区，而 strftime()默认不设置时区。如果 strftime()设置 usetz=TRUE，输出结果就和 strptime()一样（数据类型除外）。以下例子利用这两个函数实现时间类型与字符串类型间的转换。

```
> (s <- "2019-02-28 01:10:53");class(s) # 创建字符串
[1] "2019-02-28 01:10:53"
[1] "character"
> (d <- strptime(s,"%Y-%m-%d %H:%M:%S"));class(d) # 字符串转换成日期变量
[1] "2019-02-28 01:10:53 CST"
[1] "POSIXlt" "POSIXt"
> (s1 <- strftime(d));class(s1) # 转换日期时间变量为字符串
[1] "2019-02-28 01:10:53"
[1] "character"
> strftime(d,"%d/%m/%Y %H:%M:%S") # 将日期时间变量转换成指定的字符串格式
[1] "28/02/2019 01:10:53"
```

最后，让我们来学习 difftime()函数的用法。可以通过设置 units 参数值，计算两个时间变量间隔的周数、天数、小时数、分钟数和秒数。

```
> (t1 <- Sys.time())
[1] "2019-01-28 02:02:12 CST"
> (t2 <- strptime("2019-02-28 01:10:53",format = "%Y-%m-%d %H:%M:%S"))
[1] "2019-02-28 01:10:53 CST"
> difftime(t2,t1) #t2-t1，默认计算间隔天数
Time difference of 30.96436 days
> difftime(t2,t1,units = "weeks") # 返回间隔周数
Time difference of 4.42348 weeks
> difftime(t2,t1,units = "days") # 返回间隔天数
Time difference of 30.96436 days
> difftime(t2,t1,units = "hours") # 返回间隔小时数
Time difference of 743.1446 hours
> difftime(t2,t1,units = "mins") # 返回间隔分钟数
```

```
Time difference of 44588.68 mins
> difftime(t2,t1,units = "secs")  # 返回间隔秒数
Time difference of 2675321 secs
```

R语言数据对象
概述

2.2 R语言数据对象

R 语言拥有许多用于存储数据的对象类型，常用数据对象包括向量（vector）、矩阵（matrix）和数组（array）、因子（factor）、列表（list）和数据框（data.frame）。它们在存储数据的类型、创建方式、结构复杂度，以及用于定位和访问其中个别元素的标记等方面均有所不同。多样化的数据对象赋予了 R 灵活处理数据的能力。常用数据对象的创建及常用操作函数如图 2-1 所示。

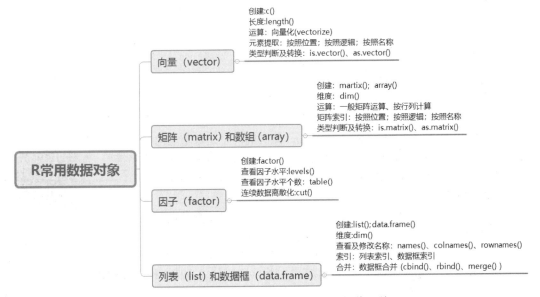

图 2-1　常用数据对象的创建及常用操作函数

2.2.1　向量

1. 向量的创建

R 语言最基本的数据对象是向量，向量以一维数组的方式管理数据。在大多数情况下都会使用长度大于 1 的向量，可以在 R 中使用 c()函数（代表合并 combine）和相应的参数来创建一个向量。向量的数据类型可以是字符型、逻辑值型（TRUE/T、FALSE/F）、数值型和复数型。一个向量的长度是它含有元素的数量，可以用 length()函数来获取。接下来，我们利用几个小例子帮助大家理解。

向量的创建

```
> (w<-c(1,3,4,5,6,7))         #创建数值型向量
[1] 1 3 4 5 6 7
> length(w)                   #查看向量的长度
[1] 6
> mode(w)                     #查看向量的数据类型
[1] "numeric"
> (w1<-c("张三","李四","王五")) #创建字符型向量
[1] "张三" "李四" "王五"
> length(w1)                  #查看向量的长度
[1] 3
> mode(w1)                    #查看向量的数据类型
[1] "character"
```

```
> (w2<-c(T,F,T))                    #创建逻辑型向量
[1] TRUE FALSE  TRUE
> length(w2)                        #查看向量的长度
[1] 3
> mode(w2)                          #查看向量的数据类型
[1] "logical"
```

一个向量的所有元素都必须属于相同的数据类型，如果不是，R 语言将强制执行类型转换，如下所示。

```
> w3 <- c(w,w2)    # 数值型+逻辑型=数值型
> w3
[1] 1 3 4 5 6 7 1 0 1
> mode(w3)
[1] "numeric"
> w4<-c(w,w1)        # 数值型+字符型=字符型
> w4
[1] "1"   "3"   "4"   "5"   "6"   "7"   "张三"   "李四"   "王五"
> mode(w4)
[1] "character"
> w5<-c(w1,w2)       # 字符型+逻辑型=字符型
> w5
[1] "张三" "李四" "王五" "TRUE" "FALSE" "TRUE"
> mode(w5)
[1] "character"
```

从以上小例子可知，当数值型向量与逻辑型向量合并时，R 语言会将数据从逻辑型转换为数值型，即 TRUE 转换成 1，FALSE 转换成 0，此时的向量是数值型向量；当数值型或逻辑型向量与字符型向量合并时，R 语言会将其值强制转换成字符类型（数字和逻辑值元素都加上双引号），变成字符型向量。

2. 向量的运算

因为 R 语言是矢量化的语言，其强大的方面之一就是函数的向量化。这意味着操作自动地应用于向量的每一个元素，不需要遍历向量的每个元素。例如我们创建一个向量 w，元素由从 1 到 10 的序列组成，要对向量 w 中的每个元素进行开平方根，一般做法是需要写一个简单的 for 循环，对数字进行开平方根操作，示例代码如下。

```
> (w<- 1:10) # 创建一个向量w, 由数字1~10组成
 [1]  1  2  3  4  5  6  7  8  9 10
> result <- c() # 创建一个空向量,用来存储开平方根结果
> for(i in 1:10) {
+   result[i] <- round(sqrt(w[i]),2)
+ }
> result # 查看开方根结果
 [1] 1.00 1.41 1.73 2.00 2.24 2.45 2.65 2.83 3.00 3.16
```

如果我们利用向量化操作，只需要进行如下操作。

```
> (x<-round(sqrt(w),2))
 [1] 1.00 1.41 1.73 2.00 2.24 2.45 2.65 2.83 3.00 3.16
```

sqrt()函数直接作用于 w 中的每个元素进行开平方根，不需要通过循环对 w 中的每个元素进行开平方根。在面对大数据量的运算时，向量化操作可以极大提高运算效率，故希望各位读者尽量避免在 R 语言中使用复杂的 for 循环语句，多使用向量化函数。

我们也可以利用 R 语言的这个特性进行向量的四则运算。

```
> (w1<-c(2,3,4))
[1] 2 3 4
> (w2<-c(3.1,4.2,5.3))
[1] 3.1 4.2 5.3
> (w<-w1+w2)
[1] 5.1 7.2 9.3
```

向量 w1 和 w2 中相同位置的元素可相加。如 w1 的第一个元素是 2，w2 的第一个元素是 3.1，相加后 w 的第一个元素就是 2+3.1=5.1。

如果两个向量的长度不同，R 将利用循环规则，该规则重复较短的向量元素，直到得到的向量的长度与较长的向量的长度相同。

```
> # 例1
> (w1<-c(2,4,6,8))
[1] 2 4 6 8
> (w2<-c(10,12))
[1] 10 12
> (w<-w1+w2)
[1] 12 16 16 20
> # 例2
> rm(list=ls())
> (w1<-c(2,4,6,8))
[1] 2 4 6 8
> (w2<-c(10,12,14))
[1] 10 12 14
> (w<-w1+w2)
[1] 12 16 20 18
Warning message:
In w1 + w2 :
    longer object length is not a multiple of shorter object length
```

在例 1 中，w1 的长度是 w2 的 2 倍，所以将 w2 先补长为 c(10,12,10,12)再与 w1 进行求和；例 2 中，由于 w1 的长度不是 w2 的整数倍，虽然不会出错但是会有警告信息，此时 w2 会补长为(10,12,14,10)再与 w1 进行求和。

生成序列 seq 和 rep 函数详解

3. 生成序列

冒号运算符（:）会生成增量为 1 或者-1 的数列。如果我们想生成 1 到 10、增量为 1 的等差数列，或者是 10 到 1、增量为-1 的等差数列，执行以下代码即可。

```
> 1:10
 [1]  1  2  3  4  5  6  7  8  9 10
> 10:1
 [1] 10  9  8  7  6  5  4  3  2  1
```

对于增量不为 1 的数列，可以使用 seq()函数。函数基本形式如下：

```
seq(from=1, to=1, by=((to-from)/(length.out-1)),length.out=NULL, along.with=NULL, …)
```

seq()函数主要参数及描述如表 2-4 所述。

表 2-4　　　　　　　　　　　　seq()函数主要参数及描述

参数	描述
from	等差数列的首项数据，默认为 1
to	等差数列的尾项数据，默认为 1
by	增量的数值
length.out	产生向量的长度

只给出首项和尾项数据，by 自动匹配为 1 或-1。

```
> seq(1,9)
[1] 1 2 3 4 5 6 7 8 9
> seq(1,-9)
 [1]  1  0 -1 -2 -3 -4 -5 -6 -7 -8 -9
```

给出首项和尾项数据以及长度，会自动计算增量的数值。

```
> seq(1,-9,length.out=5)
[1]  1.0 -1.5 -4.0 -6.5 -9.0
```

上例中，首项是 1，尾项是-9，向量长度是 5，所以增量的数值 by=(-9-1)/(5-1)=-2.5。

给出首项和尾项数据以及增量的数值，会自动计算长度。

```
> seq(1,-9,by=-2)
[1]  1 -1 -3 -5 -7 -9
```

给出首项和增量的数值以及长度，会自动计算尾项。

```
> seq(1,by=2,length.out=10)
 [1]  1  3  5  7  9  11  13  15  17  19
```

rep()是重复函数，它可以将某一向量重复若干次。它的基本形式是 rep(x,...)，其中 x 是预重复的序列，可以是任意的数据类型的向量或数值。

```
> rep(1:4,times=2)
[1] 1 2 3 4 1 2 3 4
```

当设置 times 参数为 2 时，会将序列 c(1,2,3,4)重复两次，如果希望得到将向量中每个元素重复两次的数列。我们可以设置参数 each=2。

```
> rep(1:4,each=2)
[1] 1 1 2 2 3 3 4 4
```

也可以给参数 each 赋予一个向量，例如想实现 1,1,2,3,3,4 这样的重复数列，可以将向量 c(2,1,2,1)赋予参数 each。

```
> rep(1:4, c(2,1,2,1))
[1] 1 1 2 3 3 4
```

与 seq()函数一样，我们也可以通过参数 length.out（可简写为 len）设置重复数列的长度。

```
> rep(1:4, times=2, lenth.out = 6)
[1] 1 2 3 4 1 2
```

rep(1:4,times=2)数列的长度是 8，但是参数 length.out 限制了长度是 6，所以输出结果是 1 2 3 4 1 2。

```
> rep(1:4, times = 2, length.out = 10)
 [1] 1 2 3 4 1 2 3 4 1 2
```

可见，如果我们设置的长度大于数列长度（10>8），则会以循环补齐的方式进行补全。

此外，常用序列函数还有 letters()和 LETTERS()函数，它们可以生成 26 个英文小写字母或大写字母，示例如下。

```
> letters
 [1] "a" "b" "c" "d" "e" "f" "g" "h" "i" "j" "k" "l" "m" "n" "o" "p" "q" "r" "s" "t" "u"
"v" "w" "x" "y" "z"
> LETTERS
 [1] "A" "B" "C" "D" "E" "F" "G" "H" "I" "J" "K" "L" "M" "N" "O" "P" "Q" "R" "S" "T" "U"
"V" "W" "X" "Y" "Z"
```

4．向量索引

当访问向量中的部分元素时，通常采用索引的方式，即使用[ ]实现索引。具体用法如下。

- 根据元素在向量中的位置选出元素，它的初始位置是 1（而不像其他某些语言是 0）；
- 索引前加负号（−），排除向量中对应位置的元素，返回其他位置的元素；
- 使用向量索引来选择多个元素值；
- 使用逻辑向量根据条件来选择元素；
- 使用表达式选择元素；
- 使用元素对应的名称选择元素。

向量索引

以下 5 种索引方法都将返回向量 x 中大于 0 的元素。

```
> (x <- c(-1.21, 0.28, 1.08, -2.35, 0.43))
[1] -1.21  0.28  1.08 -2.35  0.43
> x[c(2,3,5)] # 方法一：按照位置（传入正数，返回相应位置的元素子集）
[1] 0.28 1.08 0.43
> x[c(-1,-4)] # 方法二：按照位置（传入负数，剔除相应位置的元素子集）
[1] 0.28 1.08 0.43
> x[c(FALSE,TRUE,TRUE,FALSE,TRUE)] # 方法三：按照逻辑（返回为 TRUE 对应位置的元素子集）
[1] 0.28 1.08 0.43
> x[x >0] # 方法四：按照逻辑（范围表达式结果为 TRUE 对应位置的元素子集）
[1] 0.28 1.08 0.43
> names(x) <- c(letters[1:5])
> x
    a     b     c     d     e
-1.21  0.28  1.08 -2.35  0.43
> x[c('b',"c","e")] # 方法五：按照名称进行元素子集提取
```

```
      b    c    e
   0.28  1.08  0.43
```

which()函数将返回逻辑向量中为 TRUE 的位置。假如想找出向量 x 中大于 0 的元素位置，示例如下。

```
> x <- c(-1.21, 0.28, 1.08, -2.35, 0.43)
> which(x>0)
[1] 2 3 5
```

可见，向量 x 中大于 0 的元素分别为第 2、3、5 个。我们可以使用 which.min()和 which.max()返回向量中的最小值和最大值对应的位置。

```
> which.min(x) # 返回最小值对应的位置
[1] 4
> which.max(x) # 返回最大值对应的位置
[1] 3
```

2.2.2　矩阵和数组

利用矩阵可以描述二维数据，和向量相似，其内部元素可以是实数、复数、字符、逻辑值等。矩阵使用两个下标来访问元素，A[i,j]表示矩阵 A 第 i 行、第 j 列的元素。

多维数组可以描述多维数据。数组有一个特征属性叫维数向量（dim 属性），它的长度是多维数组的维数，dim 内的元素则是对应维度的长度。矩阵是数组的特殊情况，它具有两个维度。

在 R 语言中，可以使用 matrix()函数创建一个矩阵，参数 nrow、ncol 分别用于设置矩阵的行数、列数。

```
> (w<-seq(1:10))
 [1]  1  2  3  4  5  6  7  8  9 10
> (a<-matrix(w,nrow=5,ncol=2))
     [,1]  [,2]
[1,]   1     6
[2,]   2     7
[3,]   3     8
[4,]   4     9
[5,]   5    10
```

我们先创建一个 1～10 的向量 w，然后利用 matrix()函数将矩阵的行数设置为 5，列数设置为 2，得到矩阵 a。注意到矩阵 a 的数据是按照列填充的，而在实际工作中，数据可能更多的是按照行填充，只需要将参数 byrow 设置为 TRUE 即可。

```
> (a<-matrix(w,nrow=5,ncol=2,byrow=TRUE))  #按行填充
     [,1]  [,2]
[1,]   1     2
[2,]   3     4
[3,]   5     6
[4,]   7     8
[5,]   9    10
```

给矩阵的行列赋予名称有助于提高数据的可读性，可通过参数 dimnames 实现。

```
> (a<-matrix(w,nrow=5,ncol=2,byrow=T,
+           dimnames=list(paste0("r",1:5),paste0("l",1:2))))  #给行、列设置名称
   l1 l2
r1  1  2
r2  3  4
r3  5  6
r4  7  8
r5  9 10
```

可以通过 dim()函数查看矩阵各维度上的大小。

```
> dim(a)    # 查看各维度
[1] 5 2
```

结果中的第一个数字表示矩阵的行数，第二个数字表示矩阵的列数。可见，a 是一个 5 行 2 列的矩阵。

可以通过 rownames()和 colnames()函数分别查看或修改矩阵的行、列名称。

```
> rownames(a)  # 查看行名称
[1] "r1" "r2" "r3" "r4" "r5"
> colnames(a)  # 查看列名称
[1] "l1" "l2"
```

cbind()函数把其自变量横向合并成一个大矩阵，可以想象为水平地将矩阵合并在一起，自变量的行数应该相等；rbind()函数把其自变量纵向合并成一个大矩阵，可以将其想象为垂直地将矩阵合并在一起，自变量的列数应该相等。如果参与合并的自变量比其原变量短，则循环补足后合并，如下。

```
> (x1<-rbind(c(1,2),c(3,4)))    # 创建向量 x1
     [,1]  [,2]
[1,]   1     2
[2,]   3     4
> (x2<-10+x1)                   # 创建向量 x2
     [,1]  [,2]
[1,]  11    12
[2,]  13    14
> (x3<-cbind(x1,x2))            # 将向量 x1 和 x2 水平（列）合并
     [,1]  [,2]  [,3]  [,4]
[1,]   1     2    11    12
[2,]   3     4    13    14
> (x4<-rbind(x1,x2))            # 将向量 x1 和 x2 垂直（行）合并
     [,1]  [,2]
[1,]   1     2
[2,]   3     4
[3,]  11    12
[4,]  13    14
> cbind(1,x1)        # 当 1 长度小于 x1 时，会先自动补全为 c(1,1)，再与 x1 进行列合并
     [,1]  [,2]  [,3]
[1,]   1     1     2
[2,]   1     3     4
```

可以通过 as.vector(A)函数将矩阵转化为向量，如下。

```
> (A<-matrix(1:6,nrow=2))
     [,1]  [,2]  [,3]
[1,]   1     3     5
[2,]   2     4     6
> as.vector(A)
[1] 1 2 3 4 5 6
```

如果需要对矩阵的行、列求和或者求平均值，可以使用 colSums()（列求和）、colMeans()（列求平均）、rowSums()（行求和）、rowMeans()（行求平均）函数实现，也可使用 apply()函数实现。

```
> # 矩阵的行或列计算的函数
> (A <- matrix(1:16,4,4))
     [,1]  [,2]  [,3]  [,4]
[1,]   1     5     9    13
[2,]   2     6    10    14
[3,]   3     7    11    15
[4,]   4     8    12    16
> colSums(A)  # 等价于 apply(A,2,sum)
[1] 10 26 42 58
> colMeans(A)    # 等价于 apply(A,2,mean)
[1] 2.5 6.5 10.5 14.5
> rowSums(A)  # 等价于 apply(A,1,sum)
[1] 28 32 36 40
> rowMeans(A)    # 等价于 apply(A,1,mean)
[1] 7 8 9 10
```

矩阵 A 第一列的元素是 1、2、3、4，故第一列的和是 1+2+3+4=10，第一列的平均值是 (1+2+3+4)/4=2.5。

数组是矩阵的扩展，它把数据的维度扩展到两个以上。我们可以通过 array( )函数方便地创建数组。

```
> (w<-array(1:30,dim=c(3,5,2)))
, , 1
```

```
        [,1]    [,2]    [,3]    [,4]    [,5]
[1,]     1       4       7      10      13
[2,]     2       5       8      11      14
[3,]     3       6       9      12      15

, , 2

        [,1]    [,2]    [,3]    [,4]    [,5]
[1,]    16      19      22      25      28
[2,]    17      20      23      26      29
[3,]    18      21      24      27      30
```

上面表示建立一个三维数据的数组。在结果中会依次展示 2 个 3 行 5 列的矩阵。

因子

2.2.3　因子

因子是以一种简单而又紧凑的形式来处理分类（名义）数据的数据对象。因子用水平来表示所有可能的取值。如果数据集有取值个数固定的名义变量，因子特别有用。因子分为有序因子和无序因子，比如说"客户等级"变量，里面的值有"高""中""低"，是有顺序关系的，可以进行大小比较，即"高" > "中" > "低"，此为有序因子；"客户性别"变量，里面的值为"男性""女性"，无大小之分，此为无序因子。

R 中创建和改变因子会用到两个函数：factor()和 levels()，其中 factor()函数为创建因子函数，levels()函数为查看因子水平。两个函数的基本形式如下：

```
factor(x = character(), levels, labels = levels,
    exclude = NA, ordered = is.ordered(x), nmax = NA)
levels(x)    # 查看 x 的因子水平
```

其中，factor()函数的参数及描述如表 2-5 所示。

表 2-5　factor()函数参数及描述

参数	描述
x	表示需要创建为因子的数据，是一个向量
levels	表示所创建的因子数据的因子水平，如果不指定，就是 x 中不重复的所有值
labels	用来标识这一因子水平的名称，与因子水平——对应，labels 是为了更加方便用户识别
exclude	表示哪些因子水平是不需要的
ordered	是一个逻辑值，如果是 TRUE，则表示有序因子，是 FALSE 则表示无序因子
nmax	表示的是因子水平个数的上限

下面示例先利用 LETTERS()和 rep()函数创建向量 x，然后利用 factor()函数生成因子对象 f。

```
> (x <- rep(LETTERS[1:3],2)) # 创建向量 x
[1] "A" "B" "C" "A" "B" "C"
> (f <- factor(x))          # 利用 factor()函数生成因子
[1] A B C A B C
Levels: A B C
```

factor()函数的 ordered 参数默认为 FALSE，即生成的 f 为无序因子。假如我们想在 f 因子中提取"B""C"元素出来，直接使用四则运算会返回不正确的结果。

```
> # 提取 f 中的"B""C"全部元素
> f[f %in% c("B","C")]
[1] B C
Levels: A B C
> f[f > 'A'] # 返回不正确的结果
[1] <NA> <NA> <NA> <NA> <NA> <NA>
Levels: A B C
Warning message:
In Ops.factor(f, "A") : '>' not meaningful for factors
```

因为符号>对于无序因子 f 来说不是有意义的操作符，除了返回无意义的结果外，还有相应的 Warning 提示。

接下来，我们将参数 ordered 赋值为 TRUE，创建有序因子变量 f.order，并提取"B"和"C"的元素子集。

```
> (f.order<-factor(x,ordered=TRUE)) # 生成有序因子
[1] A B C A B C
Levels: A < B < C
> f.order[f.order>"A"] # 提取大于 A 的元素子集
[1] B C B C
Levels: A < B < C
```

可见，f.order 的因子水平有大小区分（Levels:A<B<C），我们可以通过 levels()函数查看因子变量的因子水平，此时 f 和 f.order 结果是相同的，都为"A""B""C"。

```
> levels(f)
[1] "A" "B" "C"
> levels(f.order)
[1] "A" "B" "C"
```

可以使用 gl()函数用于生成带有因子的序列。函数基本形式如下：

```
gl(n, k, length = n*k, labels = seq_len(n), ordered = FALSE)
```

gl()函数的参数及描述如表 2-6 所示。

表 2-6　　　　　　　　　　　　　　　gl()函数参数及描述

参数	描述
n	表示因子水平的个数
k	表示每个因子水平的重复数
length	表示结果的长度
labels	是一个 n 维向量，表示因子水平
ordered	是一个逻辑值，如果是 TRUE，表示有序因子，是 FALSE 则表示无序因子

通过以下几个小例子理解 gl()函数的使用。

```
gl(n = 2,k = 2) # 因子水平为 2，每个水平重复 2 次
[1] 1 1 2 2
Levels: 1 2
> gl(n = 2,k = 2,labels=c("TRUE","FALSE")) # 用 TRUE 替代 1，FALSE 替代 2
[1] TRUE  TRUE  FALSE  FALSE
Levels: TRUE FALSE
> gl(n=2,k = 1,length=8) # 1 和 2 交替，长度补齐为 8
[1] 1 2 1 2 1 2 1 2
Levels: 1 2
> gl(n=2,k = 2,length=8) # 1 和 2 交替对，长度补齐为 8
[1] 1 1 2 2 1 1 2 2
Levels: 1 2
```

2.2.4　列表和数据框

列表和数据框内每列元素的数据类型可以不同，列表内的长度也可以不同。一般地，在使用 R 语言进行数据分析和挖掘的过程中，向量和数据框的使用频率是最高的，列表用于存储较复杂的数据。

列表和数据框

列表可以利用 list()函数创建，以下示例创建了一个包含 3 个成分的列表对象。

```
> user.list<-list(user.id=34453,
+                         user.name="张三",
+                         user.games=c("地铁跑酷","神庙逃亡 2","水果忍者","苍穹变"))
> user.list
$user.id
[1] 34453
```

```
$user.name
[1] "张三"

$user.games
[1] "地铁跑酷"  "神庙逃亡 2"  "水果忍者"  "苍穹变"
```

对象 user.list 由 3 个成分组成：第 1 个是名称为 user.id 的数值型向量，第 2 个是名称为 user.name 的字符型向量，第 3 个是名称为 user.games 的字符型向量。

可以使用 length()函数来检查列表成分的个数。

```
> length(user.list) #检查列表成分个数
[1] 3
```

列表可以利用 unlist()函数将其转换为向量。

```
> unlist(user.list)  #转换成向量元素
    user.id    user.name   user.games1  user.games2  user.games3  user.games4
    "34453"      "张三"      "地铁跑酷"  "神庙逃亡 2"  "水果忍者"    "苍穹变"
```

数据框是仅次于向量的重要的数据对象。在 R 语言中，很多算法模型的输入对象就是数据框。类似于列表，数据框也可以由不同的向量作为列来合成，并且不同列之间的元素可以是不同的数据类型。但是数据框不如列表灵活，数据框内每个列的长度必须相同。在实际工作中，通常会用数据框的一列代表某一变量属性的所有取值，用一行代表某一个样本数据。

data.frame()函数可以直接把多个向量组合成一个数据框。

```
> my.dataset<-data.frame(userid=c("S001","S002","S003","S004","S005"),
+                        gamename=c("地铁跑酷","神庙逃亡 2","水果忍者","水果忍者","机战王"),
+                        iamount=c(100,50,30,60,70))
> my.dataset
  userid  gamename  iamount
1  S001    地铁跑酷      100
2  S002    神庙逃亡 2     50
3  S003    水果忍者       30
4  S004    水果忍者       60
5  S005    机战王        70
```

我们创建了一个名叫 my.dataset 的数据框，包含 3 列数据，其中第 1 列和第 2 列是字符串，第 3 列是数值。

通过 names()函数可以查看数据框的变量名称。

```
> names(my.dataset)
[1] "userid"   "gamename"   "iamount"
```

利用 names()函数也可以直接修改变量名称。下面我们将 my.dataset 中的用户 id 变量名称改成 vopenid。

```
> names(my.dataset)
[1] "userid"   "gamename"   "iamount"
> names(my.dataset)[1] <- "vopenid"
> names(my.dataset)
[1] "vopenid"  "gamename"   "iamount"
```

也可以利用 reshape 包中 rename()函数对变量名进行批量修改。

```
> library(reshape)
> newdata<-rename(my.dataset,c("vopenid"="用户 ID",
+                              "gamename"="游戏名称","iamount"="付费金额"))
> names(newdata)
[1] "用户 ID"   "游戏名称"   "付费金额"
```

数据框的索引和矩阵类似，都是二维数据，所以它也有两个维度的下标。利用数据框的列名称可以方便地索引数据框的列数据。

下面示例我们提取 my.dataset 中第 2 列，有以下几种方式实现。

```
> my.dataset$gamename
[1] 地铁跑酷   神庙逃亡 2   水果忍者   水果忍者   机战王
Levels: 地铁跑酷 机战王 神庙逃亡 2 水果忍者
> my.dataset[["gamename"]]
[1] 地铁跑酷   神庙逃亡 2   水果忍者   水果忍者   机战王
```

```
Levels: 地铁跑酷 机战王 神庙逃亡 2 水果忍者
> my.dataset[[2]]
[1] 地铁跑酷   神庙逃亡 2   水果忍者   水果忍者   机战王
Levels: 地铁跑酷 机战王 神庙逃亡 2 水果忍者
> my.dataset[,2]
[1] 地铁跑酷   神庙逃亡 2   水果忍者   水果忍者   机战王
Levels: 地铁跑酷 机战王 神庙逃亡 2 水果忍者
```

下面示例实现提取前 3 行、前两列的数据。

```
  > my.dataset[1:3,1:2]
  vopenid  gamename
1   S001   地铁跑酷
2   S002   神庙逃亡 2
3   S003   水果忍者
> my.dataset[1:3,c("vopenid","gamename")]
  vopenid  gamename
1   S001     地铁跑酷
2   S002   神庙逃亡 2
3   S003     水果忍者
```

2.3　文本处理

在数据分析及挖掘的过程中对字符串的处理是极为重要的。基础包中自带丰富的字符串操作函数，能满足基本的文本处理需求，且有 Hadley Wickham 开发的一个灵活的字符串处理包 stringr。该包简单易用，能完成各种复杂的文本处理工作。

2.3.1　基础文本处理

基础文本处理会用到基本字符操作函数、字符串连接函数、字符匹配函数、字符串提取函数、字符串替换函数以及字符串拆分函数等文本处理函数。基础包中的常用文本处理函数如图 2-2 所示。

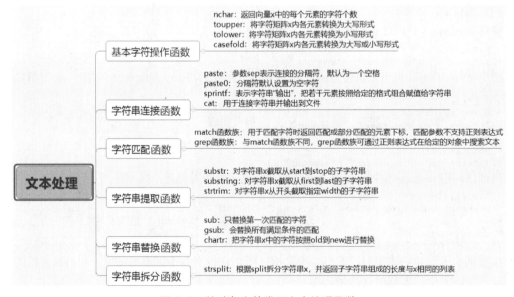

图 2-2　基础包中的常用文本处理函数

1．基本字符操作函数

使用 nchar()函数统计字符串中元素个数。其表达形式为：

```
nchar(x,type =" chars",allowNA = FALSE,keepNA = NA)
```

其中参数 x 是字符向量，参数 type 是计算字符串长度的方式，默认值为"chars"，统计的是各元素的字符个数，如设置为" bytes"，则统计的是各元素字节个数。

```
> x<-c("R语言","RStudio","Microsoft R Server") # 创建字符向量 x
> nchar(x) # 统计 x 中各元素的字符个数
[1]  3  7 18
> nchar(x,type="bytes") # 统计 x 中各元素的字节个数
[1]  5  7 18
```

由于一个中文字符包含两个字节，所以第 1 次统计"R 语言"的长度为 3，第 2 次统计的为 5。在 R 语言中，NA 表示缺失值，如果字符向量的元素有 NA，则统计结果返回 NA；若通过将参数 keepNA 设置为 FALSE，让函数识别其为字符串，则返回结果为 2。

```
> x[2] <- NA;x # 用 NA 替换 x 中的第 2 个元素
[1] "R语言"            NA                 "Microsoft R Server"
> nchar(x)
[1]  3 NA 18
> nchar(x,keepNA=FALSE)
[1]  3  2 18
```

在进行英文文本处理时，经常需要进行字母的大小写转换。此时可以利用 tolower(x)、toupper(x) 和 casefold(x,upper=FALSE) 函数，其中 tolower() 函数可将所有字母转换成小写字母，toupper() 函数可将所有字母转换成大写字母，casefold() 函数默认将所有字母转换成小写字母（等价于 tolower() 函数），如将参数 upper 设置为 TRUE，则实现将所有字母转换成大写字母（等价于 toupper() 函数）。

基本字符操作函数

```
> x <- c("R语言","RStudio","Microsoft R Server")
> tolower(x) # 将 x 中所有字母转换成小写字母
[1] "r语言"            "rstudio"          "microsoft r server"
> toupper(x) # 将 x 中所有字母转换成大写字母
[1] "R语言"            "RSTUDIO"          "MICROSOFT R SERVER"
> casefold(x) # 此时等价于 tolower()函数
[1] "r语言"            "rstudio"          "microsoft r server"
> casefold(x,upper=TRUE) # 此时等价于 toupper()函数
[1] "R语言"            "RSTUDIO"          "MICROSOFT R SERVER"
```

字符串链接函数

2．字符串连接函数

字符串连接是较为常见的字符操作，对此，R 语言提供了 paste() 函数，它不仅可以实现字符串的连接，也可以实现字符向量的连接。无论是字符向量还是字符串，在连接前 paste() 会把对象首先转换为字符，再进行连接，另外，当连接向量时，较短的向量会循环使用。其基本表达形式为：

```
paste (...,sep=" ",collapse=NULL)
```

参数 sep 表示连接的分隔符，默认为一个空格；参数 collapse 是把所有元素合成一个字符串时的连接符号。

```
> x<-"Hello";y<-"R语言"
> paste(x,y) #不设置 sep，默认以空格分隔
[1] "Hello R语言"
> paste(x,y,sep="_") #设置 sep，以_分隔
[1] "Hello_R语言"
> y1<-c("R语言","RStudio","Microsoft R Server")
> paste(x,y1,sep="_") # 字符向量的连接，较短的字符循环被使用
[1] "Hello_R语言"          "Hello_RStudio"          "Hello_Microsoft R Server"
> #使用 collapse 参数，collapse 的使用可使连接后的字符组成一个字符串
> paste(x,y1,sep="_",collapse = ";")
[1] "Hello_R语言;Hello_RStudio;Hello_Microsoft R Server"
```

paste0(...,collapse) 等价于 paste(..., sep="",collapse)，sep 默认设置为空字符。

```
> paste0("x",1:5) #结果中没有空格分隔符
[1] "x1" "x2" "x3" "x4" "x5"
```

cat() 函数用于字符串连接并输出到文件，其基本表达形式为：

```
cat(... ,file="",sep=" ",fill=FALSE,labels=NULL,append=FALSE)
```

参数 file 默认为空，直接在 R 语言中输出结果；参数 sep 表示连接的分隔符，默认为一个空格；参数 fill 的逻辑值为 FALSE 时，只有显式地使用 "\n"，字符串才会换行输出，fill 的逻辑值为 TRUE 时，只要字符串达到选择宽度即可换行；labels 为行标签，只在 fill = TRUE 时有效，若

设定的行数小于实际行数，则会循环使用；append 逻辑值为 FALSE 会覆盖之前的输出，否则在原来内容后添加新输出。

```
> cat(y1) # 默认为空格分隔
R 语言 RStudio Microsoft R Server
> cat(y1,sep="\n") # 不同元素进行换行输出
R 语言
RStudio
Microsoft R Server
> cat(y1,file="test.txt",fill=T,sep="\n") # 将结果保存到 test.txt 文件中
```

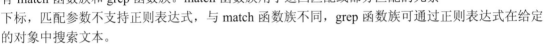

3．字符串匹配函数

R 语言有多种方法用于判断特定元素在另一个向量中是否存在，常用方法有 match 函数族和 grep 函数族。match 函数族用于返回匹配或部分匹配的元素下标，匹配参数不支持正则表达式，与 match 函数族不同，grep 函数族可通过正则表达式在给定的对象中搜索文本。

match 函数族包含的函数有 match()、pmatch()和 charmatch()，其中 match()函数是完全匹配，其他两个函数是部分匹配。match()函数的基本表达形式为：

```
match(x, table,nomatch=NA_integer_, incomparables=NULL)
```

其中参数 nomatch 表示不匹配时的返回值（默认为 NA）；参数 incomparables 表示无法匹配的值向量。

```
> y1
[1] "R 语言"              "RStudio"             "Microsoft R Server"
> match("R",y1) # 未能找到匹配
[1] NA
> match("R 语言",y1) # 在 y1 中找到第 1 个元素完全匹配
[1] 1
> match("R",c("Python","R","Spark","R")) # 只能返回第 1 个匹配的位置
[1] 2
```

grep 函数族中的 grep()、grepl()、regexpr()、gregexpr()、regexec()等函数的匹配规则均可以使用正则表达式。其中，grep()函数输出向量的下标或值，grepl()函数返回匹配与否的逻辑值。regexpr()、gregexpr()和 regexec()函数可以查找到某些字符在字符串中出现的具体位置和字符串长度信息，用于字符串的提取操作。这几个函数的基本表达形式为：

```
grep(pattern,x,ignore.case=FALSE,perl=FALSE,value=FALSE,
     fixed=FALSE,useBytes=FALSE,invert=FALSE)
grepl(pattern,x,ignore.case=FALSE,perl=FALSE,fixed=FALSE,useBytes=FALSE)
regexpr(pattern,text,ignore.case=FALSE,perl=FALSE,fixed=FALSE,useBytes=FALSE)
gregexpr(pattern,text,ignore.case=FALSE,perl=FALSE,fixed=FALSE,useBytes=FALSE)
regexec(pattern,text,ignore.case=FALSE,perl=FALSE,fixed=FALSE,useBytes=FALSE)
```

grep 函数族的各参数及描述如表 2-7 所示。

表 2-7　　　　　　　　　　　　　　grep 函数族的各参数及描述

参数	描述
pattern	正则表达式
x, text	字符向量或字符对象
ignore.case	逻辑值，FALSE 表示对英文大小写敏感，TRUE 表示对英文大小写不敏感
perl	逻辑值，是否使用 perl 风格的正则表达式，FALSE 表示不使用，TRUE 表示使用
value	逻辑值，FALSE 返回匹配元素的下标，TRUE 返回匹配的元素值
fixed	逻辑值，FALSE 表示正则表达式匹配，TRUE 表示精确匹配
useBytes	逻辑值，FALSE 表示按字符匹配，TRUE 表示按字节匹配
invert	逻辑值，FALSE 查找匹配值，TRUE 返回不匹配元素的下标或值（根据 value 值）

grep 函数族中的几个函数的功能如表 2-8 所示。

表 2-8　　　　　　　　　　　　grep 函数族中的几个函数功能

函数	功能
grep()	查找功能，返回匹配结果的下标集
grepl()	查找功能，返回是否匹配的逻辑向量
regexpr()	返回匹配向量包括字符的位置及匹配长度（只匹配第一次出现的），不匹配返回-1。"match.length" 给出匹配文本长度的整数向量（或-1）
gregexpr()	返回匹配列表包含字符的位置及匹配长度（匹配多次），不匹配字符返回-1。每个元素的格式与 regexpr 的返回值相同

通过下面的例子来讲述这几个函数的使用方法。

```
> x<-c("Python","R","Spark","RRR")
> grep("R",x)              # 返回 x 中元素含有 "R" 字符的下标集
[1] 2 4
> grepl("R",x)            # x 中元素如果含有 "R" 则返回 TRUE，否则返回 FALSE
[1] FALSE  TRUE  FALSE   TRUE
> regexpr("R",x)          # x 中元素如果含有 "R" 则返回 1，否则返回-1
[1] -1  1  -1  1
attr(,"match.length")
[1] -1  1  -1  1
attr(,"useBytes")
[1] TRUE
> # 返回一个与文本长度相同的列表
> gregexpr("R",x)
[[1]]
[1] -1
attr(,"match.length")
[1] -1
attr(,"useBytes")
[1] TRUE

[[2]]
[1] 1
attr(,"match.length")
[1] 1
attr(,"useBytes")
[1] TRUE

[[3]]
[1] -1
attr(,"match.length")
[1] -1
attr(,"useBytes")
[1] TRUE

[[4]]
[1] 1 2 3
attr(,"match.length")
[1] 1 1 1
attr(,"useBytes")
[1] TRUE

> regexec("R",x)
[[1]]
[1] -1
attr(,"match.length")
[1] -1
attr(,"useBytes")
[1] TRUE

[[2]]
[1] 1
```

```
attr(,"match.length")
[1] 1
attr(,"useBytes")
[1] TRUE

[[3]]
[1] -1
attr(,"match.length")
[1] -1
attr(,"useBytes")
[1] TRUE

[[4]]
[1] 1
attr(,"match.length")
[1] 1
attr(,"useBytes")
[1] TRUE
```

从以上例子可知，grep()函数返回匹配到的下标集，grepl()函数返回是否匹配的逻辑值；regexpr()函数返回结果除了包含由 1、−1 组成的整数向量外，还给出"match.length"匹配长度的向量；gregexpr()和 regexec()的主要区别是前者能匹配元素中所有"R"字符，后者只能匹配第一个"R"字符。

有时候，我们想匹配字符集合中的任意一个字符，可以使用中括号[]实现。比如，[yR]可用于匹配字符 y 或字符 R，即元素中含有这两个字符之一就表示能匹配到。使用 grepl()函数运行后的结果如下。

```
> x
[1] "Python" "R" "Spark" "RRR"
> grepl("[yR]",x)
[1] TRUE TRUE FALSE TRUE
```

此时，因 x 中第一个元素 python 包含 y，所以返回结果为 TRUE。

更多时候，我们需要对文本进行更复杂的操作，比如识别出文本中的所有数字、所有字母等。此时，正则表达式就有用武之地了。常用的正则表达式转义字符含义如表 2-9 所示。

常用正则表达式转义符介绍

表 2-9　　　　　　　　　　　　　　常用的正则表达式转义字符含义

转义字符	含义
\f	换页符
\n	换行符
\r	回车符
\t	制表符（Tab 键）
\v	垂直制表符
.	可以匹配任何单个的字符、字母、数字甚至"."字符本身。同一个正则表达式允许使用多个"."字符。但不能匹配换行
\\	转义字符，如果要匹配就要写成"\\(\\)"
|	表示可选项，即"|"前后的表达式任选一个
^	取非匹配
$	放在句尾，表示一行字符串的结束
()	提取匹配的字符串，(\\s*)表示连续空格的字符串
[]	选择方括号中的任意一个
{}	前面的字符或表达式的重复次数。如{3,6}表示重复的次数不能小于 3，不能多于 6，否则都不匹配

转义字符	含义
*	可以匹配零个或任意多个字符或字符集合，也可以没有匹配
+	匹配一个或多个字符，至少匹配一次
?	匹配零个或一个字符
\d	任何一个数字字符，等价于[0-9]
\D	任何一个非数字字符，等价于^[0-9]
\w	任何一个字母（大小写均可以）、数字或下划线字符
\W	任何一个非字母、数字或字符下划线字符
\s	任何一个空白字符（等价于[\f\n\r\t\v]）
\S	任何一个非空白字符（等价于^[\f\n\r\t\v]）

下面代码先随机创建一个字符串 y，再依次实现从 y0 中提取数字、字母以及非数字、字母等操作。

```
> y0<-c(letters[1:5],LETTERS[1:5],1:5,",","_","数据")
> y0
 [1] "a"   "b"   "c"   "d"   "e"   "A"   "B"   "C"   "D"   "E"   "1"   "2"   "3"   "4"
[15] "5"   ","   "_"   "数据"
> # 提取 y0 中所有数字
> grep("\\d",y0)          # 查看数字所在的下标集 \\d 等价于[0-9]
[1] 11 12 13 14 15
> y0[grep("[0-9]",y0)] # 进行数字提取
[1] "1" "2" "3" "4" "5"
>
> # 提取 y0 中所有数字和字母
> y0[grep('[a-zA-Z0-9]',y0)]
 [1] "a" "b" "c" "d" "e" "A" "B" "C" "D" "E" "1" "2" "3" "4" "5"
> y0[grep("\\w",y0)]
 [1] "a"   "b"   "c"   "d"   "e"   "A"   "B"   "C"   "D"   "E"   "1"   "2"   "3"   "4"
[15] "5"   "_"   "数据"
> y0[grep("\\W",y0)]
[1] ","
```

在运行 y0[grep("\\w",y0)]代码后的结果中也包含"数据"这个元素，说明\w 其实除了包含字母、数字和下划线（_）外，也包含中文字符。

4．字符串提取、替换和拆分函数

在对文本进行处理时，经常需要截取字符串某一部分，此时可用 substr()和 substring()函数实现，如果对提取的字符串重新赋值，也可用于字符串替换。其函数基本形式为：

字符串提取
函数

字符串替换函数
及拆分函数

```
substr(x, start, stop)
substring(text, first, last = 1000000L)
substr(x, start, stop) <- value
substring(text, first, last = 1000000L) <- value
```

具体函数参数及描述如表 2-10 所述。

表 2-10　　　　　　　　　substr()、substring()函数参数及描述

参数	描述
x/text	字符串或者字符串向量
start/first	预读取/替换字符串的第一个下标（起始位置）
stop/last	预读取/替换字符串的最后一个下标（结束位置），last 默认值为 1000000，可以不传参
value	用于替换提取字符串的值

我们先给函数传入字符串，通过以下代码来熟悉这两个函数的使用及区别。

```
> x <- "R语言是数据挖掘利器"
> x
[1] "R语言是数据挖掘利器"
> substr(x,1)
Error in substr(x, 1) : argument "stop" is missing, with no default
> substring(x,1)
[1] "R语言是数据挖掘利器"
> substr(x,1,3)
[1] "R语言"
> substring(x,1,3)
[1] "R语言"
> n <- nchar(x)  # 计算 x 的长度
> substr(x,1:n,1:n)
[1] "R"
> substring(x,1:n,1:n)
 [1] "R"  "语" "言" "是" "数" "据" "挖" "掘" "利" "器"
```

由上面的例子可知，start/first、stop/last 参数除了可以传入一个数值，也可以传入一个数值向量。此时 substr()函数只输出参数 start 中的第一个值和参数 stop 中的第一值组成的起止位置，即 1:1，substring()函数则会按照向量化方式依次输出提取的结果。

如果我们想对 x 依次提取"R""语言"这两个字符，可以通过 substring(x,1:2,c(1,3))实现，原理是先提取起止位置(1,1)的元素，再提取起止位置(2,3)的元素。

```
> substring(x,1:2,c(1,3))
[1] "R"    "语言"
```

sub()和 gsub()为字符串替换函数，通过正则表达式设置灵活的匹配规则，返回被替换后的字符串。两者唯一的差别在于前者匹配第一次符合条件的字符串，后者匹配所有符合条件的字符串；也就是说在替换的时候前者只替换第一次符合的，后者可替换所有符合的。函数基本表达形式为：

```
sub(pattern, replacement, x, ignore.case = FALSE, perl = FALSE,
    fixed = FALSE, useBytes = FALSE)
gsub(pattern, replacement, x, ignore.case = FALSE, perl = FALSE,
    fixed = FALSE, useBytes = FALSE)
```

其中参数 replacement 表示需要替换的内容，其他参数与 grep 函数族的相同。

如果想用"python"替换 x 中的"R 语言"，可以用以下代码实现。

```
> sub("R语言","python",x)
[1] "python是数据挖掘利器"
> gsub("R语言","python",x)
[1] "python是数据挖掘利器"
```

创建新向量 y，利用 sub()和 gsub()函数将 y 中的"r"用"python"替换，运行代码后结果如下。

```
> y <- c("r vs sas","r vs spss","r vs spark")
> y
[1] "r vs sas"   "r vs spss"   "r vs spark"
> sub("r","python",y)
[1] "python vs sas"   "python vs spss"   "python vs spark"
> gsub("r","python",y)
[1] "python vs sas"        "python vs spss"        "python vs spapythonk"
```

从结果中可知，sub()函数仅将 y 中各元素中第一个 r 替换成 python，而 gsub()函数将 y 中各元素中所有 r 都替换成 python。

strsplit()函数可以依据特定字符串把字符串分割为列表，其中用于分割的字符串将不再出现。函数基本表达形式为：

```
strsplit(x, split, fixed = FALSE, perl = FALSE, useBytes = FALSE)
```

strsplit()函数根据参数 split 拆分字符串 x，并返回与 x 相同长度的子字符串组成的列表，split 包括正则表达式；当参数 fixed= TRUE 时需要精确匹配，为 FALSE（默认）时使用正则表达式匹配，除非使用反斜杠(\)转义；参数 perl 用于判断是否使用更强大的 perl 正则表达式；参数 useBytes = TRUE 时表示 byte-by-byte 按字节匹配，FALSE 时为 character-by-character 字符匹配（默认）。

下面实例先创建一个向量 z，内容包含"2018/12/12""2019/01/01""2019/02/23"，再利用 strsplit()函数对向量 z 中的每一个元素进行分割，得到年、月、日信息。

```
> z <- c("2018/12/12","2019/01/01","2019/02/23")
> strsplit(z,"/")
[[1]]
[1] "2018"  "12"  "12"

[[2]]
[1] "2019"  "01"  "01"

[[3]]
[1] "2019"  "02"  "23"
```

2.3.2　stringr 包

stringr 包被定义为一致的、简单易用的字符串工具集。所有的函数和参数定义都具有一致性，让字符串处理变得简单易用。stringr 包属于扩展包，首次使用前需通过 install.packages ("stringr")进行在线安装。

stringr 包提供了 30 多个函数，对字符串进行处理非常方便。常用的字符串处理函数以 str_开头来命名，方便人们直观理解函数的定义。根据使用习惯对函数进行分类，结果如图 2-3 所示。

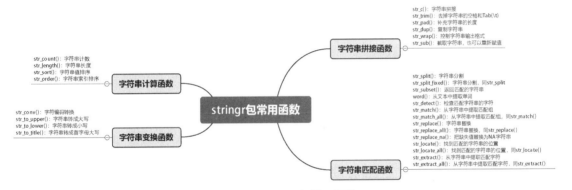

图 2-3　stringr 包常用函数

1. 字符串计算函数和字符串变换函数

（1）字符串计算函数

str_count()函数统计匹配字符串中匹配到的字符数量，str_length()函数计算字符串长度。函数基本形式形式为：

```
str_count(string, pattern = "")
str_length(string)
```

其中，参数 string 为字符串或字符串向量；参数 pattern 为匹配的字符，默认为空，则返回字符串长度。

利用 str_length()函数计算字符串向量 y 中各元素的长度，并用 str_count()函数计算 y 中各元素含 r 的个数。

```
> if(!require(stringr)) install.packages("stringr")
> y # 查看 y 内容
[1] "r vs sas"  "r vs spss"  "r vs spark"
> str_length(y) # 计算 y 中各元素长度
[1] 8 9 10
> str_count(y) # pattern 不设置，返回结果与 str_length 相同
[1] 8 9 10
> str_count(y,"r") # 计算 y 中各元素含有 r 的个数
[1] 1 1 2
```

有时候，我们需要对字符串进行排序，此时可以用 str_sort() 和 str_order() 函数实现，str_order() 和 str_sort() 的区别在于前者返回排序后的索引（下标），后者返回排序后的实际值。函数基本形式为：

```
str_order(x, decreasing = FALSE, na_last = TRUE, locale = "en",numeric = FALSE, ...)
str_sort(x, decreasing = FALSE, na_last = TRUE, locale = "en",numeric = FALSE, ...)
```

其中，参数 x 为字符串或字符串向量；参数 decreasing 表示排序方向，默认为升序排列（FALSE）；参数 na_last 表示 NA 值的存放位置，一共 3 个值，TRUE 放在最后，FALSE 放在最前，NA 过滤处理；参数 locale 表示按哪种语言排序。

先创建一个由 a～j 十个英文小写字母随机排序的向量 w，然后利用 str_order() 和 str_sort() 函数对其进行排序。

```
> set.seed(1234)
> w <- sample(letters[1:10],10)
> w
 [1] "b" "f" "e" "h" "i" "d" "a" "g" "j" "c"
> str_sort(w)   # 对值进行排序，默认为升序排列
 [1] "a" "b" "c" "d" "e" "f" "g" "h" "i" "j"
> str_order(w) # 返回由小到大值所在的下标位置
 [1]  7  1 10  6  3  2  8  4  5  9
```

从 str_sort(w) 返回按照 a～z 由小到大排序后的结果；最小值 a 在 w 中的下标位置为 7，故 str_order(w) 返回的第一个元素为 7。

str_sort() 和 str_order() 函数默认按照英语（en）排序，如果将 locale 设置为"zh"则按照拼音排序。

```
> x <- "R语言是数据挖掘利器"
> x <- substring(x,2:nchar(x),2:nchar(x))
> x
[1] "语" "言" "是" "数" "据" "挖" "掘" "利" "器"
> str_sort(x)
[1] "利" "器" "挖" "据" "掘" "数" "是" "言" "语"
> str_sort(x,locale = "zh") # 按照拼音进行排序
[1] "据" "掘" "利" "器" "是" "数" "挖" "言" "语"
```

（2）字符串变换函数

stringr 包进行字母大小写转换的函数有：str_to_upper()、str_to_lower() 和 str_to_title()。其基本表达形式为：

```
str_to_upper(string, locale = "en")
str_to_lower(string, locale = "en")
str_to_title(string, locale = "en")
```

其中，参数 string 是字符串；参数 locale 表示按哪种语言排序。

```
> x <- c("R语言","rStudio","Microsoft R Server")
> x
[1] "R语言"            "rStudio"            "Microsoft R Server"
> str_to_lower(x) # 全部字母转换成小写
[1] "r语言"            "rstudio"            "microsoft r server"
> str_to_upper(x) # 全部字母转换成大写
[1] "R语言"            "RSTUDIO"            "MICROSOFT R SERVER"
> str_to_title(x)  # 首字母转换成大写
[1] "R语言"            "RStudio"            "Microsoft R Server"
```

2. 字符串拼接函数

str_c() 函数实现字符串拼接，功能与 paste() 函数相似，但不完全一致。其基本表达形式为：

```
str_c(…, sep = "", collapse = NULL)
```

其中，…表示多参数的输入；参数 sep 把多个字符串拼接为一个大的字符串，作为字符串的分隔符；参数 collapse 把向量多个元素拼接为一个大的字符串，作为字符串的分隔符。

字符串
拼接、去空格、
提取函数

```
> x <- "Hello";y <- "R 语言"
> str_c(x,y) # 默认 sep 为空
[1] "HelloR 语言"
> str_c(x,y,sep = "_") # 设置 sep, 以_分隔
[1] "Hello_R 语言"
> y1 <- c("R 语言","RStudio","Microsoft R Server")
> str_c(x,y1,sep = "_") # 字符向量的连接, 较短的字符循环被使用
[1] "Hello_R 语言"          "Hello_RStudio"          "Hello_Microsoft R Server"
> #使用 collapse 参数, collapse 的使用可使连接后的字符组成一个字符串
> str_c(x,y1,sep = "_",collapse = ";")
[1] "Hello_R 语言;Hello_RStudio;Hello_Microsoft R Server"
```

str_trim()函数实现去掉字符串中空格和 Tab(\t)的功能，基本表达形式为：

```
str_trim(string, side = c("both", "left", "right"))
```

其中，参数 string 为字符串或字符向量；参数 side 为过滤方式，both 表示两边过滤，left 表示左边过滤，right 表示右边过滤，默认为两边过滤。

```
> x <- " R & Python 是两款非常优秀的数据挖掘工具！ "
> str_trim(x) # both 两边过滤
[1] "R & Python 是两款非常优秀的数据挖掘工具！"
> str_trim(x,side = "left") # 左边过滤
[1] "R & Python 是两款非常优秀的数据挖掘工具！ "
> str_trim(x,side = "right") # 右边过滤
[1] " R & Python 是两款非常优秀的数据挖掘工具！"
```

str_sub()函数实现截取字符串的功能，基本表达形式为：

```
str_sub(string, start = 1L, end = -1L)
str_sub(string, start = 1L, end = -1L, omit_na = FALSE) <- value
```

其中，参数 string 为字符串或字符向量；参数 start 为开始位置，默认为 1；参数 end 为结束位置，默认为字符串的最后一个。

```
> x <- "R & Python 是两款非常优秀的数据挖掘工具！"
# 计算 x 的长度
> n <- nchar(x)
[1] 25
# 计算 "R & Python" 的长度
> n1 <- nchar("R & Python")
[1] 10
# 提取 "R & Python"
> str_sub(x,1,n1)
[1] "R & Python"
#分别提取 "R&Python" 和 "是两款非常优秀的数据挖掘工具！" 字符串
> str_sub(x,c(1,n1+1),c(n1,n))
[1] "R & Python"                "是两款非常优秀的数据挖掘工具！"
```

3．字符串匹配函数

str_split()和 str_split_fixed()函数均可实现字符串分割，区别在于前者返回列表格式，后者返回矩阵格式。函数基本形式为：

```
str_split(string, pattern, n = Inf, simplify = FALSE)
str_split_fixed(string, pattern, n)
```

其中，参数 string 为字符串或字符串向量；参数 pattern 为匹配的字符；参数 n 为分割个数，最后一组不会被分割。

```
> z <- c("2018/12/12","2019/01/01","2019/02/23")
> str_split(z,"/")
[[1]]
[1] "2018"  "12"  "12"

[[2]]
[1] "2019"  "01"  "01"

[[3]]
[1] "2019"  "02"  "23"

> str_split_fixed(z,"/",3)
     [,1]  [,2]  [,3]
```

拆分函数和匹配函数

```
[1,] "2018"   "12"   "12"
[2,] "2019"   "01"   "01"
[3,] "2019"   "02"   "23"
```

str_subset()函数返回匹配的字符串，str_which()函数则返回匹配字符串的下标。函数基本表达形式为：

```
str_subset(string, pattern)
str_which(string, pattern)
```

其中，参数 string 为字符串或字符串向量；参数 pattern 为匹配的字符。

```
> x <- c("r","sas","spss","spark","python")
> x
[1] "r"      "sas"    "spss"   "spark"   "python"
> str_subset(x,"p")     # 返回能匹配到 p 的元素子集
[1] "spss"   "spark"  "python"
> str_which(x,"p")      # 返回能匹配到 p 的元素下标集
[1] 3 4 5
> str_subset(x,"^p")    # 返回首字母为 p 的元素子集
[1] "python"
> str_which(x,"^p")     # 返回首字母为 p 的元素下标集
[1] 5
```

str_replace()函数替换首个匹配模式，等价于 base 包中 sub()函数；str_replace_all()函数替换所有匹配模式，等价于 base 中的 gsub()函数。函数基本表达形式为：

```
str_replace(string, pattern, replacement)
str_replace_all(string, pattern, replacement)
```

其中，参数 string 为字符串或字符串向量；参数 pattern 为匹配字符；参数 replacement 为用于替换的字符。

```
> y <- c("r vs sas","r vs spss","r vs spark")
> y
[1] "r vs sas"   "r vs spss"   "r vs spark"
> str_replace(y,"r","python") # 等价于 sub("r","python",y)
[1] "python vs sas"   "python vs spss"   "python vs spark"
> str_replace_all(y,"r","python") # 等价于 gsub("r","python",y)
[1] "python vs sas"       "python vs spss"       "python vs spapythonk"
```

str_locate()函数返回首个匹配模式的字符的位置，str_locate_all()返回所有匹配模式的字符的位置。函数基本形式为：

```
str_locate(string, pattern)
str_locate_all(string, pattern)
```

其中，参数 string 为字符串或字符串向量；参数 pattern 为匹配字符。

```
> x <- c("Python","R","Spark","RRR")
> str_locate(x,"R") # 匹配 x 中各元素首次出现 R 的起始和结束位置
     start   end
[1,]   NA    NA
[2,]    1     1
[3,]   NA    NA
[4,]    1     1
> class(str_locate(x,"R")) # 结果为矩阵形式
[1] "matrix"
> str_locate_all(x,"R") # 匹配 x 中各元素所有 R 的起始和结束位置
[[1]]
     start  end

[[2]]
     start  end
[1,]    1    1

[[3]]
     start  end

[[4]]
     start  end
[1,]    1    1
```

```
[2,]    2    2
[3,]    3    3
> class(str_locate_all(x,"R")) # 结果为列表形式
[1] "list"
```

2.4　本章小结

本章首先给读者介绍了 R 语言的常用数据类型，并介绍了日期数据的处理技巧；然后详细讲解了 R 各种数据对象的创建及操作，为以后的数据分析和挖掘打下良好的基础；最后介绍了文本处理的常用方式，并介绍了功能强大的字符串扩展包 stringr，合理地使用 stringr 包可以有效地提高代码的编写效率。

2.5　本章练习

一、填空题

1. 如果需要删除当前环境中的所有对象，应该输入_____。
2. R 中用于存储数据的对象类型有_____。
3. R 中的数据类型有_____。
4. 查看向量长度的函数是_____。
5. 查看数组维度的函数是_____。

二、上机题

1. 创建一个向量 v，元素由 2, 9, 4, −8, 3, 10, 5, 0, −5, −10 组成。
2. 请用两种方式提取上一题创建的向量 v 中小于 0 的元素。
3. 请使用 matrix() 函数创建一个 4×4 矩阵 M，元素由 1～16 组成，元素需按行填充，得到结果如下。

```
     [,1]  [,2]  [,3]  [,4]
[1,]    1     2     3     4
[2,]    5     6     7     8
[3,]    9    10    11    12
[4,]   13    14    15    16
```

第 **3** 章 R语言数据读写

数据分析师经常会遇到不同来源和格式的数据。我们首先需要掌握如何将不同来源、不同类型的数据读取到 R 语言中。幸好 R 语言提供了众多扩展包来读取不同来源的数据文件，如快速读入文本文件的 readr 包、读取 Excel 文件的 readxl 包、读取大数据集的 data.table 包等。R 语言中常用于读取不同来源数据的函数如图 3-1 所示。

图 3-1　R 语言中常用于读取不同来源数据的函数

从图 3-1 可知，R 语言从外部读入数据几乎均使用 read.*/read_* 系列函数。接下来，让我们一起学习如何将不同来源的数据导入 R。

3.1　文本文件读写

存储文本文件数据的常用格式为分隔符值（CSV 或制表符分隔文件）、可扩展标记语言（XML）、JavaScript 对象表示法（JSON），最常用于存储数据的通用格式为分隔符值。接下来，我们将分别利用 base、readr 和 data.table 包完成 CSV、TXT 等文本文件的数据导入工作。

read.table 函数

read Lines 函数

3.1.1　base 包

read.table() 函数可以轻松地将 CSV、TXT 等文本文件导入 R，并将结果存储在一个数据框中。有几个与 read.table() 类似的函数，可以快速读入不同类型的文本文件。read.csv() 函数分隔符默认设置为逗号，并假设数据有标题行，是读入 CSV 文件的首选函数。read.csv2() 函数则使用逗号作为小数位，并用分号作为分隔符。read.delim() 和 read.delim2() 函数分别使用句号或逗号作为小数位，用换行符（\t）作为分隔符。

其他函数均由 read.table() 函数衍生而成。接下来，让我们看看 read.table() 函数的基本表达形式：

```
read.table(file, header = FALSE, sep = "", quote = "\"'",
           dec = ".", numerals = c("allow.loss", "warn.loss", "no.loss"),
           row.names, col.names, as.is = !stringsAsFactors,
           na.strings = "NA", colClasses = NA, nrows = -1,
```

```
skip = 0, check.names = TRUE, fill = !blank.lines.skip,
strip.white = FALSE, blank.lines.skip = TRUE,
comment.char = "#",
allowEscapes = FALSE, flush = FALSE,
stringsAsFactors = default.stringsAsFactors(),
fileEncoding = "", encoding = "unknown", text, skipNul = FALSE)
```

read.table()函数有众多参数，主要参数及描述如表 3-1 所示。

表 3-1　　　　　　　　　　　　read.table()函数主要参数及描述

参数	描述
file	要读取的数据文件名称，文件如果不在当前文件夹路径下，需添加绝对路径
header	逻辑值，导入文件是否有标题行，默认为 FALSE，不含有标题行，设置为 TRUE 则将文件第一行作为变量的标题
sep	文件中字段的分隔符，默认为 sep=""，表示分隔符为一个或多个空格、制表符、换行或回车
quote	设置如何引用字符型变量。默认情况下，字符串可以用双引号"或单引号'标示，如果没有设定分隔字符，后引号前面加\，即 quote="\"
dec	设置用来表示小数点的字符，默认为.
row.names	读入数据的行名，默认为 1,2,3,…
col.names	读入数据的列名，如 header 设置为 FALSE 时，默认为 V1,V2,V3,…
na.strings	赋给缺失值的值，默认为 NA
skip	开始读取数据前跳过的数据文件的行数
strip.white	是否消除空白字符
blank.lines.skip	是否跳过空白行

假如当前目录下有两个文件：iris.txt 和 iris.csv。我们可以利用 read.table()函数将这两份文件中的数据读入 R 语言。

```
> import.txt <- read.table("../data/iris.txt",header = TRUE) # 读入 iris.txt 文件
> head(import.txt)
  Sepal.Length  Sepal.Width  Petal.Length  Petal.Width  Species
1          5.1          3.5           1.4          0.2   setosa
2          4.9          3.0           1.4          0.2   setosa
3          4.7          3.2           1.3          0.2   setosa
4          4.6          3.1           1.5          0.2   setosa
5          5.0          3.6           1.4          0.2   setosa
6          5.4          3.9           1.7          0.4   setosa
```

read.table()函数的第一个参数 file 是目录中需要导入的数据，如果数据不在当前目录中则需要增加完整路径；参数 header 是用来设置导入的数据是否有变量名称，默认是 FALSE；参数 sep 默认以一个或多个空格、制表符、换行符或回车符为字段分隔符，因 CSV 文件以逗号作为字段分隔符，故如果导入 CSV 文件，需要将参数 sep 设置为","。

```
> import.csv <- read.table("../data/iris.csv",header = TRUE,sep = ",") #读入 iris.csv 文件
> head(import.csv)
  Sepal.Length  Sepal.Width  Petal.Length  Petal.Width  Species
1          5.1          3.5           1.4          0.2   setosa
2          4.9          3.0           1.4          0.2   setosa
3          4.7          3.2           1.3          0.2   setosa
4          4.6          3.1           1.5          0.2   setosa
5          5.0          3.6           1.4          0.2   setosa
6          5.4          3.9           1.7          0.4   setosa
```

read.csv()函数的分隔符默认为逗号，并假设数据有标题行。如果是读取 CSV 文件，直接用 read.csv()更简单。

```
> import.csv1 <- read.csv("../data/iris.csv") # 利用 read.csv 将 iris.csv 文件读入
> head(import.csv1)
  Sepal.Length  Sepal.Width  Petal.Length  Petal.Width  Species
```

1	5.1	3.5	1.4	0.2	setosa
2	4.9	3.0	1.4	0.2	setosa
3	4.7	3.2	1.3	0.2	setosa
4	4.6	3.1	1.5	0.2	setosa
5	5.0	3.6	1.4	0.2	setosa
6	5.4	3.9	1.7	0.4	setosa

从结果可知，导入数据默认用 1,2,3,…表示行名称，也可通过给参数 row.names 赋予与数据行数相同的向量来修改行名称。比如希望在导入数据时将行名称修改为 row1,row2,row3,…可通过以下代码实现。

```
> w0 <- read.table("../data/iris.txt",header = T,row.names = paste0("row",1:150))
> head(w0)
     Sepal.Length Sepal.Width Petal.Length Petal.Width Species
row1          5.1         3.5          1.4         0.2  setosa
row2          4.9         3.0          1.4         0.2  setosa
row3          4.7         3.2          1.3         0.2  setosa
row4          4.6         3.1          1.5         0.2  setosa
row5          5.0         3.6          1.4         0.2  setosa
row6          5.4         3.9          1.7         0.4  setosa
```

同理，要修改导入数据的列名称，可以给参数 col.names 赋予与列数量相同长度的向量。以下代码先利用 write.table()函数将 R 语言自带的 women 数据集保存为当前目录的 women.txt 文件，再利用 read.table()函数将其读入 R。

```
> file.exists("../data/women.txt") # 查找当前文件夹是否存在 women.txt 文件，返回 FALSE
[1] FALSE
> write.table(women,"../data/women.txt",row.names = F,col.names = F) # 将 women 数据集保存到本地
> file.exists("../data/women.txt") # 查找当前文件夹是否存在 women.txt 文件，返回 TRUE
[1] TRUE
> women1 <- read.table("../data/women.txt") # 将 women.txt 文件读入 R
> women1
   V1  V2
1  58 115
2  59 117
3  60 120
4  61 123
5  62 126
6  63 129
7  64 132
8  65 135
9  66 139
10 67 142
11 68 146
12 69 150
13 70 154
14 71 159
15 72 164
```

file.exists()函数用于查找当前目录中是否存在某个文件，开始目录中并没有 women.txt 文件，所以返回结果为 FALSE。运行 write.table()函数后将在目录中生成 women.txt 文件。参数 row.names 和 col.names 均设置为 FALSE，说明导出文件数据未包含 women 数据集的行名和列名。再次运行 file.exists()函数返回结果为 TRUE。运用 read.table()函数将文件读入 R 时，列名默认为"V1""V2"。如希望在读入数据时列名就设置为"height""weihgt"。可利用以下命令实现。

```
> #读入数据时并设置列名
> women2 <- read.table("../data/women.txt",header = F,col.names = c("height", "weihgt"))
> women2
  height weihgt
1     58    115
2     59    117
3     60    120
4     61    123
5     62    126
6     63    129
7     64    132
8     65    135
9     66    139
```

```
10      67      142
11      68      146
12      69      150
13      70      154
14      71      159
15      72      164
```

通过设置参数 skip 可以跳过前面 *n* 行数据，将后面的数据读入 R。比如 skip=10，则跳过数据中的前 10 行，将后面数据读入 R。

```
> read.table("../data/women.txt",skip = 10,col.names = c("height","weight"))
  height   weight
1     68      146
2     69      150
3     70      154
4     71      159
5     72      164
```

可见，将最后 5 行数据读入 R，需留意的是，如果文件中包含列名，R 会以列名作为第 1 行开始计数。

通过设置参数 nrows 可以将指定的行数导入 R。比如只想导入文件中的前 6 行数据，可以通过以下代码实现。

```
> read.table("../data/women.txt",nrows = 6,col.names = c("height","weight"))
  height   weight
1     58      115
2     59      117
3     60      120
4     61      123
5     62      126
6     63      129
```

如果只想导入文件中某部分数据，可以同时设置参数 skip 和 nrows 实现。比如想将文件中的第 11～13 行数据导入 R，可通过以下代码实现。

```
> read.table("../data/women.txt",skip = 10,nrows = 3,col.names = c("height","weight"))
  height   weight
1     68      146
2     69      150
3     70      154
```

不是所有的文本文件都像定界符文件那样有一个定义良好的结构。如果文件的结构松散，更简单的做法是先读入文件中的所有文本行，再对其内容进行文本分词及挖掘。readLines（注意两个单词间没有用点连接，且第二个单词的首字母是大写字母 L）就提供了这种方法。它接受一个文件路径（或文件链接）和一个可选的最大行数作为参数来读取文件。

```
> unstructuredText <- readLines("../data/unstructuredText.txt")
[1] "R语言提供丰富的扩展包来读取不同数据源的数据，比如："
[2] "1. 快速读入文本文件的 readr 包；"
[3] "2. 读取 excel 文件数据的 readxl 包；"
[4] "3. 读取大数据集的 data.table 包等。"
```

3.1.2　readr 包

接下来，将学习如何利用功能强大的 readr 包进行文本文件的读写。首次使用之前，请先运行 install.packages("readr")命令进行在线安装。

read 包 read_csv
函数

read_csv()函数将数据文件读入 R，并保存为 tibble 类型。tibble 类型是 R 语言中用来替换 data.frame 的扩展数据框数据类型，tibble 类型与 data.frame 类型有相同的语法，使用起来更方便。read_csv()函数的表达形式为：

```
read_csv(file, col_names = TRUE, col_types = NULL,
   locale = default_locale(), na = c("", "NA"), quoted_na = TRUE,
   quote = "\"", comment = "", trim_ws = TRUE, skip = 0, n_max = Inf,
   guess_max = min(1000, n_max), progress = show_progress())
```

read_csv()函数的主要参数及描述如表 3-2 所示。

表 3-2   read_csv()函数主要参数及描述

参数	描述
file	要读取的数据文件名称。数据文件如果不在当前路径下，需添加绝对路径
col_names	逻辑值或列名的特征向量。如果为 TRUE，输入第一行将用作列名；如果为 FALSE，列名将自动生成 X1、X2、X3……如果是字符向量，向量值将作为列名称
col_types	指定列的数据类型，为 NULL 时会自动识别
na	赋给缺失值的字符向量
quoted_na	判断引号内的缺失值为默认值或字符串
comment	用于标识注释的字符串
trim_ws	是否消除空白字符
skip	读取数据前要跳过的行数
n_max	要读取的最大记录数，默认为 Inf，即无穷大

以下代码实现利用 read_csv()函数将 iris.csv 文件数据读入 R。

```
> library(readr)
> iris1 <- read_csv("../data/iris.csv")
Parsed with column specification:
cols(
  Sepal.Length = col_double(),
  Sepal.Width = col_double(),
  Petal.Length = col_double(),
  Petal.Width = col_double(),
  Species = col_character()
)
> iris1
# A tibble: 150 x 5
   Sepal.Length Sepal.Width Petal.Length Petal.Width Species
          <dbl>       <dbl>        <dbl>       <dbl> <chr>
 1          5.1         3.5          1.4         0.2 setosa
 2          4.9         3            1.4         0.2 setosa
 3          4.7         3.2          1.3         0.2 setosa
 4          4.6         3.1          1.5         0.2 setosa
 5          5           3.6          1.4         0.2 setosa
 6          5.4         3.9          1.7         0.4 setosa
 7          4.6         3.4          1.4         0.3 setosa
 8          5           3.4          1.5         0.2 setosa
 9          4.4         2.9          1.4         0.2 setosa
10          4.9         3.1          1.5         0.1 setosa
# ... with 140 more rows
```

read_csv()函数专门用于读取以逗号分隔的 CSV 文件，函数中没有可用于修改列分隔符的参数。如果需要读入用其他符号作列分隔的文本文件，可使用 read_delim()函数实现，其参数 delim 为必设项，用于指定列分隔的符号。

```
> read_delim("../data/iris.txt") # 不设置 delim 参数会报错
Error in read_delim("../data/iris.txt") :
  argument "delim" is missing, with no default
> read_delim("../data/iris.txt",delim = " ") # 将分隔符设置为空格
Parsed with column specification:
cols(
  Sepal.Length = col_double(),
  Sepal.Width = col_double(),
  Petal.Length = col_double(),
  Petal.Width = col_double(),
  Species = col_character()
)
# A tibble: 150 x 5
   Sepal.Length Sepal.Width Petal.Length Petal.Width Species
```

```
         <dbl>      <dbl>      <dbl>      <dbl>      <chr>
1         5.1        3.5        1.4        0.2      setosa
2         4.9          3        1.4        0.2      setosa
3         4.7        3.2        1.3        0.2      setosa
4         4.6        3.1        1.5        0.2      setosa
5           5        3.6        1.4        0.2      setosa
6         5.4        3.9        1.7        0.4      setosa
7         4.6        3.4        1.4        0.3      setosa
8           5        3.4        1.5        0.2      setosa
9         4.4        2.9        1.4        0.2      setosa
10        4.9        3.1        1.5        0.1      setosa
# ... with 140 more rows
```

read_delim()函数参数 col_names 默认为 TRUE，则输出结果中将数据第一行作为列名。如果将参数 col_names 设置为 FALSE，则会以 X1、X2、X3……作为列名。

```
> read_delim("../data/women.txt",delim = " ",col_names = FALSE)
Parsed with column specification:
cols(
  X1 = col_integer(),
  X2 = col_integer()
)
# A tibble: 15 x 2
      X1      X2
   <int>   <int>
1     58     115
2     59     117
3     60     120
4     61     123
5     62     126
6     63     129
7     64     132
8     65     135
9     66     139
10    67     142
11    68     146
12    69     150
13    70     154
14    71     159
15    72     164
```

在导入数据时，当指定参数 col_names 的字符型向量时，可对列名进行重命名。

```
> read_delim("../data/women.txt",delim = " ",col_names = c("height","weight"))
Parsed with column specification:
cols(
  height = col_integer(),
  weight = col_integer()
)
# A tibble: 15 x 2
  height    weight
   <int>     <int>
1     58       115
2     59       117
3     60       120
4     61       123
5     62       126
6     63       129
7     64       132
8     65       135
9     66       139
10    67       142
11    68       146
12    69       150
13    70       154
14    71       159
15    72       164
```

从结果可知，两列默认均为整型。如果想在导入数据时修改各列的数据类型，可通过参数

col_types 实现。以下代码实现将第一列的数据类型指定为双精度型，第二列为字符型。

```
> read_delim("../data/women.txt",delim=" ",col_names=c("height","weight"),
+                col_types=list(col_character(),col_double()))
# A tibble: 15 x 2
   height  weight
   <chr>   <dbl>
 1    58     115
 2    59     117
 3    60     120
 4    61     123
 5    62     126
 6    63     129
 7    64     132
 8    65     135
 9    66.    139
10    67     142
11    68     146
12    69     150
13    70     154
14    71     159
15    72     164
```

参数 skip、n_max 的用法与 read.table()函数相同，此处不赘述。

利用 readr 包读取文本文件的另一个优势是速度快，在读取大数据文件时效果明显。当前目录中有一个名为 ccFraud.csv 的文件，记录了一千万客户是否存在违约风险。以下代码实现利用 base 包的 read.csv()函数和 readr 包的 read_csv()函数导入数据，并对比两者耗时。

```
> # 查看文件大小
> paste(round(file.size("../data/ccFraud.csv")/(1024*1024),0),"M")
[1] "278 M"
> # 计算利用 read.csv 导入数据耗时
> system.time(read.csv("../data/ccFraud.csv"))
  用户     系统     流逝
45.02    0.48    45.55
> # 计算利用 read_csv 导入数据耗时
> system.time(read_csv("../data/ccFraud.csv"))
Parsed with column specification:
cols(
    custID = col_integer(),
    gender = col_integer(),
    state = col_integer(),
    cardholder = col_integer(),
    balance = col_integer(),
    numTrans = col_integer(),
    numIntlTrans = col_integer(),
    creditLine = col_integer(),
    fraudRisk = col_integer()
)
|==========================================================| 100%  278 MB
  用户   系统   流逝
  8.76   0.78   8.44
```

利用 read.csv()函数导入数据耗时 45.02s，read_csv()函数导入数据耗时 8.76s，前者耗时是后者的 5 倍多。

接下来介绍能够更大程度地提高数据处理速度的 data.table 包。

3.1.3 data.table 包

data.table 包是 data.frame()函数的升级版，其特点是用于数据框格式数据的处理特别快，体现在以下两个方面：

data.table 包 fread
函数

- 一方面是写入快，代码简洁，只要一行命令就可以完成诸多任务。
- 另一方面是处理快，优化了内部处理步骤，使用多线程，甚至很多函数使用 C 语言编写，大大加快了数据运行速度。

　　因此，在大数据处理上，无疑首选 data.table 包。data.table 包属于扩展包，首次使用前请先通过 install.packages("data.table")命令进行在线安装。

　　fread()函数用于数据导入，其基本表达形式为：

```
fread(input, file, text, cmd, sep="auto", sep2="auto", dec=".", quote="\"",
    nrows=Inf, header="auto",na.strings=getOption("datatable.na.strings","NA"),
    stringsAsFactors=FALSE, verbose=getOption("datatable.verbose", FALSE),
    skip="__auto__", select=NULL, drop=NULL, colClasses=NULL,
    integer64=getOption("datatable.integer64", "integer64"),
    col.names,check.names=FALSE, encoding="unknown",
    strip.white=TRUE, fill=FALSE, blank.lines.skip=FALSE,key=NULL, index=NULL,
    showProgress=getOption("datatable.showProgress", interactive()),
    data.table=getOption("datatable.fread.datatable", TRUE),
    nThread=getDTthreads(verbose),logical01=getOption("datatable.logical01", FALSE),
    autostart=NA)
```

　　fread()函数主要参数及描述如表 3-3 所示。

表 3-3　　　　　　　　　　　　　　　　fread()函数主要参数及描述

参数	描述
input	输入的文件，或者字符串（至少有一个"\n"）
file	文件路径，在确保没有执行 shell 命令时很有用，也可以用 input 参数输入
Sep	列之间的分隔符
sep2	分隔符内再分隔的分隔符
dec	小数分隔符，默认为"."
nrows	读取的行数，默认为全部
header	第一行是否为列名
na.strings	NA 值的处理
StringsAsFactors	是否转化字符串为因子
verbose	是否交互和报告运行时间
skip	跳过读取的行数，为 1 则从第二行开始读取
select	需要保留的列名或者列号，剔除剩余列
drop	需要剔除的列名或者列号，读取剩余列
colClasses	指定数据类型
integer64	读取 64 位的整型数
col.names	变量（列）的可选名称向量
check.names	默认为 FALSE；为 TRUE 时 data.table 会检查变量名称，以确保它们是语法上有效的变量名称
encoding	默认为"unknown"，其他可能为"UTF-8"或者"Latin-1"，它们不是用来重新编码的，而是允许在本机处理的编码字符串
strip.white	默认为 TRUE，删除结尾空白符；如果为 FALSE，只删除标题尾随空格
fill	默认为 FALSE，如果为 TRUE，不等长的区域可以自动填上，将利于文件顺利读入
blank.lines.skip	默认为 FALSE，如果为 TRUE，跳过空白行
key	传递给 setkey 的一个或多个列名称的字符向量
showProgress	为 TRUE 时会显示脚本进程
data.table	如果为 TRUE 返回 data.table，如果为 FALSE 返回 data.frame

以下代码实现利用 fread()函数导入 ccFraud.csv 文件，并查看其耗时。

```
> library(data.table)
> system.time(fread("../data/ccFraud.csv"))
用户    系统    流逝
2.94  0.09  0.44
```

利用 fread()函数读取 278MB 的数据，耗时不超过 3s，其读取数据的速度远远高于 read.csv()函数和 read_csv()函数的数据读取速度。

fread()函数的大部分参数与 read.table()函数用法相似，此处不赘述。此处对 select 和 drop 参数用法进行演示。

```
> # 导入全部数据
> ccFraud <- fread("../data/ccFraud.csv")
> str(ccFraud)
Classes 'data.table' and 'data.frame':   10000000 obs. of  9 variables:
 $ custID      : int  1 2 3 4 5 6 7 8 9 10 ...
 $ gender      : int  1 2 2 1 1 2 1 1 2 1 ...
 $ state       : int  35 2 2 15 46 44 3 10 32 23 ...
 $ cardholder  : int  1 1 1 1 1 2 1 1 1 1 ...
 $ balance     : int  3000 0 0 0 0 5546 2000 6016 2428 0 ...
 $ numTrans    : int  4 9 27 12 11 21 41 20 4 18 ...
 $ numIntlTrans: int  14 0 9 0 16 0 0 3 10 56 ...
 $ creditLine  : int  2 18 16 5 7 13 1 6 22 5 ...
 $ fraudRisk   : int  0 0 0 0 0 0 0 0 0 0 ...
 - attr(*, ".internal.selfref")=<externalptr>
> # 只导入 custID 和 fraudRisk 变量
> y <- fread("../data/ccFraud.csv",select = c("custID","fraudRisk"))
> str(y)
Classes 'data.table' and 'data.frame':   10000000 obs. of  2 variables:
 $ custID   : int  1 2 3 4 5 6 7 8 9 10 ...
 $ fraudRisk: int  0 0 0 0 0 0 0 0 0 0 ...
 - attr(*, ".internal.selfref")=<externalptr>
> # 剔除 fraudRisk 变量
> x <- fread("../data/ccFraud.csv",drop = "fraudRisk")
> str(x)
Classes 'data.table' and 'data.frame':   10000000 obs. of  8 variables:
 $ custID      : int  1 2 3 4 5 6 7 8 9 10 ...
 $ gender      : int  1 2 2 1 1 2 1 1 2 1 ...
 $ state       : int  35 2 2 15 46 44 3 10 32 23 ...
 $ cardholder  : int  1 1 1 1 1 2 1 1 1 1 ...
 $ balance     : int  3000 0 0 0 0 5546 2000 6016 2428 0 ...
 $ numTrans    : int  4 9 27 12 11 21 41 20 4 18 ...
 $ numIntlTrans: int  14 0 9 0 16 0 0 3 10 56 ...
 $ creditLine  : int  2 18 16 5 7 13 1 6 22 5 ...
 - attr(*, ".internal.selfref")=<externalptr>
```

data.table 包还提供了 fwrite()函数，实现将 R 语言中的数据对象快速导出到本地。以下代码实现将 ccFraud 数据对象通过 write.csv()和 fwrite()函数导出到本地，并对比各自耗时。

```
> system.time(write.csv(ccFraud,"../data/ccFraud1.csv",row.names = F))
用户    系统    流逝
52.13  0.69  54.37
> system.time(fwrite(ccFraud,"../data/ccFraud2.csv",row.names = F))
用户    系统    流逝
2.28  0.39  0.85
```

通过 write.csv()函数导出数据耗时 52.13s，而通过 fwrite()函数导出数据仅需 2.28s，性能有极大的提升。

3.2 Excel 文件读写

R 语言基础包中并没有函数可直接读取 Excel 文件的数据，不过有一个变通的方式是可以先将 Excel 文件转换为 CSV 文件，再利用 read.csv()函数将其数据读入。不

常用方法概述

过，如果想用 R 语言直接对 Excel 文件进行读写操作，也可用以下几个扩展包实现，包括 RODBC 包中的 odbcConnectExcel2007()函数、xlsx 包中的 read.xlsx()函数、XLConnect 包中的 loadWorkbook() 和 readWorksheet()函数访问 2007 版本的 Excel 文件、readxl 包中的 read_excel()函数、openxlsx 包中的 read.xlsx()函数。这 5 个扩展包均可以利用 install.packages()命令进行在线安装，不过 RODBC 包在安装前需要对本机环境进行设置，xlsx 和 XLConnect 包需要依赖于本机的 Java 运行环境（Java Runtime Environment，JRE）和 rJava 包。

以下代码实现使用使用 5 种读取 Excel 文件中数据的方式将一个名为 sample.xlsx 的 Excel 文件中的数据读入 R。

```
> # 利用 RODBC 包读入
> library(RODBC)
> channel <- odbcConnectExcel2007("../data/sample.xlsx")      # 建立连接
> odbcdf <- sqlFetch(channel,'data')                          # 读取工作表 data 的数据
> odbcClose(channel)                                          # 关闭连接
> odbcdf
  总序号 性别 年龄 职业
1   1    1    5    4
2   2    2    2    1
3   3    2    1    1
4   4    1    2    1
5   5    1    3    5
> # 利用 xlsx 包读取 Excel 数据
> library(xlsx)
载入需要的程辑包: rJava
载入需要的程辑包: xlsxjars
> res <- read.xlsx('../data/sample.xlsx',1,encoding="UTF-8")   # 利用 read.xlsx()函数读取 Excel 文件
> res
  总序号 性别 年龄 职业
1   1    1    5    4
2   2    2    2    1
3   3    2    1    1
4   4    1    2    1
5   5    1    3    5
> detach(package:xlsx)
> # 利用 XLConnect 包读取 Excel 数据
> library(XLConnect)
载入需要的程辑包: XLConnectJars
XLConnect 0.2-12 by Mirai Solutions GmbH [aut],
  Martin Studer [cre],
  The Apache Software Foundation [ctb, cph] (Apache POI, Apache Commons
    Codec),
  Stephen Colebourne [ctb, cph] (Joda-Time Java library),
  Graph Builder [ctb, cph] (Curvesapi Java library)
http://www.mirai-solutions.com
http://miraisolutions.wordpress.com
> wb <- loadWorkbook("../data/sample.xlsx")                    # 将工作簿加载到 R 中
> xldf<-readWorksheet(wb,sheet=getSheets(wb)[1])               # 读取第一个工作表的数据
> xldf
  总序号 性别 年龄 职业
1   1    1    5    4
2   2    2    2    1
3   3    2    1    1
4   4    1    2    1
5   5    1    3    5
> # 利用 readxl 包读取 Excel 数据
> library(readxl)
> readexcel <- read_excel("../data/sample.xlsx",1,col_names = T)
> readexcel
# A tibble: 5 x 4
  总序号 性别 年龄 职业
  <dbl> <dbl> <dbl> <dbl>
1   1    1    5    4
```

```
2      2      2      2      1
3      3      2      1      1
4      4      1      2      1
5      5      1      3      5
> # 利用 openxlsx 包读取 Excel 数据
> library(openxlsx)
> opxl <- read.xlsx("../data/sample.xlsx")
> opxl
  总序号  性别  年龄  职业
1      1      1      5      4
2      2      2      2      1
3      3      2      1      1
4      4      1      2      1
5      5      1      3      5
```

xlsx 和 XLConnect 包支持直接修改本地的 Excel 文件，也能将 R 语言中的数据对象导出为本地的 Excel 文件；openxlsx 包安装简单、使用方便；readxl 包是读取 Excel 文件的高性能包。接下来，我们通过实际例子来讲解这 4 个扩展包的使用方法。

3.2.1 xlsx 包

xlsx 包的安装需要依赖 rJava 包，rJava 包能否成功安装的前提条件是需要本机预先安装好 Java，且 R 语言须与 Java 的版本位数一致。

可以通过 cmd 窗口输入 java –version 命令查看本机安装的 Java 版本。结果如图 3-2 所示。

图 3-2　查看计算机的 Java 版本

可见，本机安装的是 1.8.0 的 64 位的 Java，所以需要用 64 位的 R 语言才能顺利安装 rJava 包和 xlsx 包，否则会报错。

xlsx 包有丰富的函数，能对 Excel 文件进行灵活读写。xlsx 包中主要函数及用途如表 3-4 所示。

表 3-4　　　　　　　　　　　　　　xlsx 包中主要函数及用途

函数	用途
write.xlsx()	将 R 语言中数据框写入 Excel 文件，可向已存在文件追加工作表，同时定义表名，也支持中文表名
read.xlsx()	读取 Excel 文件
LoadWorkbook()	将 Excel 文件载入 R 中作为对象
saveWorkbook()	可将修改过的内容保存到 Excel 文件
getSheets()	读取 R 语言中 Excel 对象的工作表，返回 Java 对象
createSheet()	在 Excel 文件中新建工作表
removeSheet()	删除 Excel 文件中的工作表

我们先了解 write.xlsx()函数的用法。其基本表达形式为：

```
write.xlsx(x, file, sheetName="Sheet1",
  col.names=TRUE, row.names=TRUE, append=FALSE, showNA=TRUE)
```

write.xlsx()函数参数及描述如表 3-5 所示。

表 3-5　　　　　　　　　　　　　　　　　write.xlsx()函数参数及描述

参数	描述
x	需要写入 Excel 工作簿中的数据框
file	输出文件的路径
sheetName	保存到工作簿中的工作表名，默认为 Sheet1
col.names	逻辑值，保存文件中是否含有列名，默认为 TRUE
row.names	逻辑值，保存文件中是否含有行名称，默认为 TRUE
append	逻辑值，是否将 x 追加到现有文件中，默认为 FALSE
showNA	逻辑值，默认为 FALSE，如果设置为 TRUE，则 NA 值保留为空单元格

以下代码利用 write.xlsx()函数将 R 自带的 iris 数据框保存到本地的 test_output.xlsx 新文件。

```
> library(xlsx)
载入需要的程辑包: rJava
载入需要的程辑包: xlsxjars
> # 查看 data 目录下是否包含 test_output.xlsx 文件
> file.exists("../data/test_output.xlsx")
[1] FALSE
> # 导出 iris 到本地
> write.xlsx(iris,"../data/test_output.xlsx",
+                  sheetName = "iris",row.names = F)
> file.exists("../data/test_output.xlsx")  # 查看文件是否存在
[1] TRUE
```

xlsx 包 R 操作 Excel 文件

第一次运行 file.exists()函数的返回结果为 FALSE，说明 data 目录下当前不存在 test_output.xlsx 文件。当利用 write.xlsx()函数将 iris 数据框导出后，再次运行 file.exists()函数的返回结果为 TRUE，说明文件已经生成。

如果想在此工作簿中追加新文件，可以通过将 append 参数设置为 TRUE 实现，注意此时 sheetName 参数值不能与工作簿中已存在的工作表名相同，否则会报错。

通过以下代码，将 R 中自带的 mtcars 数据框导出到 test_output.xlsx 文件的新工作表 mtcars。

```
> # 对现有工作簿追加文件
> write.xlsx(mtcars,"../data/test_output.xlsx",sheetName = "mtcars",append = TRUE)
```

现在，利用 loadWorkbook()函数将 test_output.xlsx 文件加载到 R，并使用 getSheets()函数查看加载到 R 中工作簿的工作表。

```
> file <- "../data/test_output.xlsx"
> wb <- loadWorkbook(file) # 将文件加载到 R 中
> sheets <- getSheets(wb)  # 读取 wb 中的工作表
> sheets          # 返回每个指向工作表的 Java 对象列表
$iris
[1] "Java-Object{Name: /xl/worksheets/sheet1.xml - Content Type: application/vnd.
openxmlformats-officedocument.spreadsheetml.worksheet+xml}"

$mtcars
[1] "Java-Object{Name: /xl/worksheets/sheet2.xml - Content Type: application/vnd.
openxmlformats-officedocument.spreadsheetml.worksheet+xml}"
> names(sheets) # 查看列表名字
[1] "iris"   "mtcars"
```

使用 removeSheet()函数可将 wb 对象中已经存在的工作表移除。下面代码实现将 wb 对象中的 mtcars 工作表移除。

```
> removeSheet(wb,sheetName = names(sheets)[2]) # 移除 mtcars 工作表
> getSheets(wb)   # 查看 wb 对象中的工作表
$iris
[1] "Java-Object{Name: /xl/worksheets/sheet1.xml - Content Type:
application/vnd.openxmlformats-officedocument.spreadsheetml.worksheet+xml}"
```

使用 createSheet()函数可对 wb 对象新增工作表。下面代码实现在 wb 对象中创建一个新的工

作表 women。

```
> createSheet(wb,sheetName = "women")  # 在 wb 中创建 women 工作表
[1] "Java-Object{Name: /xl/worksheets/sheet2.xml - Content Type: application/vnd.
openxmlformats-officedocument.spreadsheetml.worksheet+xml}"
> getSheets(wb)  # 查看 wb 对象中的工作表
$iris
[1] "Java-Object{Name: /xl/worksheets/sheet1.xml - Content Type: application/vnd.
openxmlformats-officedocument.spreadsheetml.worksheet+xml}"

$women
[1] "Java-Object{Name: /xl/worksheets/sheet2.xml - Content Type: application/vnd.
openxmlformats-officedocument.spreadsheetml.worksheet+xml}"
```

此时 women 工作表中并没有任何数据，可以通过 getCells()和 getCellValue()函数查看单元格中的内容。

```
> (sheet <- getSheets(wb)[[2]])  # 取第二个 sheet
[1] "Java-Object{Name: /xl/worksheets/sheet2.xml - Content Type: application/vnd.
openxmlformats-officedocument.spreadsheetml.worksheet+xml}"
> rows <- getRows(sheet)  # 获得所有行
> cells <- getCells(rows)  # 返回所有非空的单元格
> values <- lapply(cells, getCellValue)  # 提取非空单元格的值
> values  # 查看结果
list()
```

此时 values 对象返回的结果为一个空的列表，说明 women 工作表里面没有任何数据。使用 addDataFrame()函数将 R 中的数据框添加到工作表，且允许设置不同的行列样式。以下代码将 R 中自带的 women 数据框添加到 wb 对象的 women 工作表中。

```
># 将 women 数据框添加到 wb 对象的 women 工作表中
> addDataFrame(women,getSheets(wb)[[2]],row.names = FALSE)
> cells <- getCells(getRows(getSheets(wb)[[2]]))
> lapply(cells[1:2],getCellValue)  # 查看前面两个非空单元格的值
$"1.1"
[1] "height"
$"1.2"
[1] "weight
```

$"1.1"表示 women 工作表的第 1 行第 1 列，即 A1 单元格。所以 women 工作表的 A1 单元格的值为"height"，$"1.2"表示 B1 单元格，B1 单元格的值为"weight"，这两个值就是 women 数据框的变量名。

以上这些操作只是对 R 语言中的 wb 对象操作而已，并未将改动同步到本地的 test_output. xlsx 文件中。此时可以利用 saveWorkbook()函数将所有操作同步到本地的 Excel 文件中。如果 file 参数为原文件，则会覆盖该文件的内容，否则将在本机生成新的文件。

```
> # 将所有操作保存到原文件中
> file
[1] "../data/test_output.xlsx"
> saveWorkbook(wb,file)
```

read.xlsx 案例演示

我们想把新生成的 test_output.xlsx 文件数据读入 R，可通过 read.xlsx()函数轻松实现。该函数的表达形式为：

```
read.xlsx(file, sheetIndex, sheetName=NULL, rowIndex=NULL,
    startRow=NULL, endRow=NULL, colIndex=NULL,
    as.data.frame=TRUE, header=TRUE, colClasses=NA,
    keepFormulas=FALSE, encoding="unknown", ...)
```

read.xlsx()函数参数及描述如表 3-6 所示。

表 3-6   read.xlsx()函数参数及描述

参数	描述
file	Excel 文件的路径
sheetIndex	工作簿中的工作表的索引值
sheetName	工作表名

参数	描述
rowIndex	数值向量，表示想提取的行。如为空，且未指定 startRow 和 endRow，则提取所有行
startRow	数值，读取的起点行。仅当参数 rowIndex 为 NULL 时有效
endRow	数值，读取的终点行。如设为 NULL，则读取所有行，仅当参数 rowIndex 为 NULL 时有效
colIndex	数值向量，表示想提取的列。如为空，则提取所有的列
as.data.frame	布尔值，是否强制转换为 data.frame。如为 FALSE，则用列表表示，每个元素为一列
header	布尔值，是否将第一行识别为标题
keepFormulas	布尔值，是否以文本格式保留 Excel 公式

通过参数 sheetIndex 或 sheetName 可将指定的工作表中的内容读取到 R 中。以下代码通过两种方式将 test_output.xlsx 文件中的 iris 工作表数据读入 R。

```
> file
[1] "../data/test_output.xlsx"
> # 方式一：通过指定 sheetIndex 参数实现
> iris1 <- read.xlsx(file,sheetIndex = 1)
> head(iris1)
  Sepal.Length Sepal.Width Petal.Length Petal.Width Species
1          5.1         3.5          1.4         0.2  setosa
2          4.9         3.0          1.4         0.2  setosa
3          4.7         3.2          1.3         0.2  setosa
4          4.6         3.1          1.5         0.2  setosa
5          5.0         3.6          1.4         0.2  setosa
6          5.4         3.9          1.7         0.4  setosa
> # 方式二：通过指定 sheetName 参数实现
> iris2 <- read.xlsx(file,sheetName = "iris")
> head(iris2)
       Sepal.Length Sepal.Width Petal.Length Petal.Width Species
1               5.1         3.5          1.4         0.2  setosa
2               4.9         3.0          1.4         0.2  setosa
3               4.7         3.2          1.3         0.2  setosa
4               4.6         3.1          1.5         0.2  setosa
5               5.0         3.6          1.4         0.2  setosa
6               5.4         3.9          1.7         0.4  setosa
```

有时候，可能不需要将所有数据一次性读入 R，只需要导入部分数据子集做探索，此时可利用参数 rowIndex 和 colIndex 实现。以下代码实现将第 1~6 行的前 4 列数据读取到 R 中。

```
> # 读取部分数据
> read.xlsx(file,sheetIndex = 1,rowIndex = 1:6,colIndex = 1:4)
  Sepal.Length Sepal.Width Petal.Length Petal.Width
1          5.1         3.5          1.4         0.2
2          4.9         3.0          1.4         0.2
3          4.7         3.2          1.3         0.2
4          4.6         3.1          1.5         0.2
5          5.0         3.6          1.4         0.2
```

XLConnect 包

3.2.2　XLConnect 包

XLConnect 包是 R 语言中的另一个用于处理 Excel 文件的扩展包。利用它可以读取或创建一个 Microsoft Excel 文件，还可以直接对 Excel 文件进行数据处理、数据标记以及数据可视化。XLConnect 包可以通过 install.packages("XLConnect")命令进行在线安装。

XLConnect 包主要特点如下。

- Excel 工作表的读写。
- 指定范围的数据读写。
- 创建、删除、重命名或复制工作表。

- 添加图形。
- 指定单元格样式，如数据格式、边框、背景和前景填充色、填充模式、文本换行等。
- 控制工作表是否可见。
- 定义列宽度和行高度。
- 合并/拆分单元格。
- 设置/获取单元格公式。
- 设置自动筛选条件。
- 样式操作：在写入时控制单元格的样式。
- 定义遇到错误单元格时的处理方式。

XLConnect 包里的函数众多，主要函数及其用途如表 3-7 所示。

表 3-7　　　　　　　　　　　　XLConnect 包中主要函数及用途

函数	用途
loadWorkbook()	加载/创建 Excel 工作簿
createSheet()	在指定为 object 参数的工作簿中创建一个选定名称的工作表
writeWorksheet()	将数据写入 Excel 工作簿对象的工作表
createName()	为工作簿中的指定公式创建名称
writeNamedRegion()	将命名范围写入工作簿
saveWorkbook()	将工作簿对象保存到相应的 Excel 文件并将文件写入磁盘
writeWorksheetToFile()	允许在调用中将数据写入 Excel 文件的工作表
readWorksheet()	允许从当前加载的工作簿对象中读取指定工作表的数据
readWorksheetFromFile()	从 Excel 文件中读取工作表中的数据
readNamedRegion()	从工作簿对象中读取命名区域
readNamedRegionFromFile()	从 Excel 文件中读取命名区域
createSheet()	在工作簿中创建新的工作表对象
getSheets()	查询工作簿对象中可用的工作表
existsSheet()	判断工作簿对象中是否存在指定的工作表
removeSheet()	从工作簿对象中删除工作表
renameSheet()	对工作簿对象中的工作表进行重命名

细心的读者也许已经从上表的函数描述中发现，XLConnect 包从本地读取或创建一个 Excel 文件、创建工作表，然后保存到本地文件的函数名称与 xlsx 包的相同，用法也相似。以下代码实现利用 XLConnect 包对本地的 test_output.xlsx 文件进行读取操作，并将修改结果保存到本地 Excel 文件中。

```
> rm(list=ls());gc()
         used (Mb) gc    trigger (Mb)    max used (Mb)
Ncells   987376 52.8   1770749 94.6    1770749 94.6
Vcells  2203740 16.9   3851194 29.4    3052065 23.3
> file<-"../data/test_output.xlsx"
> # 读取或创建一个 XLSX 文件，此步相当于建立一个连接
> library(XLConnect)
> wb<-loadWorkbook(file) # create 参数默认为 FALSE，如果为 TRUE，则创建一个 XLSX 文件
> sheets<-getSheets(wb)  # 读取 wb 中的工作表
> sheets # 查看现有工作表的名称
[1] "iris"  "women"
> createSheet(wb,name="mtcars") # 创建新工作表
```

```
> # 将 mtcars 数据框写入 mtcars 工作表中，默认从第一个单元格 A1 开始写入
> writeWorksheet(wb,data=mtcars,sheet="mtcars",header=TRUE)
> saveWorkbook(wb) # 保存修改结果
> mtcars1 <- readWorksheet(wb,"mtcars") # 读取 mtcars 工作表的数据
> head(mtcars1) # 查看前 6 行数据
   mpg cyl disp  hp drat    wt  qsec vs am gear carb
1 21.0   6  160 110 3.90 2.620 16.46  0  1    4    4
2 21.0   6  160 110 3.90 2.875 17.02  0  1    4    4
3 22.8   4  108  93 3.85 2.320 18.61  1  1    4    1
4 21.4   6  258 110 3.08 3.215 19.44  1  0    3    1
5 18.7   8  360 175 3.15 3.440 17.02  0  0    3    2
6 18.1   6  225 105 2.76 3.460 20.22  1  0    3    1
```

从以上代码可知，XLConnect 包通过 writeWorksheet() 函数将 R 语言中的数据框写入 wb 对象，然后通过 saveWorkbook() 函数保存所做操作的结果。也可以直接利用 writeWorksheetToFile() 函数往本地 Excel 文件写入数据。以下代码实现将 R 语言自带的 mtcars 数据框写入本地的 test_output.xlsx 文件新工作表 cars。

```
> # 直接将 cars 数据框写入 Excel 文件
> writeWorksheetToFile(file,cars,"cars")
```

readWorksheet() 函数除了可以读取工作簿对象中指定某个工作表的数据外，还可以同时读取多个工作表的数据。以下代码实现将 test_output.xlsx 文件中所有工作表的前 7 条记录一次性读取到 R 中。

```
> (all <- readWorksheet(wb,sheet = getSheets(wb),endRow = 7))
$iris
  Sepal.Length Sepal.Width Petal.Length Petal.Width Species
1          5.1         3.5          1.4         0.2  setosa
2          4.9         3.0          1.4         0.2  setosa
3          4.7         3.2          1.3         0.2  setosa
4          4.6         3.1          1.5         0.2  setosa
5          5.0         3.6          1.4         0.2  setosa
6          5.4         3.9          1.7         0.4  setosa

$women
  height weight
1     58    115
2     59    117
3     60    120
4     61    123
5     62    126
6     63    129

$mtcars
   mpg cyl disp  hp drat    wt  qsec vs am gear carb
1 21.0   6  160 110 3.90 2.620 16.46  0  1    4    4
2 21.0   6  160 110 3.90 2.875 17.02  0  1    4    4
3 22.8   4  108  93 3.85 2.320 18.61  1  1    4    1
4 21.4   6  258 110 3.08 3.215 19.44  1  0    3    1
5 18.7   8  360 175 3.15 3.440 17.02  0  0    3    2
6 18.1   6  225 105 2.76 3.460 20.22  1  0    3    1

$cars
  speed dist
1     4    2
2     4   10
3     7    4
4     7   22
5     8   16
6     9   10
```

从代码运行结果可知，读取的结果以列表存储，可以非常方便地查看列表中的某一部分数据。以下代码实现提取列表中的 women 数据集。

```
> # 提取 women 数据
> all$women
```

```
     height   weight
1      58      115
2      59      117
3      60      120
4      61      123
5      62      126
6      63      129
```

当需要一次性将 Excel 中多个工作表数据读取到 R 中时，利用 readWorksheet()函数可以轻松实现。

当然，XLConnect 包也提供了直接从本地文件中读取 Excel 数据的功能，可以通过 readWorksheetFromFile()函数实现。以下代码实现直接从本地文件中读入工作表 car 中的数据。

```
> # 通过 readWorksheetFromFile 直接从文件中读取数据
> cars <- readWorksheetFromFile(file,sheet = "cars")
> head(cars)
  speed   dist
1    4      2
2    4     10
3    7      4
4    7     22
5    8     16
6    9     10
```

3.2.3 openxlsx 包

openxlsx 包

openxlsx 包使用 Rcpp 编写，数据读写性能会优于 xlsx 和 XLConnect 包。Excel 文件的读取、创建、修改及保存等函数更加简单易懂。最重要的是 openxlsx 包消除了对 Java 的依赖，让初学者能轻松安装及使用该包。

openxlsx 包中主要函数及用途如表 3-8 所示。

表 3-8 openxlsx 包中主要函数及用途

函数	用途
loadWorkbook ()	将 Excel 文件载入 R 中作为对象
createWorkbook()	创建新的工作簿对象
saveWorkbook()	将工作簿对象保存到相应的 Excel 文件并将文件写入磁盘
sheets()	返回工作表名称
addWorksheet ()	在指定为 object 参数的工作簿中创建一个选定名称的工作表
renameWorksheet()	对工作簿对象的工作表重命名
removeWorksheet()	移除工作簿的工作表
writeData ()	将数据写入工作簿对象的工作表
deleteData ()	删除单元格数据
write.xlsx()	将 R 语言中的数据框或列表写入 Excel 文件
read.xlsx()	读取 Excel 文件或工作簿对象的数据

以下代码实现利用 loadWorkbook()函数将 test_output.xlsx 文件加载到 R 中，保存为 wb 对象。

```
> file <- "../data/test_output.xlsx"
> if(!require(openxlsx)) install.packages("openxlsx") #加载 openxlsx 包，若不存在则在线安装
> wb <- loadWorkbook(file) #加载 Excel 文件到 R 中，保存为 wb 对象
> wb #查看 wb 对象
A Workbook object.
Worksheets:
 Sheet 1: "iris"
 Sheet 2: "women"
```

```
Sheet 3: "mtcars"
Sheet 4: "cars"
Worksheet write order: 1, 2, 3, 4
```

wb 对象包含各工作表名称及写入顺序，可以通过 read.xlsx()函数查看 wb 对象或者本地 Excel 文件中工作表的数据，该函数每次只能读取一个工作表的数据，否则会报错。

```
> # 读取第一个工作表的前 7 行数据
> read.xlsx(file,sheet = 1,rows = 1:7)  # 直接从 Excel 文件中读取
  Sepal.Length   Sepal.Width   Petal.Length   Petal.Width   Species
1          5.1           3.5            1.4           0.2    setosa
2          4.9           3.0            1.4           0.2    setosa
3          4.7           3.2            1.3           0.2    setosa
4          4.6           3.1            1.5           0.2    setosa
5          5.0           3.6            1.4           0.2    setosa
6          5.4           3.9            1.7           0.4    setosa
> read.xlsx(wb,sheet = 1,rows = 1:7)    # 从 wb 对象中读取
  Sepal.Length   Sepal.Width   Petal.Length   Petal.Width   Species
1          5.1           3.5            1.4           0.2    setosa
2          4.9           3.0            1.4           0.2    setosa
3          4.7           3.2            1.3           0.2    setosa
4          4.6           3.1            1.5           0.2    setosa
5          5.0           3.6            1.4           0.2    setosa
6          5.4           3.9            1.7           0.4    setosa
> read.xlsx(wb,sheet = 1:2) # 同时读取两个 sheet 数据会报错
Error in read.xlsx.Workbook(wb,sheet = 1:2) : sheet must be of length 1.
```

利用 sheets()函数直接返回 wb 对象中的工作表名称，结果以向量形式存储。

```
> (sheet_name <- sheets(wb))  # 读取 wb 对象中的工作表名称
[1] "iris"   "women"   "mtcars"   "cars"
> is.vector(sheet_name)  #判断是否为向量
[1] TRUE
```

我们如果想要删除某个工作表中的部分数据，可以通过 deleteData()函数实现。这个函数基本表达形式为：

```
deleteData(wb,sheet,cols,rows,gridExpand = FALSE)
```

第一个参数为 wb 对象，第二参数是指需要删除哪个工作表的数据，参数 cols 和 rows 分别表示需要删除列号、行号位置对应的数据，当参数 gridExpand 为 TRUE 时，表示删除某一区域内数据。请注意参数 cols 和 rows 的向量长度需一致。

以下代码实现删除 iris 工作表中 B2、C3、D4、E5 单元格的数据。

```
> # 删除某些单元格数据
> deleteData(wb,sheet = 1,cols = c(2,3,4,5),rows = c(2,3,4,5),gridExpand = FALSE)
> # 通过 saveWorkbook 保存操作结果
> saveWorkbook(wb,file,overwrite = TRUE)
```

与 XLConnect 包不同，openxlsx 包不需要再次运行 loadWorkbook(file)命令就可以查看最新结果。

```
> # 查看最新结果
> read.xlsx(wb,sheet = 1,rows = 1:7)
  Sepal.Length   Sepal.Width   Petal.Length   Petal.Width   Species
1          5.1            NA            1.4           0.2    setosa
2          4.9           3.0             NA           0.2    setosa
3          4.7           3.2            1.3            NA    setosa
4          4.6           3.1            1.5           0.2     <NA>
5          5.0           3.6            1.4           0.2    setosa
6          5.4           3.9            1.7           0.4    setosa
```

可见，B2、C3、D4、E5 单元格的数据已经被删除，读入 R 时缺失值默认用 NA 替换。

如果想删除某一区域内数据，需要将 gridExpand 参数设置为 TRUE 才能实现。以下代码实现删除位于第七行和第八行前 3 列的数据。

```
> # 删除某一范围内的数据
> deleteData(wb,sheet = 1,cols = c(1,2,3),rows = c(7,8),gridExpand = TRUE)
> saveWorkbook(wb,file,overwrite = TRUE)  # 保存结果
> read.xlsx(wb,sheet = 1,rows = 1:8)  # 查看最新结果
  Sepal.Length   Sepal.Width   Petal.Length   Petal.Width   Species
```

```
1        5.1        NA        1.4        0.2    setosa
2        4.9        3.0       NA         0.2    setosa
3        4.7        3.2       1.3        NA     setosa
4        4.6        3.1       1.5        0.2    <NA>
5        5.0        3.6       1.4        0.2    setosa
6        NA         NA        NA         0.4    setosa
7        NA         NA        NA         0.3    setosa
```

我们运用 removeWorksheet() 函数把 wb 对象中 iris 工作表移除，然后通过 addWorksheet() 函数新建一个新的工作表 iris，查看 wb 对象的内容与之前有什么区别。

```
> removeWorksheet(wb,"iris") # 移除 wb 对象中的 iris 工作表
> sheets(wb)
[1] "women"   "mtcars"   "cars"
> addWorksheet(wb,"iris") # 在 wb 对象中新增 iris 工作表
> sheets(wb)
[1] "women"   "mtcars"   "cars"   "iris"
> wb # 查看 wb 对象
A Workbook object.
Worksheets:
 Sheet 1: "women"
 Sheet 2: "mtcars"
 Sheet 3: "cars"
 Sheet 4: "iris"
 Worksheet write order: 1, 2, 3, 4
```

此时，工作表 Sheet1 对应的名称为 women，最开始 wb 对象工作表 Sheet1 对应的名称为 iris，这说明我们通过上面操作已经移除原来的 iris 工作表，然后新增了一个 Sheet4 工作表，对应名称为 iris。验证我们通过 addWorksheet() 函数在 wb 对象中新增了 iris 工作表。

可以通过 writeData() 函数将数据写入指定的工作表，也可以通过 writeDataTable() 函数将数据框写入指定的工作表，并保存为 Excel 的表格形式。以下代码通过两种方式将 iris 数据集再次写入 wb 对象中的 iris 工作表。

```
> #利用 writeData() 函数写入数据
> writeData(wb,sheet = "iris",x = iris)
> #利用 writeDataTable() 函数从第 1 行第 7 列作为起始位置开始写入
> writeDataTable(wb,sheet = "iris",x = iris,startCol = 7)
> saveWorkbook(wb,file,overwrite = TRUE) # 保存结果
```

运行后，打开 test_output.xlsx 文件，查看此时 iris 工作表里面的内容，结果如图 3-3 所示。

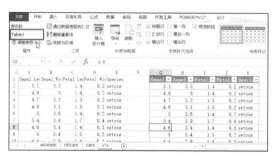

图 3-3　iris 工作表内容截图

图 3-3 中左边数据是通过 writeData() 函数写入的，保存为普通的单元格区域；右边数据是通过 writeDataTable() 函数写入的，保存为 Excel 表格。通过对比，相信读者已经清楚两个函数的主要区别了。

3.2.4　readxl 包

readxl 包提供了将 Excel 文件数据读入 R 中的函数，函数基于 C++编写，读取数据速度要优于前面介绍过的其他包。最重要的是，它不依赖其他 rJava 包和外部程序，能

readxl 包

够在所有操作系统中使用。readxl 包可以读取.xls 和.xlsx 格式的 Excel 文件。

readxl 包的函数不多，最常用的分别为 excel_sheets()和 read_excel()函数，前者用来读取 Excel 文件中的工作表名称，后者用来读取 Excel 工作表的数据。以下代码完成对 test_output. xlsx 文件的读取工作。

```
> file <- "../data/test_output.xlsx"
> if(!require(readxl)) install.packages("readxl") # 加载 readxl 包
> (name <- excel_sheets(file)) # 查看文件包含的工作表名称
[1] "women"   "mtcars"   "cars"   "iris"
> mydata <- read_excel(file,sheet = "women") # 读取 women 工作表的数据
> head(mydata)
# A tibble: 6 x 2
  height   weight
   <dbl>    <dbl>
1     58      115
2     59      117
3     60      120
4     61      123
5     62      126
6     63      129
```

最后，让我们对比 4 个扩展包读取大数据 Excel 文件的运行时长。ccFraud.xlsx 文件大小为 43MB，有 1048576 行 9 列数据。运行下面代码查看各函数读取 Excel 文件的运行时长。

```
> # 导入大数据集, 对比各函数的读取数据耗时
> rm(list=ls());gc()
             used (Mb)      gc    trigger (Mb)     max     used (Mb)
Ncells      544406 29.1        940480 50.3      750400 40.1
Vcells     1277244  9.8       2060183 15.8     1467659 11.2
> # 利用 xlsx 包的 read.xlsx()函数读取
> system.time(xlsx::read.xlsx("../data/ccFraud.xlsx",1))
Error in .jcall("RJavaTools", "Ljava/lang/Object;", "invokeMethod", cl, :
  java.lang.OutOfMemoryError: Java heap space
Timing stopped at: 1.69 0.42 2.23
> # 利用 XLConnect 包的 readWorksheet()函数读取
> rm(list=ls());gc()
             used (Mb)        gc    trigger (Mb)        max     used (Mb)
Ncells      634956 34.0     1168576        62.5      940480        50.3
Vcells     1394278 10.7     2552219        19.5     1972216        15.1
> system.time(XLConnect::readWorksheetFromFile("../data/ccFraud.xlsx",1))
Error: OutOfMemoryError (Java): Java heap space
Timing stopped at: 1.29 0.27 1.39
> # 利用 openxlsx 包的 read.xlsx()函数读取
> rm(list=ls());gc()
             used (Mb)        gc    trigger (Mb)        max     used (Mb)
Ncells      676140 36.2     1168576        62.5     1168576        62.5
Vcells     1430631 11.0     2552219        19.5     1972216        15.1
> system.time(openxlsx::read.xlsx("../data/ccFraud.xlsx",1))
   用户    系统     流逝
134.74    3.42    138.28
> # 利用 readxl 包的 read_excel()函数读取
> rm(list=ls());gc()
             used (Mb)       gc     trigger (Mb)   max used      (Mb)
Ncells      768834 41.1    13897102 742.2       11256012     601.2
Vcells    26582157 202.9  136546496 1041.8     161765240    1234.2
> system.time(readxl::read_excel("../data/ccFraud.xlsx",1))
  用户   系统    流逝
47.97  1.70   49.67
```

用 xlsx 包和 XLConnect 包的函数在读取较大的 Excel 文件时,直接报错;openxlsx 包的 read. xlsx()函数完成读入任务耗时约 134s，readxl 包的 read_excel()函数则耗时约 48s，可见提速之快。笔者建议读者在读取 Excel 文件数据时，优先使用 readxl 包，如需要对 Workbook 对象进行复杂操作时可以考虑使用 openxlsx 包，可满足大家平时绝大部分对 Excel 文件读取及操作的需求。

3.3 数据库文件读写

R 语言中有多种面向关系数据库管理系统（Database Management System，DBMS）的接口，包括 SQL Server、Access、MySQL、Oracle、DB2 等。其中一些扩展包通过原生的数据库驱动来提供访问功能，另一些则通过 ODBC 或 JDBC 来实现访问。使用 R 语言来访问存储在外部数据库中的数据是分析大数据集的有效手段，并且能够发挥 SQL 和 R 语言各自的优势。

以下是这两种方式的概述。

数据库文件读写
两种方式

- 一种方式是依赖 RODBC 包，该包使用开放数据库连接（Open Database Connectivity，ODBC）驱动作为一种连接到 DBMS 的方法，这就要求用户必须先安装和配置必要的驱动程序，才能在 R 语言中使用它。该组件提供了一套通用方法，利用同一组函数来管理不同类型的数据库。该方法不足的一面是，它需要在 R 语言运行的平台上有能与特定 DBMS 类型配套的 ODBC 驱动程序。

- 另一种方式是使用 DBI（R Special Interest Group on Databases 2013）的组件，例如 RMySQL、ROracle、RPostgreSQL 和 RSQlite。通过它建立到特定 DBMS 的"本地"连接。DBI 组件定义了虚拟函数，用于实现针对特定数据库的组件的具体操作。

到底使用哪种方式实现 R 语言访问数据库管理系统，这纯粹依赖于读者个人的习惯。本节将介绍如何在 Windows 系统下通过 RODBC 包和 RMySQL 包连接 32 位 MySQL，并对该数据库进行查表、插入表和删除表等的操作。

3.3.1 RODBC 包

RODBC 环境配置　利用 RODBC 包操
及包安装演示　作 MySQL 案例讲解

MySQL 的安装非常简单，此处就不赘述。安装完成后，需要测试 MySQL 是否安装成功。打开 MySQL 5.6 Command Line Client 窗口，输入安装 MySQL 时设置的密码，即可登录 MySQL。登录成功界面如图 3-4 所示。

完成 MySQL 安装后，接着要进行驱动程序的安装及配置工作。读者需根据安装的 MySQL 版本对 ODBC 数据源管理程序的 32 位或 64 位进行配置。如果大家使用的是 Windows 10 系统，可以直接调出 32 位或者 64 位的 ODBC，

图 3-4　MySQL 登录成功界面

但如果使用的是 Windows 7 系统，则需要在 C:\Windows\ SysWOW64 文件夹下找到 odbcad32.exe，双击打开 ODBC 数据源管理程序（32 位）界面，如图 3-5 所示。

单击右上角的"添加"按钮，选择 MySQL ODBC 驱动，如图 3-6 所示。

如果找不到 MySQL ODBC 驱动，下载 mysql-connector-odbc-5.3.6-win32.msi 后即可进行安装。选择 MySQL 驱动，单击"完成"按钮后弹出配置窗口，如图 3-7 所示。

其中在 Data Source Name 一栏，可以填写你自己喜欢的名称（笔者设置为 daniel），Description 可填可不填，TCPIP Server 是你要连接的 MySQL 数据库 IP 地址，如果是本机计算机，可填写 localhost，Port 默认端口号是 3306，User 和 Password 是登录 MySQL 的账号和密码，Database 是需要连接 MySQL 中的那个数据库。设置完成后，单击"Test"按钮验证是否配置 OK，如图 3-8 所示。

出现 Connection Successful，说明驱动配置成功。

最后，需要在 R 语言环境中安装 RODBC 包（通过 install.packages("RODBC")），实现 R 语言访问数据库管理系统。由于笔者用的是 32 位的 MySQL ODBC 驱动，此时需要在 32 位的 R 语言环境中安装 RODBC 包，才能安装成功。

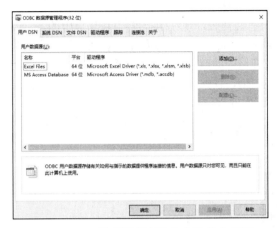

图 3-5　ODBC 数据源管理程序（32 位）界面

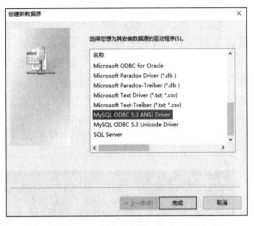

图 3-6　选择 MySQL ODBC 驱动

图 3-7　MySQL ODBC 配置窗口

图 3-8　测试配置是否成功

打开 32 位的 R 语言环境，将 RODBC 包载入后运行 odbcConnect()函数建立与数据库的连接，即可开展后续的数据传输及分析工作。

```
> library(RODBC)
> channel <-odbcConnect("daniel","root","123456")
> channel
RODBC Connection 1
Details:
  case=tolower
  DSN=daniel
  UID=root
  PWD=******
```

看到以上信息说明已经完成 R 语言环境与数据库的连接，可通过 odbcGetInfo()函数查看更详细的数据库信息。

```
> odbcGetInfo(channel)
          DBMS_Name              DBMS_Ver        Driver_ODBC_Ver
            "MySQL"          "5.6.21-log"                "03.80"
   Data_Source_Name           Driver_Name             Driver_Ver
```

```
          "daniel"        "myodbc5a.dll"              "05.03.0004"
          ODBC_Ver           Server_Name
       "03.80.0000" "localhost via TCP/IP"
```

我们想在 MySQL 中查看 test 库中已经存在哪些表，运行 use test 命令，进入 test 库，再运行 show tables 命令，查看当前库的所有表名。结果如图 3-9 所示。

返回结果为 Empty set，说明 test 数据库暂时没有任何表。现在想把 R 语言环境中的 mtcars 数据集保存到 MySQL 中，可以通过 sqlSave()函数实现。sqlSave()函数有 4 个参数：第一个参数 channel 是建立的连接；第二个参数 dat 是指 R 语言环境中的数据框；第三个参数 tablename 是指保存到 MySQL 中的表名；第四个参数 append 是逻辑值，默认为 FALSE 表示建立新表（如果表名已经存在则会报错），设置为 TRUE 表示在已有表中插入新数据。

```
> sqlSave(channel,mtcars,"mydata",append= FALSE) #将 mtcars 表写入 MySQL 中
```

运行成功后，我们再次查看 test 数据库的表名，结果如图 3-10 所示。

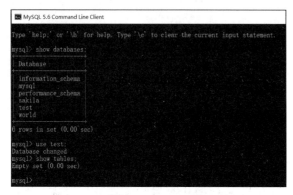

图 3-9　查看 test 数据库的所有表名　　　图 3-10　test 库中已存在 mydata 表

此时在 MySQL 的 test 数据库中已经存在 mydata 表。我们在 R 语言环境中利用 sqlFetch()和 sqlQuery()函数进行 MySQL 表的提取和 SQL 语句查询。

```
> mydata1 <- sqlFetch(channel, "mydata") # 直接将 MySQL 中的 mydata 表读入 R 中
> head(mydata1)
                      mpg  cyl  disp   hp  drat    wt   qsec  vs  am  gear  carb
Mazda RX4            21.0    6   160  110  3.90 2.620  16.46   0   1     4     4
Mazda RX4 Wag        21.0    6   160  110  3.90 2.875  17.02   0   1     4     4
Datsun 710           22.8    4   108   93  3.85 2.320  18.61   1   1     4     1
Hornet 4 Drive       21.4    6   258  110  3.08 3.215  19.44   1   0     3     1
Hornet Sportabout    18.7    8   360  175  3.15 3.440  17.02   0   0     3     2
Valiant              18.1    6   225  105  2.76 3.460  20.22   1   0     3     1
> mydata2 <- sqlQuery(channel,"select * from mydata") # 将 sql 语句运行后的结果读入 R 中
> head(mydata2)
            rownames   mpg  cyl  disp   hp  drat    wt   qsec  vs  am  gear  carb
1          Mazda RX4  21.0    6   160  110  3.90 2.620  16.46   0   1     4     4
2      Mazda RX4 Wag  21.0    6   160  110  3.90 2.875  17.02   0   1     4     4
3         Datsun 710  22.8    4   108   93  3.85 2.320  18.61   1   1     4     1
4     Hornet 4 Drive  21.4    6   258  110  3.08 3.215  19.44   1   0     3     1
5  Hornet Sportabout  18.7    8   360  175  3.15 3.440  17.02   0   0     3     2
6            Valiant  18.1    6   225  105  2.76 3.460  20.22   1   0     3     1
```

使用 sqlQuery()函数可以执行更复杂的 SQL 语句，完成多表查询或数据统计工作。以下代码实现对 MySQL 中 mydata 表按照 vs 和 am 变量进行分组计算 mpg 变量的平均值。

```
> result <- sqlQuery(channel,"select vs,am,avg(mpg) from mydata group by vs,am")
> result
  vs  am  avg(mpg)
1  0   0  15.05000
2  0   1  19.75000
3  1   0  20.74286
4  1   1  28.37143
```

甚至可以在 R 语言环境中利用 sqlDrop 命令将 MySQL 中的表 mydata 删除。以下代码实现删除 MySQL 中的 mydata 表。

```
> sqlDrop(channel,"mydata") # 删除 MySQL 中的 mydata 表
```

最后，当不再需要用 R 语言操作数据库时，请记得通过 odbcClose()函数关闭连接，释放资源。

```
> odbcClose(channel) # 关闭连接
> odbcGetInfo(channel)
Error in odbcGetInfo(channel) : argument is not an open RODBC channel
```

RMySQL 包的安装
和使用案例讲解

3.3.2　RMySQL 包

RMySQL 包的安装非常简单，不需要配置 ODBC 数据源管理器，只需要在 R 语言环境中通过 install.packages("RMySQL")语句进行安装。

安装完成后，使用 dbConnect()函数建立 R 语言环境与 MySQL 数据库的连接。

```
> library(RMySQL)
> conn<-dbConnect(MySQL(),dbname="test",user="root",password="123456") # 建立连接
> conn
<MySQLConnection:0,0>
```

此时已建立连接，可以通过 dbGetInfo()函数查看详细的信息。

```
> dbGetInfo(conn) #查看详细信息
$host
[1] "localhost"
$user
[1] "root"
$dbname
[1] "test"
$conType
[1] "localhost via TCP/IP"
$serverVersion
[1] "5.6.21-log"
$protocolVersion
[1] 10
$threadId
[1] 15
$rsId
list()
```

通过 dbListTables()函数可以查看连接数据库中的表名，查询结果与直接在 MySQL 中运行 show tables;命令相同。

```
> dbListTables(conn) # 查看当前库的所有表名
character(0)
```

从运行结果可知，此时库中并无任何表。以下代码实现利用 dbWriteTable()函数将 R 语言环境中的数据框写入 MySQL。

```
> dbWriteTable(conn,"mydata",mtcars) # 将 mtcars 数据写入 MySQL 中
[1] TRUE
> dbListTables(conn) # 查看当前库的所有表名
[1] "mydata"
```

此时，在 MySQL 中已经新生成 mydata 数据表。可通过 dbListFields()函数查看 mydata 表的字段。

```
> dbListFields(conn,"mydata") # 查看 mydata 的列名
 [1] "row_names" "mpg"       "cyl"      "disp"     "hp"       "drat"     "wt"       "qsec"
"vs"        "am"        "gear"     "carb"
```

可通过 dbReadTable ()或 dbGetQuery ()函数进行 MySQL 表的提取或 SQL 语句查询。

```
> mydata1<-dbReadTable(conn,"mydata") # 读取 MySQL 的 mydata 表
> head(mydata1)
                mpg cyl disp  hp drat   wt  qsec vs am gear carb
Mazda RX4      21.0  6   160 110 3.90 2.620 16.46  0  1    4    4
Mazda RX4 Wag  21.0  6   160 110 3.90 2.875 17.02  0  1    4    4
Datsun 710     22.8  4   108  93 3.85 2.320 18.61  1  1    4    1
Hornet 4 Drive 21.4  6   258 110 3.08 3.215 19.44  1  0    3    1
```

```
Hornet Sportabout 18.7    8    360 175  3.15 3.440 17.02   0   0   3    2
Valiant          18.1    6    225 105  2.76 3.460 20.22   1   0   3    1
> mydata2<-dbGetQuery(conn,"select * from mydata limit 6")  # 执行 SQL 语句, 返回查询结果
> mydata2
        row_names mpg cyl disp  hp drat    wt  qsec vs am gear carb
1        Mazda RX4 21.0   6  160 110 3.90 2.620 16.46  0  1    4    4
2    Mazda RX4 Wag 21.0   6  160 110 3.90 2.875 17.02  0  1    4    4
3       Datsun 710 22.8   4  108  93 3.85 2.320 18.61  1  1    4    1
4   Hornet 4 Drive 21.4   6  258 110 3.08 3.215 19.44  1  0    3    1
5 Hornet Sportabout 18.7  8  360 175 3.15 3.440 17.02  0  0    3    2
6          Valiant 18.1   6  225 105 2.76 3.460 20.22  1  0    3    1
```

当不需要连接时，也记得使用 dbDisconnect ()函数断开 R 环境与 MySQL 的连接。

```
> dbDisconnect(conn)  # 断开连接
[1] TRUE
```

本节非常详细地介绍了 RODBC 包和 RMySQL 包的安装及使用，读者可以根据自己的习惯选择扩展包来进行尝试。

3.4 本章小结

本章详细介绍了使用 R 语言读写外部数据，详细介绍了使用多个扩展包实现文本文件（TXT/CSV）、Excel 文件、数据库的读写。希望读者能学以致用，挑选最熟悉的方法来完成数据读写工作。

3.5 本章练习

一、单选题

1. 遇到非结构化数据时，应该用以下哪个命令或函数将外部数据导入 R？（   ）

    A．read.table()   B．read.csv()   C．readlines()   D．readLines()

2. 在 read.table()函数读入数据时，如果需跳过前面 N 行，应该用以下哪个参数进行设置？（   ）

    A．header   B．sep   C．skip   D．nrows

二、多选题

1. 常用读取 Excel 文件的函数有（   ）。

    A．xlxs 包中的 read.xlsx()函数

    B．XLConnect 包中的 loadWorkbook()及 readWorksheet()函数

    C．readxl 包中 read.excel()函数

    D．readxl 包中的 read_excel()函数

2. 常用读取 CSV 文件的函数有（   ）。

    A．read.table()   B．read.csv()   C．read_csv()   D．read.csv2()

三、上机题

利用 readr 包的 read_csv()函数和 data.table 包的 fread()函数两种方式读取本地的 ccFraudScore.csv 数据集，并赋值给 ccFraudScore 数据对象。

```
# 方式一
library(readr)
ccFraudScore <- read_csv("ccFraudScore.csv")
# 方式二
library(data.table)
ccFraudScore <- fread("ccFraudScore.csv")
```

第 **4** 章 数据基本管理

数据基本管理常用
方法

当完成外部数据读入 R 后，下一步需要对数据进行加工处理，才能进一步对数据进行建模或者可视化。常用的数据基本管理手段包括：数据去重、数据排序、数据筛选、数据合并、数据关联等操作，如图 4-1 所示。

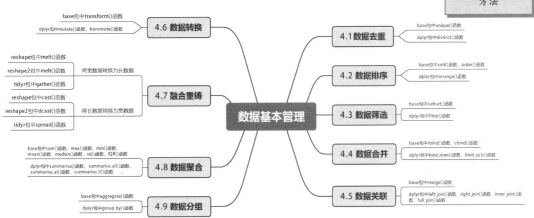

图 4-1　R 语言常用的数据基本管理

从图 4-1 可知，R 语言要达到某种数据处理的目的，可以利用多种方法实现。读者如果掌握了以上数据管理技能，应该能胜任基本的数据分析任务。

4.1　数据去重

在实际工作中，由于人为或传感器故障，常造成重复数据的产生，此时需要判断数据记录中是否存在重复记录。我们可以通过 base 包的 unique()函数或者 dplyr 包的 distinct()函数轻松实现。其中 unique()函数能对矩阵、数组或数据框进行操作，移除重复元素或记录。

以下代码实现先创建一个长度 15 的向量 v，由数字 1～10 组成，再利用 unique()函数进行重复元素的移除。

```
set.seed(1234)
v <- sample(1:10,15,replace = T)
v
[1] 10 6 5 9 5 6 4 2 7 6 10 6 4 8 4
unique(v)
[1] 10 6 5 9 4 2 7 8
```

以下代码演示使用 unique()函数对一个含有重复记录的矩阵进行重复记录删除。

```
set.seed(1234)
m <- matrix(sample(1:3,12,replace = T),ncol=2)
m
     [,1] [,2]
[1,]    2    2
[2,]    2    2
[3,]    1    3
[4,]    3    2
[5,]    1    2
[6,]    1    2
unique(m)
     [,1] [,2]
[1,]    2    2
[2,]    1    3
[3,]    3    2
[4,]    1    2
```

在做数据分析及建模时，遇到最多的数据对象当属数据框。以下代码实现分别利用 unique() 和 distinct()函数对数据框的重复记录进行删除。

```
set.seed(1234)
df <- data.frame(x1 = sample(1:3,8,replace = T),
            x2 = sample(letters[1:3],8,replace = T))
df
  x1 x2
1  2  c
2  2  b
3  1  b
4  3  b
5  1  c
6  1  b
7  2  b
8  2  b
(a <- unique(df))
  x1 x2
1  2  c
2  2  b
3  1  b
4  3  b
5  1  c
if (!require(dplyr)) install.packages("dplyr") #加载 dplyr 包，如不存在就进行在线安装
(b <- distinct(df))
  x1 x2
1  2  c
2  2  b
3  1  b
4  3  b
6  1  c
identical(a,b) # 判断两个函数的结果是否一致
[1] TRUE
```

通过 identical()函数对两个函数运行结果进行判断，返回结果为 TRUE，说明两者对数据框处理后的结果相同。

也可以针对数据框中的某一列判断是否存在重复值，此时 unique()函数的返回结果为向量，distinct()函数返回结果仍为数据框。

```
(c <- unique(df$x1))
[1] 2 1 3
class(c)
[1] "integer"
(d <- distinct(df,x1))
  x1
1  2
2  1
3  3
class(d)
[1] "data.frame"
```

4.2 数据排序

order、sort 和
arrange 函数

有时候，需要对数据进行排序，以查看更多有用信息。R 语言中，可使用
基础包的 sort() 和 order() 函数实现。其中 sort() 函数返回的是排序后的数据结果，
order() 函数返回的是排序后的元素所在位置。两者默认都是按照升序（由小到
大）排列，可以通过将参数 decreasing 设置为 TRUE，改成降序排列。

以下代码实现先创建一个向量 v，再通过 sort() 和 order() 函数对向量 v 进行排序。

```
> set.seed(1234)
> v <- sample(1:10,10)
> v
 [1] 10  6  5  4  1  8  2  7  9  3
> sort(v)
 [1]  1  2  3  4  5  6  7  8  9 10
> order(v)
 [1]  5  7 10  4  3  2  8  6  9  1
```

sort(v) 返回的是数字 1~10 由小到大的排序结果，order(v) 返回结果的第一个元素是 5，因为
最小值 1 在向量 v 中处于第 5 的位置。可通过 which.min() 函数来查看数据中的最小值，验证 order(v)
结果是否正确。

```
> which.min(v)
[1] 5
```

返回结果为 5，说明向量 v 第 5 个元素是最小值。聪明的读者可能已经发现，我们通过 order(v)
返回的结果作为向量的下标集对向量进行取数，也可以达到 sort() 函数的效果。

```
> v[order(v)]
 [1]  1  2  3  4  5  6  7  8  9 10
```

通过上面发现的这个规律，我们可以对数据集进行按照多列数据排序。以下代码实现创建一
个 10 行 3 列的数据框 df。

```
> set.seed(1234)
> df <- data.frame(x = sample(1:10,10,replace = T),
+                   y = sample(1:10,10,replace = T),
+                   z = sample(1:10,10,replace = T))
> df
    x  y  z
1  10 10  3
2   6  6  4
3   5  4 10
4   9  8  5
5   5  4  2
6   6  4  8
7   4  5  4
8   2  8  3
9   7  4  7
10  6  8  9
```

以下代码实现先按照变量 x 升序排列，变量 x 的值相同时再按照变量 y 升序排列。

```
> df[order(df$x,df$y),]
    x  y  z
8   2  8  3
7   4  5  4
3   5  4 10
5   5  4  2
6   6  4  8
2   6  6  4
10  6  8  9
9   7  4  7
4   9  8  5
1  10 10  3
```

如果需要针对某一列进行降序排序，只需要在变量前添加负号即可。以下代码实现先按照变

量 y 升序排列，再按照变量 x 升序排列，最后按照变量 z 降序排列。

```
> df[order(df$y,df$x,-df$z),]
    x  y  z
3   5  4  10
5   5  4  2
6   6  4  8
9   7  4  7
7   4  5  4
2   6  6  4
8   2  8  3
10  6  8  9
4   9  8  5
1  10 10  3
```

也可以利用 dplyr 包的 arrange()函数对数据集进行升/降序排列。以下代码通过该函数实现对数据集 df 的排序。

```
> library(dplyr)
> # 先按照 x 升序排列，变量 x 值相同时再按照变量 y 升序排列
> arrange(df,x,y)
    x  y  z
1   2  8  3
2   4  5  4
3   5  4  10
4   5  4  2
5   6  4  8
6   6  6  4
7   6  8  9
8   7  4  7
9   9  8  5
10 10 10  3
> # 先按照变量 y 升序排列，再按照变量 x 升序排列，最后按照变量 z 降序排列
> arrange(df,y,x,desc(z))
    x  y  z
1   5  4  10
2   5  4  2
3   6  4  8
4   7  4  7
5   4  5  4
6   6  6  4
7   2  8  3
8   6  8  9
9   9  8  5
10  0 10  3
```

4.3 数据筛选

有时候，我们更关注数据集中的部分数据，可以利用 R 语言强大的索引特性来定位符合筛选条件的元素。比如我们查看鸢尾花数据集 iris 前 6 行，第 1、3、5 列的数据子集，以下代码通过指定下标集的方式实现。

```
> iris[1:6,c(1,3,5)]
  Sepal.Length  Petal.Length  Species
1          5.1           1.4  setosa
2          4.9           1.4  setosa
3          4.7           1.3  setosa
4          4.6           1.5  setosa
5          5.0           1.4  setosa
6          5.4           1.7  setosa
```

也可以根据表达式得到符合条件的数据子集。比如想提取变量 Sepal.Length 值大于 5.5 且变量因子水平为 setosa 的数据子集，可通过以下代码实现。

```
> iris[iris$Sepal.Length > 5.5 & iris$Species=='setosa',]
  Sepal.Length  Sepal.Width  Petal.Length  Petal.Width  Species
```

subset 和 filter 函数

15	5.8	4.0	1.2	0.2	setosa
16	5.7	4.4	1.5	0.4	setosa
19	5.7	3.8	1.7	0.3	setosa

基础包的 subset() 函数非常适合做数据筛选的工作。subset() 函数主要参数有两个：参数 subset 是逻辑表达式，用来过滤符合条件的行或元素；参数 select 用来选择需要保留的列。下面以汽车数据集 mtcars 为例，讲解 subset() 函数的用法。

现在想筛选出气缸数（cyl）为 4 的前 4 列的数据子集，可以通过以下代码实现。

```
> subset(mtcars,cyl==4,select = mpg:hp)
               mpg cyl  disp  hp
Datsun 710    22.8   4 108.0  93
Merc 240D     24.4   4 146.7  62
Merc 230      22.8   4 140.8  95
Fiat 128      32.4   4  78.7  66
Honda Civic   30.4   4  75.7  52
Toyota Corolla 33.9  4  71.1  65
Toyota Corona 21.5   4 120.1  97
Fiat X1-9     27.3   4  79.0  66
Porsche 914-2 26.0   4 120.3  91
Lotus Europa  30.4   4  95.1 113
Volvo 142E    21.4   4 121.0 109
```

对参数 select 传入 mpg:hp 表示从 mpg 到 hp 变量，当然也可以通过指定列所在的位置来实现。

```
> subset(mtcars,cyl==4,select = 1:4)
               mpg cyl  disp  hp
Datsun 710    22.8   4 108.0  93
Merc 240D     24.4   4 146.7  62
Merc 230      22.8   4 140.8  95
Fiat 128      32.4   4  78.7  66
Honda Civic   30.4   4  75.7  52
Toyota Corolla 33.9  4  71.1  65
Toyota Corona 21.5   4 120.1  97
Fiat X1-9     27.3   4  79.0  66
Porsche 914-2 26.0   4 120.3  91
Lotus Europa  30.4   4  95.1 113
Volvo 142E    21.4   4 121.0 109
```

通过给参数 subset 传递多条件表达式，以实现更复杂的数据筛选。以下代码实现筛选出 cyl 为 4，am 为 1（手动），返回结果包含变量 mpg、cyl、am 的数据子集。

```
> subset(mtcars,cyl==4 & am==1,select=c('mpg','cyl','am'))
               mpg cyl am
Datsun 710    22.8   4  1
Fiat 128      32.4   4  1
Honda Civic   30.4   4  1
Toyota Corolla 33.9  4  1
Fiat X1-9     27.3   4  1
Porsche 914-2 26.0   4  1
Lotus Europa  30.4   4  1
Volvo 142E    21.4   4  1
```

还可以给参数 subset 传递正则表达式，返回符合条件的模糊匹配结果。以下代码实现提取汽车名称包含 "Merc" 或 "Fiat" 的记录。

```
> subset(mtcars,subset = substr(rownames(mtcars),1,4) %in% c('Merc','Fiat'))
               mpg cyl  disp  hp drat   wt  qsec vs am gear carb
Merc 240D     24.4   4 146.7  62 3.69 3.190 20.00  1  0    4    2
Merc 230      22.8   4 140.8  95 3.92 3.150 22.90  1  0    4    2
Merc 280      19.2   6 167.6 123 3.92 3.440 18.30  1  0    4    4
Merc 280C     17.8   6 167.6 123 3.92 3.440 18.90  1  0    4    4
Merc 450SE    16.4   8 275.8 180 3.07 4.070 17.40  0  0    3    3
Merc 450SL    17.3   8 275.8 180 3.07 3.730 17.60  0  0    3    3
Merc 450SLC   15.2   8 275.8 180 3.07 3.780 18.00  0  0    3    3
Fiat 128      32.4   4  78.7  66 4.08 2.200 19.47  1  1    4    1
Fiat X1-9     27.3   4  79.0  66 4.08 1.935 18.90  1  1    4    1
```

dplyr 包的 filter() 函数也能对数据进行筛选操作。以下代码通过两种方式实现提取变量 cyl 值为 4 的数据子集。

```
> # method 1
> filter(mtcars,cyl==4)
> # method 2
> mtcars %>% filter(cyl==4)
    mpg  cyl  disp   hp  drat    wt  qsec  vs  am  gear  carb
1   22.8   4  108.0   93  3.85  2.320  18.61   1   1     4     1
2   24.4   4  146.7   62  3.69  3.190  20.00   1   0     4     2
3   22.8   4  140.8   95  3.92  3.150  22.90   1   0     4     2
4   32.4   4   78.7   66  4.08  2.200  19.47   1   1     4     1
5   30.4   4   75.7   52  4.93  1.615  18.52   1   1     4     2
6   33.9   4   71.1   65  4.22  1.835  19.90   1   1     4     1
7   21.5   4  120.1   97  3.70  2.465  20.01   1   0     3     1
8   27.3   4   79.0   66  4.08  1.935  18.90   1   1     4     1
9   26.0   4  120.3   91  4.43  2.140  16.70   0   1     5     2
10  30.4   4   95.1  113  3.77  1.513  16.90   1   1     5     2
11  21.4   4  121.0  109  4.11  2.780  18.60   1   1     4     2
```

filter()函数里面没有参数 select 实现变量选择，如果只想选择数据中的特定列，可以结合 dplyr 包的 select()函数实现。以下代码实现提取变量 cyl 为 4 的变量 mpg 到 hp 的数据子集。

```
> mtcars %>% filter(cyl==4) %>% select(mpg:hp)
    mpg  cyl  disp   hp
1   22.8   4  108.0   93
2   24.4   4  146.7   62
3   22.8   4  140.8   95
4   32.4   4   78.7   66
5   30.4   4   75.7   52
6   33.9   4   71.1   65
7   21.5   4  120.1   97
8   27.3   4   79.0   66
9   26.0   4  120.3   91
10  30.4   4   95.1  113
11   1.4   4  121.0  109
```

4.4 数据合并

base 包的行合并 rbind()函数和列合并 cbind()函数在第 2 章已经接触过。这两个函数很简单，大家记住一点：使用 rbind()函数时要确保各数据对象具有相同的列数，使用 cbind()函数时要确保各数据对象具有相同的行数。

rbind、cbind 和 bin_rows、bin_cols 函数

```
> r1 <- matrix(1:6,nrow = 2) # 创建 2 行 3 列的矩阵
> r2 <- matrix(7:12,nrow = 2) # 创建 2 行 3 列的矩阵
> r1;r2
     [,1] [,2] [,3]
[1,]    1    3    5
[2,]    2    4    6
     [,1] [,2] [,3]
[1,]    7    9   11
[2,]    8   10   12
> rbind(r1,r2) # 行合并
     [,1] [,2] [,3]
[1,]    1    3    5
[2,]    2    4    6
[3,]    7    9   11
[4,]    8   10   12
> cbind(r1,r2) # 列合并
     [,1] [,2] [,3] [,4] [,5] [,6]
[1,]    1    3    5    7    9   11
[2,]    2    4    6    8   10   12
> r3 <- matrix(1:16,nrow = 4) # 创建 4 行 4 列的矩阵
> r3
     [,1] [,2] [,3] [,4]
[1,]    1    5    9   13
```

```
[2,]    2    6    10    14
[3,]    3    7    11    15
[4,]    4    8    12    16
> rbind(r1,r3)
Error in rbind(r1, r3) : 矩阵的列数必须相符(见 arg2)
> cbind(r1,r3)
Error in cbind(r1, r3) : 矩阵的行数必须相符(见 arg2)
```

从以上代码运行结果可知，r1 和 r2 均是 2 行 3 列的矩阵，当运行 rbind(r1,r2)代码后得到一个 4 行 3 列的矩阵，当运行 cbind(r1,r2)代码后得到一个 2 行 6 列的矩阵。如果 r3 的行数和列数均与 r1 不同，运行 rbind()或者 cbind()函数均报错。

在 dplyr 包中有 bind_rows()和 bind_cols()函数可实现简单的行列合并功能，需要注意的一点是，这两个函数只能操作数据框。继续以 r1、r2 为例进行说明，在使用函数前，需要将数据对象转换成数据框。

```
> library(dplyr)
> r1 <- as.data.frame(r1)
> r2 <- as.data.frame(r2)
> r4 <- data.frame(V1 = c(1,2),
+                   x2 = c(4,5),
+                   x3 = c(7,8))
> r1;r2;r4
  V1   V2   V3
1  1    3    5
2  2    4    6
  V1   V2   V3
1  7    9   11
2  8   10   12
  V1   x2   x3
1  1    4    7
2  2    5    8
> rbind(r1,r2)
  V1   V2   V3
1  1    3    5
2  2    4    6
3  7    9   11
4  8   10   12
> bind_rows(r1,r2)
  V1   V2   V3
1  1    3    5
2  2    4    6
3  7    9   11
4  8   10   12
> rbind(r1,r4)
Error in match.names(clabs, names(xi)) : 名字同原来已有的名字不相对
> bind_rows(r1,r4)
  V1   V2   V3   x2   x3
1  1    3    5   NA   NA
2  2    4    6   NA   NA
3  1   NA   NA    4    7
4  2   NA   NA    5    8

> bind_cols(r1,r2)
  V1   V2   V3   V11   V21   V31
1  1    3    5     7     9    11
2  2    4    6     8    10    12
> cbind(r1,r2)
  V1   V2   V3   V1   V2   V3
1  1    3    5    7    9   11
2  2    4    6    8   10   12
> bind_cols(r1,r4)
  V1   V2   V3   V11   x2   x3
1  1    3    5     1    4    7
2  2    4    6     2    5    8
```

```
> cbind(r1,r4)
  V1 V2 V3 V1 x2 x3
1  1  3  5  1  4  7
2  2  4  6  2  5  8
```

当 r1、r2 的列名称都相同时，bind_rows() 与 rbind() 函数返回结果相同。当 r1、r4 有部分列名不相同时，rbind() 函数会报错，提示两个数据框的列名称不相同；bind_rows() 函数则会返回两个数据框不相同列的行合并结果，行对应的列缺失值用 NA 填充。

列合并时，bind_cols() 与 cbind() 函数返回结果基本一致，不同之处在于当两个数据框有相同列名时，bind_cols() 函数会对重复列名进行重新命名。

4.5 数据关联

通过 cbind() 函数可以实现简单的数据合并，如果想实现更复杂的数据匹配，就需要借助 merge() 函数了。R 语言中的 merge() 函数类似于 Excel 中的 Vlookup() 函数，可以实现对两个数据表进行匹配和拼接功能。merge() 函数的表达形式如下：

```
merge(x, y, by = intersect(names(x), names(y)),
      by.x = by, by.y = by, all = FALSE, all.x = all, all.y = all,
      sort = TRUE, suffixes = c(".x",".y"), no.dups = TRUE,
      incomparables = NULL, ...)
```

merge() 函数参数及描述如表 4-1 所示。

表 4-1 merge()函数参数及描述

参数	描述
x,y	用于合并的两个数据框
by、by.x、by.y	指定依据哪列合并数据框，默认为相同列名的列
all、all.x、all.y	指定 x 和 y 的行是否应该全在输出文件
sort	by 指定的列是否要排序
suffixes	指定除 by 外相同列名的后缀
no.dups	逻辑值，避免出现重复的列名
incomparables	指定 by 中哪些单元不进行合并

merge() 函数有 4 种匹配拼接模式，分别为 inner、left、right 和 outer 模式。其中 inner 为默认的匹配模式，代表内连接；all=T 代表全连接；all.x=T 代表左连接；all.y=T 代表右连接。

以下代码实现创建两个数据框，数据框 student 包含变量 name、gender，数据框 english_score 包含变量 name、score。

```
> set.seed(1234)
> (student <- data.frame(name = c('Emily','Jacob','Emma','Michael','Olivia','Isabella','Daniel'),
+                gender = c('female','male','female','male','female','female', 'male')))
      name   gender
1    Emily   female
2    Jacob     male
3     Emma   female
4  Michael     male
5   Olivia   female
6 Isabella   female
7   Daniel     male
> (english_score <- data.frame(name = c(as.character(sample(student$name,5)), 'Tracy'),
+                score = sample(50:100,6)))
     name  score
1 Michael     58
2   Jacob     54
3  Olivia     87
```

```
4     Daniel         65
5      Emma          53
6     Tracy          83
```

以下代码通过 merge() 函数实现两表关联的 inner、left、right 和 outer 这 4 种模式。

```
> merge(student,english_score,by = 'name')          #inner 模式
      name   gender   score
1   Daniel     male      65
2    Emma    female      53
3    Jacob     male      54
4  Michael     male      58
5   Olivia   female      87
> merge(student,english_score,by = 'name',all.x = T) # left 模式
       name   gender   score
1    Daniel     male      65
2     Emily   female      NA
3      Emma   female      53
4  Isabella   female      NA
5     Jacob     male      54
6   Michael     male      58
7    Olivia   female      87
> merge(student,english_score,by = 'name',all.y = T) # right 模式
      name   gender   score
1   Daniel     male      65
2    Emma    female      53
3    Jacob     male      54
4  Michael     male      58
5   Olivia   female      87
6    Tracy     <NA>      83
> merge(student,english_score,by = 'name',all = T)   # outer 模式
       name   gender   score
1    Daniel     male      65
2     Emily   female      NA
3      Emma   female      53
4  Isabella   female      NA
5     Jacob     male      54
6   Michael     male      58
7    Olivia   female      87
8     Tracy     <NA>      83
```

merge() 函数默认情况下返回的是 inner 模式，只返回两个数据集公共列中均有的元素。left 模式返回左表公共列所有的元素，由于 Emily 和 Isabella 没有英语成绩，所以用缺失值 NA 替代。right 模式返回右表公共列所有的元素，由于在左表没找到 Tracy，所以性别返回为<NA>。out 模式则返回公共列所有的元素。

merge() 函数一次只能匹配两张表，如果想实现两张表以上的关联，则需要多次运用 merge() 函数。比如现在多了一个数据框 math_score，记录了学生名字和数学成绩。以下代码实现将学生性别、英语成绩、数学成绩关联到一个宽表中。

```
> set.seed(1234)
> (math_score <- data.frame(stu_name = sample(student$name,5),
+                    score = sample(60:100,5)))
  stu_name   score
1  Michael      68
2    Jacob      64
3   Olivia      97
4   Daniel      75
5     Emma      63
> # 第一步，对 student 和 english_socre 表进行关联
> df_join <- merge(student,english_score,all = T)
> # 第二步，对 df_join 和 math_score 表进行关联
> df_join1 <- merge(df_join,math_score,by.x = 'name',by.y = 'stu_name',all = T)
> df_join1
        name   gender   score.x   score.y
1     Daniel     male        65        75
```

```
2       Emily    female          NA          NA
3        Emma    female          53          63
4    Isabella    female          NA          NA
5       Jacob      male          54          64
6     Michael      male          58          68
7      Olivia    female          87          97
8       Tracy      <NA>          83          NA
```

因为数据框 math_score 的学生名字列名为 stu_name，所以进行关联的第二个步骤时，使用 by.x='name'，by.y='stu_name'作为两个表关联关系进行匹配。english_score 和 math_score 的成绩字段列名均为 score，所以在关联后的字段名会自动添加后缀进行区分。可以通过 suffixes 参数修改后缀名称。以下代码实现在变量 score 第一次出现时增加.english 后缀、第二次出现时增加.math 后缀。

```
> df_join2 <- merge(df_join,math_score,
+                   by.x = 'name',by.y = 'stu_name',all = T,
+                   suffixes = c('.english','.math')) #修改后缀名称
> df_join2
        name   gender   score.english   score.math
1     Daniel     male              65           75
2      Emily   female              NA           NA
3       Emma   female              53           63
4   Isabella   female              NA           NA
5      Jacob     male              54           64
6    Michael     male              58           68
7     Olivia   female              87           97
8      Tracy     <NA>              83           NA
```

dplyr 包的 left_join()、right_join()、inner_join()、full_join()函数也能轻松实现左连接、右连接、内连接和全连接。以下代码为利用 full_join()函数结合管道符号%>%实现 df_join2 的效果。

```
> student %>%
+   full_join(english_score,by = 'name') %>%
+   full_join(math_score,by = c('name' = "stu_name"),suffix = c('.english', '.math'))
```

使用管道符号%>%能让代码可读性更强，读者可以多尝试用%>%编写代码。以下代码实现对 merge()函数生成 df_join2 的代码进行修改，以达到相同的效果。

```
> student %>%
+   merge(english_score,by = 'name',all = T) %>%
+   merge(math_score,by.x = 'name',by.y = 'stu_name',
+        all = T,suffixes = c('.english','.math'))
```

4.6　数据转换

transform 和 mutate、transmute 函数

做数据分析及建模时，常常需要对数据进行转换。比如在建模前，需要对数据进行标准化处理。接下来让我们学习如何利用 transform()函数进行数据转换。

以下代码利用 ifelse()函数实现将汽车数据集 mtcars 中变量 vs 的值 0 变成 V-shaped、1 变成 straight。

```
> mtcars$vs  #查看 vs 变量的值
 [1] 0 0 1 1 0 1 0 1 1 1 1 0 0 0 0 0 0 1 1 1 0 0 0 0 0 1 0 1 0 0 0 1
> mtcars$vs <- ifelse(mtcars$vs==0,"V-shaped","straight")
> mtcars$vs
 [1] "V-shaped" "V-shaped" "straight" "straight" "V-shaped" "straight" "V-shaped" "straight"
 [9] "straight" "straight" "straight" "V-shaped" "V-shaped" "V-shaped" "V-shaped" "V-shaped"
[17] "V-shaped" "straight" "straight" "straight" "V-shaped" "V-shaped" "V-shaped" "V-shaped"
[25] "V-shaped" "straight" "V-shaped" "straight" "V-shaped" "V-shaped" "V-shaped" "straight"
```

经过转换后，变量 vs 的值已经变成 V-shaped、straight。

以下代码实现利用 transform()函数将变量 vs 的值转换回 0、1。

```
> mtcars <- transform(mtcars,vs = ifelse(vs=="V-shaped",0,1))
> mtcars$vs
 [1] 0 0 1 1 0 1 0 1 1 1 1 0 0 0 0 0 0 1 1 1 0 0 0 0 0 1 0 1 0 0 0 1
```

当重新赋值的标签在数据集变量名中未出现时，则会在数据集后面新增列。以下代码实现将变量 vs、am 值进行转换后分别赋值给变量 Engine、Transmission，此时会在 mtcars 中新增两列。

```
> ncol(mtcars) # 查看列数
[1] 11
> mtcars <- transform(mtcars,
+                     Engine = ifelse(vs==0,"V","S"),
+                     Transmission = ifelse(am==0,"a","m"))
> ncol(mtcars)
[1] 13
> head(mtcars)
                   mpg cyl disp  hp drat    wt  qsec vs am gear carb Engine Transmission
Mazda RX4         21.0   6  160 110 3.90 2.620 16.46  0  1    4    4      V            m
Mazda RX4 Wag     21.0   6  160 110 3.90 2.875 17.02  0  1    4    4      V            m
Datsun 710        22.8   4  108  93 3.85 2.320 18.61  1  1    4    1      S            m
Hornet 4 Drive    21.4   6  258 110 3.08 3.215 19.44  1  0    3    1      S            a
Hornet Sportabout 18.7   8  360 175 3.15 3.440 17.02  0  0    3    2      V            a
Valiant           18.1   6  225 105 2.76 3.460 20.22  1  0    3    1      S            a
```

dplyr 包的 mutate()和 transmute()函数都可对数据进行变换，两者的区别在于 mutate()函数返回数据集所有变量的结果，transmute()函数只返回转换的变量结果。当将变量赋值为 NULL 时，mutate()函数也能移除数据中的此变量。下面代码实现利用 mutate()函数移除 mtcars 中的变量 Engine 和 Transmission。

```
> library(dplyr)
> mtcars <- mtcars %>% mutate(
+   Engine = NULL,
+   Transmission = NULL
+ )
> colnames(mtcars)
 [1] "mpg"  "cyl"  "disp" "hp"   "drat" "wt"   "qsec" "vs"   "am"   "gear" "carb"
```

以下代码实现利用 mutate()和 transmute()函数新生成变量 displ_1，值为 disp 变量的值除以 61.0237，查看两个函数的区别。

```
> head(mtcars %>% mutate(disp_1 = disp / 61.0237))
   mpg cyl disp  hp drat    wt  qsec vs am gear carb   disp_1
1 21.0   6  160 110 3.90 2.620 16.46  0  1    4    4 2.621932
2 21.0   6  160 110 3.90 2.875 17.02  0  1    4    4 2.621932
3 22.8   4  108  93 3.85 2.320 18.61  1  1    4    1 1.769804
4 21.4   6  258 110 3.08 3.215 19.44  1  0    3    1 4.227866
5 18.7   8  360 175 3.15 3.440 17.02  0  0    3    2 5.899347
6 18.1   6  225 105 2.76 3.460 20.22  1  0    3    1 3.687092
> head(mtcars %>% transmute(disp_1 = disp / 61.0237))
    disp_1
1 2.621932
2 2.621932
3 1.769804
4 4.227866
5 5.899347
6 3.687092
```

从结果可知，mutate()函数返回 mtcars 所有变量，transmute()函数则返回仅被进行转换的变量 disp_1。

长数据和宽数据转换

4.7　融合重铸

开始进行数据重铸前，有必要了解什么是长数据、宽数据？长数据一般是指数据集中的变量没有做明确的细分，即存在变量元素重复情况（比如离散变量），数据整体的形状为长方方，即行数多列数少。宽数据是指数据集对所有变量进行了明确细分，各变量的值不存在重复循环的情况也无法归类，数据总体的表现为列数多行数少。

R 语言中的 reshape 包、reshape2 包、tidyr 包中均有函数实现数据融合或重铸。3 个扩展包都是 ggplot2 包的作者哈德雷·威克姆（Hadley Wickham）（被称作"一个改变 R 的人"）的杰作，可以通过 install.packages("包名")进行在线安装。

　　reshape 包中的 melt()函数用于将宽数据转换为长数据，即将多行聚成列，从而将二维数据列表变成一维数据列表；cast()函数用于将长数据转换为宽数据，将某一列根据变量展开为多行，从而将一维数据列表变成二维数据列表。

　　在 reshape 包推出 5 年后，哈德雷·威克姆重构代码，推出了新的 reshape2()包，其特性在于：

- 改进了算法，计算和内存使用效能增强；
- 用 dcast()和 acast()函数代替了原来的 cast()函数；
- 用变量名来设定边际参数；
- 删除 cast()函数中的一些特性，因为作者认为 plyr 包能处理得更好；
- 所有的 melt 函数族都增加了处理缺失值的参数。

tidyr 包在具体应用中经常与 dplyr 包共同使用，目前渐有取代 reshape2 包之势，是数据管理一个常用的包。

　　在 tidyr 包中，有 4 个常用的函数：

- gather()函数，用于将宽数据转换为长数据；
- spread()函数，用于将长数据转换为宽数据；
- unite()函数，用于将多列合并为一列；
- separate()函数，用于将一列分离为多列。

以下代码实现创建数据框 df，记录了 3 位学生的语文、英语和数学考试成绩。

```
> set.seed(1234)
> df <- data.frame(name = c('Emily','Jacob','Emma'),
+                   gender = c('female','male','female'),
+                   chinese = sample(50:100,3),
+                   english = sample(60:100,3),
+                   mathematics = sample(70:100,3))
> df
    name  gender  chinese  english  mathematics
1  Emily  female      77       96           75
2  Jacob    male      65       68           85
3   Emma  female      71       64           73
```

1. 将宽数据转换为长数据

以下代码利用函数将 chinese、english、mathematics 三门成绩合为一列 class，从而将二维数据列表变成一维数据列表。

```
> # 使用 reshape 包
> df_melt <- reshape::melt(df,id.vars = c('name','gender'),
+                   variable_name = 'class')
> # 使用 reshape2 包
> df_melt1 <- reshape2::melt(df,id.vars = c('name','gender'),
+                     variable.name = 'class',
+                     value.name = 'score')
> # 使用 tidyr 包
> df_gather <- tidyr::gather(df,key = 'class',
+                 value = 'score',-c('name','gender'))
> df_gather
    name  gender       class  score
1  Emily  female     chinese     77
2  Jacob    male     chinese     65
3   Emma  female     chinese     71
4  Emily  female     english     96
5  Jacob    male     english     68
6   Emma  female     english     64
7  Emily  female  mathematics     75
8  Jacob    male  mathematics     85
9   Emma  female  mathematics     73
```

其中参数 id.vars 表示以这些变量为"基准"进行重构，将其他列"摞"起来；reshape 包的参数 variable_name 或 reshape2 包的参数 variable.name 表示将各个变量的列名放在这个列下面；参数 value.name 表示用于保存观测值的列名称。

gather()函数中的参数 key 表示将原数据框中的所有列赋给一个新变量 key；参数 value 表示将原数据框中的所有值赋给一个新变量 value；c 表示可以指定哪些列聚到同一列中。本例将 name 和 gender 剔除后的其他列都聚到同一列中。

2．将长数据转换为宽数据

以下代码分别利用 reshape 包的 cast()函数、reshape2 包的 dcast()函数、tidyr 包的 spread()函数将经过融合后的数据重铸成以前的样子。

```
> # 使用 reshape 包
> df_cast <- reshape::cast(df_melt,name+gender~class,value = 'value')
> # 使用 reshape2 包
> df_dcast <- reshape2::dcast(df_melt1,name+gender~class,
+                                        value.var = 'score')
> # 使用 tidyr 包
> df_spread <- tidyr::spread(df_gather,'class','score')
> df_spread
    name  gender  chinese  english  mathematics
1  Emily  female      77       96           75
2   Emma  female      71       64           73
3  Jacob    male      65       68           85
```

以上 3 种方式得到的结果相同。其中 cast()和 dcast()函数的第一个参数是需要进行重铸的数据框；第二个参数是表达式，形如 rowvar1+rowvar2 ~ colvar1+colvar2 的格式，以 rowvar 为基准列，colvar 则为需要重构的变量列，将该变量中的元素（各类别）映射为以类别命名的列；参数 value 或 value.var 为需要分散的值，进而将数据重铸为宽数据。spread()函数中的第一个参数为需要进行转换的长数据表；参数 key 为需要将变量值拓展为字段的变量；value 为需要分散的值。

在 cast()和 dcast()函数中还有一个非常重要的参数 fun.aggregate，直接给出聚合函数名称即可完成数据聚合操作，默认为计数（length）。

最后，利用 cast()和 dcast()函数完成按照性别分组统计各学科的平均成绩（聚合函数 mean），更多聚合函数将在下文介绍。

```
> # 使用 reshape 包
> reshape::cast(df_melt,gender ~ class,
+               fun.aggregate = mean,value = 'value')
  gender  chinese  english  mathematics
1 female       74       80           74
2   male       65       68           85
> # 使用 reshape2 包
> reshape2::dcast(df_melt1,gender ~ class,
+               fun.aggregate = mean,value.var = 'score')
  gender  chinese  english  mathematics
1 female       74       80           74
2   male       65       68           85
```

描述统计及分组统计

4.8　数据聚合

一个数据集可能包含很多记录和变量，很难从那么多数据中立刻找到有价值的信息。此时可利用描述统计分析方法对数据进行分析，进而得到反映所研究数据的一般性特征。描述数据分析的统计量可分为两类：一类表示数据的集中程度，另一类表示数据的离散程度，两者相互补充，共同反映数据的全貌。描述统计分布集中程度的指标主要有平均数、中位数、众数、百分位数等；描述统计分布离散程度的指标主要有极差、四分位距、方差、标准差、变异系数等。

R 语言内置了用于计算数据集中及离散趋势指标的函数。常见聚合函数及功能如表 4-2 所示。

表 4-2　　　　　　　　　　　　常用聚合函数及功能

函数	功能
sum()	求和
min()	最小值
max()	最大值
cumsum()	累计求和
cummin()	累计最小值
cummax()	累计最大值
mean()	求平均值
median()	求中位数
quantile()	求百分位数，默认范围 c(min、q1、median、q3、max)5 个位置的值
range()	返回数值向量区间 c(min,max)
IQR()	四分位距，q3（第三、四分位数）与 q1（第一、四分位数）的差值
var()	方差 $s^2 = \dfrac{1}{n-1}\left(x_i - \overline{x}\right)^2$
sd()	标准差，方差的平方根
sd()/mean()	变异系数，计算公式为 sd(x)/mean(x)

以下代码实现自定义统计指标函数，计算向量 x 的各项指标。

```
> set.seed(1234)
> (x <- sample(1:10,10))
 [1] 10  6  5  4  1  8  2  7  9  3
> # 自定义描述统计函数
> stat.desc <-function(x){
+   list('求和' = sum(x,na.rm = T),
+        '累计求和' = cumsum(x),
+        '最大值' = max(x,na.rm = T),
+        '最小值' =  min(x,na.rm = T),
+        '平均值' = mean(x,na.rm = T),
+        '中位数' = median(x,na.rm = T),
+        '百分位数' = quantile(x,na.rm = T),
+        '极差' = range(x)[2] - range(x)[1],
+        '四分位距' = IQR(x,na.rm = T),
+        '方差' = var(x,na.rm = T),
+        '标准差' = sd(x,na.rm = T),
+        '变异系数' = sd(x,na.rm = T)/mean(x,na.rm = T))
+ }
> stat.desc(x)
$求和
[1] 55

$累计求和
 [1] 10 16 21 25 26 34 36 43 52 55

$最大值
[1] 10

$最小值
[1] 1

$平均值
[1] 5.5

$中位数
[1] 5.5
```

```
$百分位数
   0%   25%   50%   75%  100%
 1.00  3.25  5.50  7.75 10.00

$极差
[1] 9

$四分位距
[1] 4.5

$方差
[1] 9.166667

$标准差
[1] 3.02765

$变异系数
[1] 0.5504819
```

在创建自定义描述函数的时候发现，大部分聚合函数均有参数 na.rm，该参数表示当数据中存在缺失值时的处理方式。默认为 FALSE，表示不剔除，函数返回结果有 NA；如果为 TRUE，则会剔除缺失值后进行数据聚合操作。

以上聚合函数结合 dplyr 包的 summarise()、summarise_all()、summarise_at()、summarise_if() 等函数，可以实现更丰富的数据描述统计分析。

以 mtcars 数据集为例，下面代码实现通过 summarise() 函数计算变量 mpg 的平均值、中位数、标准差。

```
> mtcars %>%
+   summarise(mean = mean(mpg),median = median(mpg),sd = sd(mpg))
      mean median       sd
1 20.09062    5.5  3.02765
```

如果想同时计算 mpg、disp 变量的平均值、中位数和标准差，可以通过 summarise_at() 函数实现。

```
> mtcars %>%
+   summarise_at(vars(mpg,disp),
+               list(mean = mean,median = median,sd = sd))
  mpg_mean disp_mean mpg_median disp_median   mpg_sd  disp_sd
1 20.09062  230.7219       19.2       196.3 6.026948 123.9387
```

如果想对 mtcars 所有变量进行数据聚合，可以通过 summarise_all() 函数实现。

```
> mtcars %>%
+   summarise_all(list(mean = mean,median = median))
  mpg_mean cyl_mean disp_mean  hp_mean drat_mean  wt_mean qsec_mean vs_mean
am_mean  gear_mean
1 20.09062   6.1875  230.7219 146.6875  3.596563  3.21725  17.84875  0.4375
0.40625    3.6875
  carb_mean mpg_median cyl_median disp_median hp_median drat_median wt_median
qsec_median
1    2.8125       19.2          6       196.3       123       3.695     3.325
17.71
  vs_median am_median gear_median carb_median
1         0         0           4           2
```

R 语言提供了众多函数实现不同的数据描述统计量计算，其中基础包的 summary() 函数是最简单也是使用最广的函数。以下代码利用 summary() 函数计算 iris 中各变量的统计指标。

```
> summary(iris)
  Sepal.Length    Sepal.Width     Petal.Length    Petal.Width          Species
 Min.   :4.300   Min.   :2.000   Min.   :1.000   Min.   :0.100   setosa    :50
 1st Qu.:5.100   1st Qu.:2.800   1st Qu.:1.600   1st Qu.:0.300   versicolor:50
 Median :5.800   Median :3.000   Median :4.350   Median :1.300   virginica :50
 Mean   :5.843   Mean   :3.057   Mean   :3.758   Mean   :1.199
 3rd Qu.:6.400   3rd Qu.:3.300   3rd Qu.:5.100   3rd Qu.:1.800
 Max.   :7.900   Max.   :4.400   Max.   :6.900   Max.   :2.500
```

如果是数值型变量，则返回最小值、Q1、中位数、Q3 和最大值；如果是因子型变量，则返回各因子水平的频数统计。

此外，还有 Hmisc 包的 describe()函数、pastecs 包的 stat.desc()函数和 psych 包的 describe()函数均可以对数据进行更丰富的描述统计量计算。

4.9　数据分组

更多时候，我们可能更关心按照某些变量进行数据分组后的描述统计结果。比如，想对比不同客户群体（优质客户、中等客户、一般客户）上个月的平均消费金额，这时就需要对数据进行分组后再计算消费金额的平均值。R 语言基本包中的 aggregate()函数能非常出色地完成此工作。此外，doBy 包的 summaryBy()函数、psych 包的 describe.by()函数也能对数据集进行分组描述统计量计算。

aggregate()函数的基本表达形式如下：

```
aggregate(x, by, FUN, ..., simplify = TRUE, drop = TRUE)
```

其中，参数 x 是需要被计算的数据对象；参数 by 是按照某些变量进行分组，当有多个变量时，需要组成 list 对象；参数 FUN 是指定需要进行处理的统计量。

以下代码实现对 mtcars 数据集按照变量 am、vs 进行分组，再计算变量 mpg、disp 的平均值。

```
> aggregate(mtcars[,c('mpg','disp')],by = list(am = mtcars$am,vs = mtcars$vs),
+           FUN = mean)
  am vs      mpg     disp
1  0  0 15.05000 357.6167
2  1  0 19.75000 206.2167
3  0  1 20.74286 175.1143
4  1  1 28.37143  89.8000
```

假如想按照 am 和 vs 变量分组后得到 mpg、disp 变量的平均值和标准差统计量，能否将两个统计量函数直接赋予参数 FUN 得到结果呢？让我们运行以下代码进行尝试。

```
> aggregate(mtcars[,c('mpg','disp')],by = list(am = mtcars$am,vs = mtcars$vs),
+           FUN = list(mean,sd))
Error in match.fun(FUN) :
  'list(mean, sd)' is not a function, character or symbol
```

此时报错了，错误提示为'list(mean, sd)'不是函数、字符或特征。从这个错误提示得到信息，先将需要的统计量构建一个自定义函数，再将自定义函数复制为参数 FUN。

```
> myfun <- function(x){
+   c(mean = mean(x,na.rm = T),
+         sd = sd(x,na.rm = T))
+ }
> aggregate(mtcars[,c('mpg','disp')],by = list(am = mtcars$am,vs = mtcars$vs),
+           FUN = myfun)
  am vs  mpg.mean   mpg.sd  disp.mean   disp.sd
1  0  0 15.050000 2.774396 357.61667 71.82349
2  1  0 19.750000 4.008865 206.21667 95.23362
3  0  1 20.742857 2.471071 175.11429 49.13072
4  1  1 28.371429 4.757701  89.80000 18.80213
```

利用 dplyr 包的 group_by()和 summarise_at()函数轻松实现分组描述统计量计算。

```
> library(dplyr)
> mtcars %>%
+   group_by(am,vs) %>%
+   summarise_at(vars(mpg,disp),list(mean = mean,sd = sd))
# A tibble: 4 x 6
# Groups:   am [2]
     am    vs mpg_mean disp_mean mpg_sd disp_sd
  <dbl> <dbl>    <dbl>     <dbl>  <dbl>   <dbl>
1     0     0     15.0      358.   2.77    71.8
2     0     1     20.7      175.   2.47    49.1
3     1     0     19.8      206.   4.01    95.2
4     1     1     28.4       89.8  4.76    18.8
```

4.10 本章小结

通过本章的学习，读者应能熟练应用基本的数据管理手段对数据进行排序、数据拆分和合并，并能对数据进行转换及融合重铸；掌握常用的数据描述统计量的计算公式及使用技巧。

4.11 本章练习

一、多选题

1. 用来描述连续型数据集中趋势的统计量，常用的有（　　　）。
   - A. 均值
   - B. 众数
   - C. 中位数
   - D. 百分位数
   - E. 方差
   - F. 标准差
2. 用来描述连续型数据分布的离散程度统计量，常用的有（　　　）。
   - A. 极差
   - B. 四分位距
   - C. 方差
   - D. 标准差
   - E. 峰度
   - F. 偏度

二、填空题

1. 创建两个向量：x <- c(1,3,5,6,9);y <- c(2,4,6,8,10)，运行 rbind(x,y)命令后的结果为_____。
2. 创建一个向量：z <- c(10,2,4,20,34,4)，运行 order(z)命令后返回的结果为_____。

三、上机题

1. 求 mtcars 数据集的 mpg 变量的最小值、最大值、求和、中位数、平均数。
2. 求 mtcars 数据集的 mpg 变量的百分位数，要求求出 0%，10%，20%，…，90%，100%位置的值。

第 5 章 数据预处理

所谓"垃圾进，垃圾出"（Garbage In，Garbage Out），意思就是在做数据分析前不对原始数据进行数据准备而直接进行数据分析工作，很可能会得出错误的结论，错误的结论将严重误导业务方接下来的策略。因此一个数据分析项目实践中有多达 60%的时间和精力用来对原始数据进行数据抽样、清洗及转换。

5.1 数据抽样

5.1.1 数据抽样的必要性

"抽样"对于数据分析和挖掘来说是一种常见的前期数据处理技术。对于小概率事件、稀有事件的类失衡情况，即在数据中可能会存在某个或某些类别下的样本数远大于另一些类别下的样本数目。如果不对数据进行处理就建模，此时建立的分类器会倾向于预测数量较多的类，显然该分类器是无效的，并且这种无效是由于训练集中类别不均衡而导致的。

克服类失衡问题常用的方法有以下两种：
- 偏置学习过程的方法，它应用特定的对少数类更敏感的评价指标。
- 用抽样方法来操作训练数据，从而改变类的分布。

有多种抽样方法用于改变数据集中的类失衡，常用的有以下两种：
- 欠采样法，它从多数类中选择小部分案例，并把它们和少数类一起组成一个相对平衡的数据集。
- 过采样法，它采用另外的工作模式，使用某些进程来复制少数类样本。

在数据建模阶段，常将样本分成独立的 3 个部分：训练集（train set）、验证集（validation set）和测试集（test set）。其中，训练集用来估计模型，验证集用来确定网络结构或者控制模型复杂程度的参数，而测试集则用来检验最终选择最优模型的性能如何。一个典型的划分是训练集占总样本的 70%，其他各占 15%，3 个部分都是从样本中随机抽取。

5.1.2 类失衡处理方法：SMOTE()函数

SMOTE（Synthetic Minority Oversampling Technique）合成少数类过采样技术，它是基于随机采样算法的一种改进方案。SMOTE 算法的基本思想是对少数类样本进行分析并根据少数类样本人工合成新样本添加到数据集中。在 R 语言中，DMwR 包中的 SMOTE()函数可以实现 SMOTE 方法。该函数可以实现过采样或欠采样的 SMOTE 方法。该函数的常用参数有以下 3 个。
- perc.over：过采样时，生成少数类的新样本个数；
- K：过采样中使用 K—近邻算法生成少数类样本时的 K 值，默认是 5；

SMOTE 函数

78

- perc.under：欠采样时，对应每个生成的少数类样本，选择原始数据多数类样本的个数。

例如，当 perc.over=500 时表示对原始数据集中的每个少数样本都将生成 5 个新的少数样本；当 perc.under=80 时表示从原始数据集中选择的多数类的样本是数据集中新生成少数样本的 80%。

以下代码创建一个 100 行 3 列的数据框 df，并查看 type 变量中的各类别占比。

```
> set.seed(1234)
> df <- data.frame(x1=sample(1:100,100),
+                  x2=sample(1:100,100),
+                  type=sample(c(rep('a',95),rep('b',5)),100))
> head(df) # 查看数据前 6 行
  x1 x2 type
1 28 43    a
2 80 19    a
3 22 22    a
4  9 46    a
5  5 40    a
6 38 29    a
> table(df$type) # 查看类别频数
 a  b
95  5
> prop.table(table(df$type)) # 查看类别占比
   a    b
0.95 0.05
```

在 100 条记录中，变量 type 中的类别 b 仅占 5%，属于严重类失衡数据。我们在进行下一步建模前，需要对数据进行类失衡处理。

现在，利用 SMOTE()函数对数据框 df 进行类失衡处理。通过设置参数 perc.over=100，表示利用原始数据集中的 5 个少数样本，生成 5 个新的样本，一共有 5+5=10 个少数样本；设置 perc.under=200，表示从原始数据集中选择的多数类的样本是数据集中新生少数样本的 200%，即 5×200%=10 个多数样本，达到 a、b 数量相同的目的。

```
> if(!require(DMwR)) install.packages("DMwR") # 加载 DMwR 包
> df_new <- SMOTE(type~.,df,perc.over=100,perc.under=200)
> table(df_new$type)
 a  b
10 10
> prop.table(table(df_new$type))
  a   b
0.5 0.5
```

sample 函数

5.1.3　数据随机抽样：sample()函数

前文已经多次用到 sample()函数来对数据进行重新抽样，现在让我们正式介绍 sample()函数，其基本表达形式为：

```
sample(x, size, replace = FALSE, prob = NULL)
```

其中 x 是数值型向量；size 是抽样个数；replace 表示是否有放回抽样，默认 FALSE 是无放回抽样，TRUE 是有放回抽样。

通过一个小例子来理解有放回抽样与无放回抽样的区别。下面代码首先创建向量 x，由 1～10 组成，我们对 x 进行无放回抽样，抽取 8 次并将结果赋予对象 a，再对 x 进行有放回抽样，抽取 8 次并将结果赋予对象 b。

```
> set.seed(1234)
> (x <- seq(1,10))
 [1]  1  2  3  4  5  6  7  8  9 10
> (a <- sample(x,8,replace=FALSE)) # 无放回抽样
 [1] 10  6  5  4  1  8  2  7
> (b <- sample(x,8,replace=TRUE)) # 有放回抽样
 [1]  7  6 10  6  4  8  4  4
```

可见，b 的元素中有重复值。如果我们要抽取的样本数大于 x 的长度，此时需要将 replace 设

置为 TRUE（有放回抽样），否则会报错。

```
> # 当 size 大于 x 的长度
> sample(x,15,replace = FALSE)
Error in sample.int(length(x),size,replace,prob) :
  cannot take a sample larger than the population when 'replace=FALSE'
> sample(x,15,replace=TRUE)
 [1]  5 8 4 8 3 4 10 5 2 8 4 3 7 9 3
```

sample() 函数很简单，相信通过上面的小例子大家已经掌握其用法。假设现在想对鸢尾花数据集 iris 进行随机 50% 的记录，但是要保证抽样后的数据中量的 Species 类别占比与之前一致。以下代码对数据进行分层抽样来逐步实现。

```
> table(iris$Species) # 查看各类别频数
    setosa  versicolor  virginica
        50          50         50
> d <- 1:nrow(iris)   # 提取下标集
> index1 <- sample(d[iris$Species=='setosa'],50*0.5)
> index2 <- sample(d[iris$Species=='versicolor'],50*0.5)
> index3 <- sample(d[iris$Species=='virginica'],50*0.5)
> iris_sub <- iris[c(index1,index2,index3),]
> table(iris_sub$Species)
    setosa  versicolor  virginica
        25          25         25
```

5.1.4 数据等比抽样：createDataPartition()函数

creatData Partition
函数和 creat Folds
函数

通过 sample() 函数虽然能实现对数据集按照某个变量的类别进行等比例抽样，但是当类别多的时候代码就比较烦琐。现在给大家介绍 caret 包中的 createDataPartition() 函数，该函数可以快速实现数据按照因子变量的类别进行快速等比例抽样。函数基本表达形式为：

```
createDataPartition(y, times = 1,p = 0.5,list = TRUE,groups = min(5, length(y)))
```

其中 y 是一个向量；times 表示需要进行抽样的次数；p 表示需要从数据中抽取的样本比例；list 表示结果是否为列表形式，默认为 TRUE；groups 表示如果输出变量为数值型数据，默认按分位数分组进行取样。

以鸢尾花数据集 iris 为例，我们想按照变量 Species 进行等比例随机抽取其中 10% 的样本进行研究。实现代码如下所示。

```
> # 载入 caret 包，如果本地未安装就在线安装 caret 包
> if(!require(caret)) install.packages("caret")
> # 提取下标集
> splitindex <- createDataPartition(iris$Species,times=1,p=0.1,list=FALSE)
> splitindex
      Resample1
 [1,]        19
 [2,]        22
 [3,]        33
 [4,]        38
 [5,]        46
 [6,]        58
 [7,]        68
 [8,]        73
 [9,]        86
[10,]        96
[11,]       108
[12,]       117
[13,]       123
[14,]       124
[15,]       133
> # 提取符合子集
> sample <- iris[splitindex,]
> # 查看 Species 变量中各类别的个数和占比
> table(sample$Species);
    setosa  versicolor  virginica
```

```
              5              5              5
> prop.table(table(sample$Species))
      setosa   versicolor    virginica
   0.3333333    0.3333333    0.3333333
```

times=1 表示抽样只进行一次，p=0.1 表示抽取全部样本的 10%(150*10%=15)。如果将 list 设置为 FALSE，splitindex 返回的是一个矩阵；如果将 list 设置为 TRUE，则返回列表形式。如下代码所示。

```
> # 设置 list 为 TRUE
> # 提取下标集
> splitindex1 <- createDataPartition(iris$Species,times=1,p=0.1,list=TRUE)
> # 查看下标集
> splitindex1
$Resample1
 [1] 20 27 37 46 50 74 75 92 94 96 111 113 115 120 129
> # 提取子集
> iris[splitindex1$Resample1,]
    Sepal.Length Sepal.Width Petal.Length Petal.Width    Species
20           5.1         3.8          1.5         0.3     setosa
27           5.0         3.4          1.6         0.4     setosa
37           5.5         3.5          1.3         0.2     setosa
46           4.8         3.0          1.4         0.3     setosa
50           5.0         3.3          1.4         0.2     setosa
74           6.1         2.8          4.7         1.2 versicolor
75           6.4         2.9          4.3         1.3 versicolor
92           6.1         3.0          4.6         1.4 versicolor
94           5.0         2.3          3.3         1.0 versicolor
96           5.7         3.0          4.2         1.2 versicolor
111          6.5         3.2          5.1         2.0  virginica
113          6.8         3.0          5.5         2.1  virginica
115          5.8         2.8          5.1         2.4  virginica
120          6.0         2.2          5.0         1.5  virginica
129          6.4         2.8          5.6         2.1  virginica
```

如果将 times 设置为 2，将会进行两次按照变量 Species 随机等比例抽取 10%样本，如下代码所示。

```
> # 设置 times=2
> splitindex2 <- createDataPartition(iris$Species,times=2,p=0.1,list=TRUE)
> splitindex2
$Resample1
 [1] 11 27 32 40 41 69 73 78 79 86 101 107 118 130 144
$Resample2
 [1] 11 15 36 37 46 53 60 66 70 100 106 108 111 139 145
```

5.1.5　用于交叉验证的样本抽样

有时候，我们可能需要利用 K 折交叉验证的方法来提高模型结果的可靠性。方法就是：随机把下标分配给 1,2,3,…,n 个数字，也就是把数据下标随机分成 K 份，然后每次提取一份作为测试集，其他 K−1 份作为训练集，用模型进行拟合，记下结果和误差。如此下去，一共做 K 次，最后把误差平均起来查看模型的准确性。

以下代码利用 sample()函数构造用于交叉验证的 5 个训练集和测试集。

```
> # zz1 为所有观测值的下标
> n <- nrow(iris);zz1 <- 1:n
> # zz2 为 1:5 的随机排列
> set.seed(1234)
> zz2 <- rep(1:5,ceiling(n/5))[1:n]
> zz2 <- sample(zz2,n)
> # 构建训练集及测试集
> for(i in 1:5){
+     m <- zz1[zz2==i]
+     train <- iris[-m,]
+     test <- iris[m,]
```

```
+      # 接下来就可以利用训练集建立模型，测试集验证模型，并计算 5 次 MSE
+ }
```

以上代码进行随机抽样后，也会存在每份抽样数据的目标变量 Species 中的各类别占比不一致的情况。此时我们可以利用 createDataPartition()函数按照 Species 变量将数据等比例分成 5 份再构建交叉验证的训练集和测试集，读者感兴趣的话可以自行尝试。

此处给大家介绍 caret 包中的 createFolds()函数和 createMultiFolds()函数。createFolds()函数的基本形式为：

```
createFolds(y,k=10,list=TRUE,returnTrain=FALSE)
```

其中 y 是我们要依据分类的变量；k 指定 K 折交叉验证的样本，默认为 10，每份的样本量为总量/k；list 指是否以列表或矩阵的形式存储随机抽取的索引号，默认为 TRUE；returnTrain 指是否返回抽样的真实值，默认返回样本的索引值。

createMultiFolds()函数的基本表式为：

```
createMultiFolds(y, k = 10, times = 5)
```

其中 k 指定 K 折交叉验证的样本，默认为 10，每份的样本量为总量/k；times 指定抽样组数，默认为 5 组（每组中都有 10 折抽样）。

以下代码按照变量 Species 将鸢尾花数据集 iris 等比例分成 5 份。

```
> # 利用 createFoldsh()函数构建 5 折交叉验证的训练集和测试集
> index <- createFolds(iris$Species,k=5,list=FALSE)
> prop.table(table(iris[index==1,'Species']))
    setosa   versicolor    virginica
 0.3333333    0.3333333    0.3333333
> prop.table(table(iris[index==2,'Species']))
    setosa   versicolor    virginica
 0.3333333    0.3333333    0.3333333
> prop.table(table(iris[index==3,'Species']))
    setosa   versicolor    virginica
 0.3333333    0.3333333    0.3333333
> prop.table(table(iris[index==4,'Species']))
    setosa   versicolor    virginica
 0.3333333    0.3333333    0.3333333
> prop.table(table(iris[index==5,'Species']))
    setosa   versicolor    virginica
 0.3333333    0.3333333    0.3333333
```

5.2 数据清洗

数据质量分析是数据预处理的前提，是数据挖掘分析结论有效性和准确性的基础，其主要任务是检查原始数据中是否存在"脏"数据，脏数据一般是指不符合要求以及不能直接进行相应分析的数据。在常见的数据分析挖掘工作中，脏数据包括不一致的值、缺失值和异常值等。

数据不一致性指各类数据的矛盾性、不相容性，一是由数据源的描述不一致造成的，二是由存在重复的记录造成的，三是由不满足既定的一致性规则造成的。

本节将主要对数据中的缺失值和异常值进行分析。

5.2.1　缺失值判断及处理

1. 识别缺失值

数据的缺失主要包括记录的缺失和记录中的某个字段信息的缺失，两者都会造成分析结果不准确。一般而言，数据缺失主要是由以下几个原因造成的：

缺失值判断及处理

- 有些信息暂时无法获取，或者获取信息的代价太大。
- 调查访问中，被访问者拒绝透露相关信息，导致数据缺失。
- 由于数据采集设备的故障、存储介质的故障、传输媒体的故障等机械故障而丢失。

处理缺失值的基本步骤是：首先识别缺失值，然后检查数据缺失的原因，最后是删除包含缺失值的记录或用合理的数据替代（插补）缺失值。

　　R 语言中缺失值以 NA（Not Available）表示，判断数据中是否存在缺失值最基本的函数是 is.na()，它可以应用于向量、数据框等多种对象，返回结果为逻辑值。当元素为缺失值时，返回 TRUE；当元素有真实值时，返回 FALSE。例如，令 y <- c(1, 2, 3, NA)，则 is.na(y)返回向量 c(FALSE, FALSE, FALSE,TRUE)。

　　有一份棋牌类玩家的玩牌数据，包括玩家的好友数、登录次数、玩牌局数、赢牌局数等信息。以下代码利用 read.csv()函数将数据读入 R，并查看数据前 6 行。

```
> player <- read.csv("../data/玩家玩牌数据.csv")
> head(player)
   好友数 经验值 登录次数 玩牌局数 赢牌局数
1     3     36       2      3      1
2     2     83       2      8      1
3     0      0       3     NA     NA
4     0      0       1     NA     NA
5     0      0       2     NA     NA
6     1     10       2     NA     NA
```

　　可见，3、4、5、6 行的玩家有登录但没有玩牌。以下代码利用 is.na()函数判断元素是否为缺失值，TRUE 为缺失值，FALSE 为非缺失值。

```
> # 使用 is.na()函数对元素是否为缺失值进行判断
> head(is.na(player))
       好友数   经验值  登录次数  玩牌局数  赢牌局数
[1,]  FALSE   FALSE   FALSE   FALSE   FALSE
[2,]  FALSE   FALSE   FALSE   FALSE   FALSE
[3,]  FALSE   FALSE   FALSE    TRUE    TRUE
[4,]  FALSE   FALSE   FALSE    TRUE    TRUE
[5,]  FALSE   FALSE   FALSE    TRUE    TRUE
[6,]  FALSE   FALSE   FALSE    TRUE    TRUE
> # 统计玩牌局数变量的缺失值与非缺失值的个数
> table(is.na(player$玩牌局数))
FALSE  TRUE
 3094  3146
```

　　当 is.na()函数应用在数据框时，会返回数据框内每一个元素是否为缺失值的判断结果。由于前 6 行的 3、4、5、6 条记录的"玩牌局数"和"赢牌局数"变量值均是缺失的，所以返回 TRUE，其余为 FALSE。用 table()函数对"玩牌局数"变量的缺失值个数进行统计，一共有 3146 位玩家是只登录不玩牌。R 语言的逻辑值 TRUE 和 FALSE 分别等价于数值 1 和 0，可用 sum()和 mean()函数来统计缺失值的个数和占比。

```
> # 计算缺失值个数
> sum(is.na(player$玩牌局数))
[1] 3146
> # 计算缺失值占比
> mean(is.na(player$玩牌局数))
[1] 0.5041667
```

　　得到的结果与上面的一致，共有 3146 位玩家没有玩牌记录，占总人数的 50%。

　　另一个判断数据缺失的函数是 complete.cases()，可用来识别矩阵或数据框中没有缺失值的行。若行中各变量值都存在，则返回 TRUE 的逻辑向量；若行有一个或多个缺失值，则返回 FALSE。

　　以下代码查看 player 数据集中完整记录条数有多少。

```
> sum(complete.cases(player))
[1] 2000
```

　　了解哪些变量有缺失值、数量有多少、是什么组合形式等信息，对选择缺失值处理方式非常有用。接下来，将介绍探索缺失值模式的图表及相关方法。

　　mice 包中的 md.pattern()函数可生成一个以矩阵或数据框形式展示缺失值模式的表格，该函数只有一个参数，就是要判断的矩阵或数据框。

　　以下代码为使用 md.pattern()函数查看数据集 player 的缺失值的模式。

```
> if(!require(mice)) install.packages("mice")
> md.pattern(player)
```

	好友数	经验值	登录次数	玩牌局数	赢牌局数	
2000	1	1	1	1	1	0
1094	1	1	1	1	0	1
3146	1	1	1	0	0	2
	0	0	0	3146	4240	7386

如果读者使用的 mice 包是 3.6.0 版本，在生成表格数据的同时会对表格结果进行可视化，可视化结果如图 5-1 所示。

输出结果中各列元素表示缺失值的模式，1 表示未缺失，0 表示缺失。第 1 列表示符合这种模式的样本数有多少，比如第 1 行的 2000 表示有 2000 个样本是完整的记录，下面的 1094 表示有 1094 个样本缺少了"赢牌局数"变量的值，第 1 列最后 1 个数字 3146 表示有 3146 个样本的"玩牌局数"和"赢牌局数"都缺失。最后 1 列表示该模式的缺失变量个数，第 1 行 0 表示没有变量有数据缺失，第 2 行 1 表示一个变量值缺失，第 3 行 2 表示有 2 个变量值

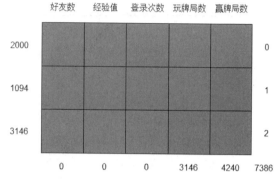

图 5-1　利用 md.pattern() 函数对缺失模式可视化

缺失。最后 1 行表示各个变量缺失的样本数量合计，7386 表示数据集 player 中共有 7386 个元素值缺失。

R 语言有多种对数据缺失值模式进行可视化的方法，此处介绍常用的一种方法。可以利用 VIM 包中的 aggr() 函数以图形方式描述数据的缺失情况。其表达形式为：

```
aggr(x, delimiter = NULL, plot = TRUE, ...)
```

x 表示一个向量、矩阵或数据框；delimiter 用于区分插补变量，如果给出对应的值，说明变量的值已被插补，但在判断缺失值模式时，这一参数默认是忽略的；plot 是逻辑值，指明是否绘制图形，默认为 TRUE。

以下代码使用 aggr() 函数对 player 数据的缺失值模式进行可视化，结果如图 5-2 所示。

```
> if(!require(VIM)) install.packages("VIM")
> aggr(player,prop=FALSE,numbers=TRUE)
```

图 5-2（a）的柱子高度表示各变量缺失元素的合计；图 5-2（b）显示了综合的缺失模式，其中深色方框表示该变量元素未缺失，"浅色"方框表示该变量元素缺失。由图 5-2（a）可知，共有 4000 多个样本的"赢牌局数"元素缺失，结合图 5-2（b）可知，有 1904 个样本只有"赢牌局数"元素缺失，另外有 3146 个样本的"玩牌局数"和"赢牌局数"变量的元素同时缺失。

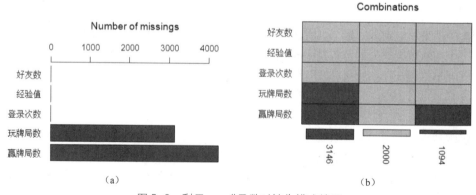

图 5-2　利用 aggr() 函数对缺失模式绘图

将参数 prop 设置为 TRUE 将生成同样的图形，但用比例代替计数。参数 numbers 默认是 FALSE，用于删除数值型标签。

2. 缺失值处理

在了解了缺失值模式后，接下来就是对缺失值进行处理。处理缺失值的常用方法有以下 3 种。

（1）删除缺失样本。

直接过滤缺失样本是最简单的方式，前提是缺失数据的比例较少，而且缺失数据是随机出现的，这样删除缺失样本后对分析结果影响不大。

R 语言中使用 na.omit()函数可以删除带有缺失值的记录，只留下完整的记录。以下代码利用 na.omit()函数剔除数据集 player 中带有缺失值的行。

```
> # 删除缺失样本
> player_complete <- na.omit(player)
> # 计算有缺失值的样本个数
> sum(!complete.cases(player_complete))
[1] 0
```

如果数据集中某些列缺失元素超过一定占比，对数据分析及建模帮助不大，我们更期望剔除元素缺失严重的列，而不删除样本。比如数据集 player，"玩牌局数"和"赢牌局数"的元素缺失占比太高（均超过 50%），我们希望删除这两列，而不是删除有缺失值的记录。此时 na.omit()函数不适用，不过我们可以先判断哪些列的缺失值占比会超过 50%，再通过数据子集选择的方式实现。

```
> # 判断每一列的缺失值占比是否小于 0.5
> (opt <- apply(player,2,function(x){mean(is.na(x))})<0.5)
  好友数    经验值    登录次数   玩牌局数    赢牌局数
   TRUE     TRUE       TRUE      FALSE       FALSE
> # 剔除缺失值占比超过 50%的列
> player_opt <- player[,opt]
> head(player_opt)
  好友数  经验值  登录次数
1   3      36       2
2   2      83       2
3   0       0       3
4   0       0       1
5   3       0       2
6   1      10       2
```

在判断每一列的元素缺失占比时，巧妙运用了 apply()函数来实现。读者可能对 apply()函数不太熟悉，这里对这个函数进行简单讲解，apply()函数的基本表达形式为：

```
apply(X, MARGIN, FUN, ...)
```

其中参数 X 是数组或矩阵；参数 MARGIN 表示要对行还是列进行操作，默认值 1 为按行操作，2 为按列操作；参数 FUN 表示要对数据进行运算的函数。

以下代码先创建一个矩阵 M，分别对行、列进行求和操作。

```
> (M <- matrix(1:8,nrow = 2))
     [,1] [,2] [,3] [,4]
[1,]    1    3    5    7
[2,]    2    4    6    8
> apply(M,1,sum) #对每一行进行求和
[1] 16 20
> apply(M,2,sum) #对每一列进行求和
[1]  3  7 11 15
```

（2）对缺失值进行替换。

在数据挖掘中，通常面对的是大型数据库，它的变量有几十或上百个。因为一个变量值的缺失而放弃大量的其他变量值，这种删除是对信息的极大浪费，对此最常见的解决办法就是给缺失元素赋值。常用的赋值方式是利用变量均值或中位数来代替缺失值，这样做的优点在于不会减少样本信息，处理起来简单，但缺点在于当缺失数据不是随机出现的时会产生偏差。

以鸢尾花数据集 iris 为例进行演示。以下代码先将 40、80、120 号样本的变量 Sepal.Length

元素改成缺失值，再用变量 Sepal.Length 的平均值对缺失元素进行替换。

```
> # 替换缺失值
> iris1 <- iris[,c(1,5)]
> # 将 40、80、120 号样本的 Sepal.Length 变量值设置为缺失值
> iris1[c(40,80,120),1] <- NA
> # 利用均值替换缺失值
> iris1[c(40,80,120),1] <- round(mean(iris1$Sepal.Length,na.rm = T),1)
> # 查看以前的值和现在的值
> iris[c(40,80,120),1];iris1[c(40,80,120),1]
[1] 5.1 5.7 6.0
[1] 5.8 5.8 5.8
```

第 40 号样本的实际值与预测值误差太大，猜测不同种类的 Sepal.Length（花瓣长度）有明显区别。通过以下代码绘制按照 Speices（花的种类）进行分组的 Sepal.Length 箱线图，结果如图 5-3 所示。

```
> # 绘制箱线图
> plot(iris$Sepal.Length~iris$Species,col=heat.colors(3))
```

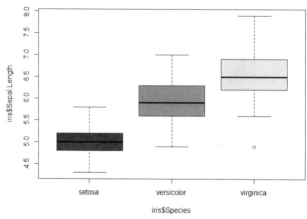

图 5-3　对花瓣长度分种类绘制箱线图

从箱线图可以看出，种类 setosa 的花瓣长度明显小于其他两个种类，所以利用全部非缺失值数据的平均值进行缺失元素替换的方法有改进的空间。以下代码利用同类均值进行赋值的方式来填补缺失值。

```
> # 将 40、80、120 号样本的 Sepal.Length 设置为缺失值
> iris1[c(40,80,120),1] <- NA
> iris1[40,1] <- round(mean(iris1[iris1$Species=='setosa','Sepal.Length'],
+                      na.rm = T),1)
> iris1[80,1] <- round(mean(iris1[iris1$Species=='versicolor','Sepal.Length'],
+                      na.rm = T),1)
> iris1[120,1] <- round(mean(iris1[iris1$Species=='virginica','Sepal.Length'],
+                      na.rm = T),1)
> # 查看以前的值和现在的值
> iris[c(40,80,120),1];iris1[c(40,80,120),1]
[1] 5.1   5.7   6.0
[1] 5.0   5.9   6.6
```

（3）对缺失值进行赋值。

使用均值、中位数对缺失元素进行替换的方法仅能用变量自身数据进行处理。实际工作中，很多数据集各变量是相互影响的，我们可以使用建模方式对变量缺失元素进行预测。此方法将通过诸如线性回归、逻辑回归、决策树、组合、贝叶斯定理、K-近邻算法、随机森林等算法去预测缺失值，也就是把缺失数据所对应的变量作为因变量，其他变量作为自变量，为每个需要进行缺失值赋值的字段分别建立预测模型。

以下代码使用 missForest 包的 missForest()函数对鸢尾花数据集进行缺失元素赋值，该函数将使用随机森林算法进行缺失值预测。

```
> # 利用missForest()函数进行缺失值赋值
> iris1 <- iris
> iris1[c(40,80,120),1] <- NA
> if(!require(missForest)) install.packages("missForest")
> mf_model <- missForest(iris1)
  missForest iteration 1 in progress...done!
  missForest iteration 2 in progress...done!
  missForest iteration 3 in progress...done!
> iris1_impute <- mf_model$ximp
> iris1_impute[c(40,80,120),1]
[1] 5.058220   5.157050   6.153167
> iris[c(40,80,120),1]
[1] 5.1   5.7   6.0
```

异常值判断及处理

5.2.2 异常值判断及处理

数据样本中的异常值（Outlier）通常是指一个离散型变量里某个类别值出现的次数太少，或者指一个数值型变量里某些取值太大或太小。忽视异常值的存在是十分危险的，把异常值加入数据计算分析过程中，很可能会干扰模型系数的计算和评估，从而严重降低模型的稳定性。

数值型变量的异常值是指样本中的个别值，其数值明显偏离其余样本的观测值。异常值也称为离群点，因此异常值分析也称为离群点分析。对异常值的分析方法主要有：简单统计量分析、3σ准则、箱线图分析、聚类分析。

1. 简单统计量分析

拿到一份数据，可以先对数据进行描述统计量分析，进而查看哪些数据不符合实际业务情况。常用的统计量主要是最大值和最小值，可用于判断这个变量中的数据是否超出了合理的范围。例如，用户付费率的正常水平是在0~1，如果超过1就属于异常情况，需要从数据后台进行排查，找出付费人数大于注册用户人数的原因。

2. 3σ准则

3σ准则又称为拉依达准则。如果数据服从正态分布，在3σ准则下，异常值被定义为一组测定值与平均值的偏差超过3倍标准差的值。在正态分布中σ代表标准差，μ代表均值。

3σ准则为：数值分布在$(\mu-\sigma, \mu+\sigma)$中的概率为 0.6826；数值分布在$(\mu-2\sigma, \mu+2\sigma)$中的概率为 0.9544；数值分布在$(\mu-3\sigma, \mu+3\sigma)$中的概率为 0.9973。距离平均值 3σ之外的值出现的概率小于 0.003，属于极个别的小概率事件，故称为异常值。

一款应用发展到稳定期，其留存率、付费率、每用户平均收入（Average Revence Per User，ARPU）、每付费用户平均收益（Average Revence Per Paying User，ARPPU）等指标应该处于一个相对稳定的水平，也就是说指标并无明显的趋势，既不是持续上涨，也不是持续下降，同时不会出现大幅波动。对于这一类型的指标，我们可以通过质量控制图来进行监控。质量控制图通过统计的均值μ和标准差σ的状况来衡量指标是否在稳定状态。同时选择3σ来确定一个正常波动的上下限范围（根据正态分布的结论，指标的数值落在$\mu\pm3\sigma$之间的概率是 99.73%），使用均值μ作为控制图的中心线（Center Line，CL），用μ+3σ作为控制上限（Upper Control Limit，UCL），用μ-3σ作为控制下限（Lower Control Limit，LCL）。其形式如图 5-4 所示。

在 R 语言中，qcc 包是专业绘制质量监控图的算法包，其核心是 qcc()函数。该函数的基础形

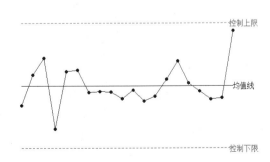

图 5-4　质量控制图

式为 qcc(data,type,size, nsigmas=3, plot=TRUE,…)。qcc()函数的主要参数如表 5-1 所示。

表 5-1　　　　　　　　　　　　　　qcc()函数的主要参数

参数	描述
data	样本数据
type	绘制的控制图类型如下。 "xbar"：Xbar（均值控制图）； "R"：Xbar-R（均值-极差控制图）； "S"：Xbar-S（均值-标准差控制图）； "xbar.one"：Xbar.one（单值-均值控制图）； "p"：P（用于可变样本量的转化率）； "np"：NP（用于固定样本量的转化率）； "c"：C（用于固定样本量的不合格数）； "u"：U（用于可变样本量的单位不合格数）
size	type 为"p" "np" "u"时需要设置
nsigmas	设置用于计算异常点的上限（UCL）、下限（LCL），默认为 3 倍标准差
plot	如果为 TRUE（默认）则输出结果，同时绘制质量控制图； 如果为 FALSE，则输出结果但不绘制质量控制图

收集了某电商平台 6 月每日的用户付费率数据（付费用户/登录客户）。以下代码使用 qcc()函数对付费率指标进行质量监控。

```
> # P质量控制图
> payrate <- read.csv("../data/用户付费数据.csv",T)
> head(payrate)
      日期   付费率
1 6月1日 0.0753
2 6月2日 0.0881
3 6月3日 0.0892
4 6月4日 0.0749
5 6月5日 0.0579
6 6月6日 0.0497
> # 绘制付费率的单值-均值质量控制图
> library(qcc)
> # 绘制付费率的单值-均值质量控制图
> library(qcc)
> attach(payrate)
> qcc(付费率,type="xbar.one",labels= 日期,
+         title="用户付费率的单值-均值质量监控图",
+         xlab="date",ylab="用户付费率")
List of 11
 $ call     : language qcc(data = 付费率, type = "xbar.one", labels = 日期, title = "用户付
费率的单值-均值质量监控图", xlab = "date| __truncated__
 $ type     : chr "xbar.one"
 $ data.name : chr "付费率"
 $ data     : num [1:30, 1] 0.0753 0.0881 0.0892 0.0749 0.0579 0.0497 0.0696 0.0628 0.055
0.0691 ...
  ..- attr(*, "dimnames")=List of 2
 $ statistics: Named num [1:30] 0.0753 0.0881 0.0892 0.0749 0.0579 0.0497 0.0696 0.0628 0.055
0.0691 ...
  ..- attr(*, "names")= chr [1:30] "6月1日" "6月2日" "6月3日" "6月4日" ...
 $ sizes    : int [1:30] 1 1 1 1 1 1 1 1 1 1 ...
 $ center   : num 0.076
 $ std.dev  : num 0.00454
 $ nsigmas  : num 3
 $ limits   : num [1, 1:2] 0.0624 0.0896
  ..- attr(*, "dimnames")=List of 2
```

```
$ violations:List of 2
- attr(*, "class")= chr "qcc"
```

由图 5-5 可知，一共有 3 天存在异常情况，其中在 5 日、6 日和 9 日的客户付费率低于 3
倍标准差的下限（LCL），说明这些
日期中的付费情况差于整体水平，需
引起运营人员的关注。

3. 箱线图分析

箱线图是常用来识别异常值的手段
之一，具有数据不要求服从正态性、鲁
棒性强等特性。但在箱线图中，我们只
能看到该变量有无异常点，而对异常点
的样本号及异常值不能在图中立即识
别，此时我们可以借助 boxplot.stats()函
数辅助进行单变量的异常检测。

boxplot.stats()函数可以实现单变量
异常检测，并且返回产生箱线图的统计
量。其表达形式为 boxplot.stats(x, coef =
1.5, do.conf = TRUE, do.out = TRUE)，参

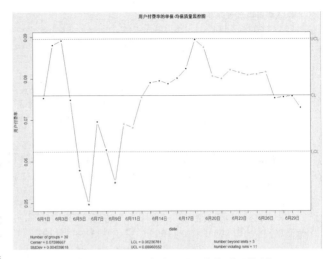

图 5-5 用户付费率的单值-均值质量控制图

数 coef 可以控制"胡须"延伸到箱线图外的距离，即多少倍的 IQR（四分位距），默认为 1.5。
在返回的结果中，有一个部分是 out，它给出了异常值的列表。

继续以用户付费率数据为例，以下代码通过 boxplot.stats( )函数识别异常值。

```
> attach(payrate)
> boxplot.stats(付费率)
$stats
[1] 0.0628 0.0730 0.0789 0.0815 0.0894
$n
[1] 30
$conf
[1] 0.07644803 0.08135197
$out
[1] 0.0579 0.0497 0.0550
```

通过查看 out 部分可知，一共有 3 个离群
点，其异常值分别为 0.0579、0.0497、0.0550。
接下来，我们通过 which()函数把异常值的下标
识别出来，再利用 boxplot()函数对结果进行可
视化。执行以下代码得到结果如图 5-6 所示。

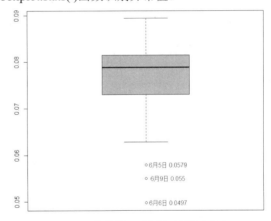

图 5-6 在箱线图上添加异常值信息

```
> # 查找异常值的下标
> idx <- which(付费率 %in% boxplot.stats(付费率)$out)
> # 查看异常值的下标集
> idx
[1] 5 6 9
> # 绘制箱线图
> boxplot(付费率,col='violet')
> # 通过 text()函数把异常值的日期和数值在图上显示
> text(1.1,boxplot.stats(付费率)$out,
+      labels=paste(payrate[idx,'日期'],payrate[idx,'付费率']),
+      col="darkgreen")
```

4. 聚类分析

前文所述的识别异常值的方法都是针对单个数值型变量而言，如果需要利用多个数值型变量
来决定样本是否属于异常值的话，我们可以使用聚类算法来检测异常。最常用的是使用 k 均值算
法，数据被分成 k 组，通过把它们分配到最近的聚类中心（簇中心）。然后，我们能够计算每个

对象到簇中心的距离（或相似性），并且选择最大的距离作为异常值。

以下代码先创建一个 100 行 2 列的矩阵 **M**，再利用聚类分析对这 100 条记录分成两群，并找出每个记录到各自簇中心的距离最大的 5 个异常点。

```
# 通过聚类进行异常检测
set.seed(1234)
M <- rbind(matrix(rnorm(100, sd = 0.3), ncol = 2),
            matrix(rnorm(100, mean = 1, sd = 0.3), ncol = 2))
colnames(M) <- c("x", "y")
cl <- kmeans(M, 2) # 将样本分为两群
centers <- cl$centers[cl$cluster,] # 给出每个样本所属类中心值
distances <- sqrt(rowSums((M-centers)^2)) # 计算每个样本与所属类中心的距离
outliers <- order(distances,decreasing = T)[1:5] # 对距离进行降序排序
print(outliers)
print(M[outliers,])
```

上面已经把离群点的下标识别出来，接下来通过可视化的手段对结果进行展示。执行以下代码得到的结果如图 5-7 所示。

```
> # 对结果进行可视化
> plot(M, col = cl$cluster)
> points(cl$centers, col = 1:2, pch = 8, cex = 2)
> points(M[outliers,],pch="+",col=4,cex=1.5)
```

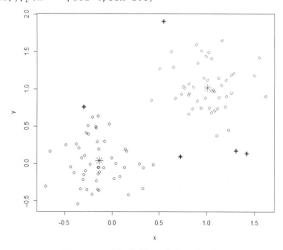

图 5-7　对聚类结果进行可视化

图 5-7 中的 5 个+就是通过 K-均值聚类算法识别出来的异常值。

5.3　数据变换

对于数据分析建模来说，数据变换是最常用也是最有效的一种数据处理技术。经过适当的数据转换后，我们才能将原始数据转换成适合建模的数据，模型的效果常常有明显的提升。正因如此，数据变换成了很多数据分析师在建模过程中常使用的数据处理手段之一。

数据分箱和数据
标准化

按照采用的变换方法和目的的不同，数据变换常用的有以下几类：

- 产生衍生变量。
- 数据分箱。
- 数据标准化。

产生衍生变量在第 4 章的数据转换中已经有介绍，本节不赘述。下面让我们来学习数据分箱和标准化处理的内容。

5.3.1 数据分箱

所谓"分箱"，实际上就是按照变量值划分的子区间，如果一个变量值处于某个子区间范围内，就称把该变量值放进这个子区间所代表的"箱子"内。

R 语言中可以用 cut()函数实现，其基本表达形式为：

```
cut(x, breaks, labels = NULL,include.lowest = FALSE,
    right = TRUE, dig.lab = 3,ordered_result = FALSE, …)
```

其中，参数 x 是数据向量，参数 breaks 是划分区间，参数 labels 指是否给不同区间指定标签，参数 include.lowest 指是否包含最小值，参数 right 指定闭区间方向。

以下代码先创建一个向量 age，包含 100 个数字，然后将其按照不同年龄段划分。划分标准如下：0（出生）～6 岁的为婴幼儿；7～12 岁的为少儿；13～17 岁的为青少年；18～45 岁的为青年；46～69 岁的为中年；大于 69 岁的为老年。

```
> set.seed(1234)
> age <- c(0,sample(0:99,99,replace = T))
> breaks <- c(0,6,12,17,45,69,Inf) # 划分区间
> age_cut <- cut(age,breaks = breaks) # 数据分箱
> table(age_cut) # 查看分箱结果
age_cut
   (0,6]    (6,12]   (12,17]   (17,45]   (45,69]  (69,Inf]
     10        5        4        23        29        28
```

其中，Inf 表示正无穷大，-Inf 表示负无穷大；默认分箱是左开右闭（right=TRUE），如果想得到左闭右开的结果，将参数 right 设置为 FALSE 即可。我们的最初目的是希望把 0 岁也归到婴幼儿阶段，但是目前情况是剔除了 0（include.lowest = FALSE），于是可将参数 include.lowest 设置为 TRUE 实现。

```
> age_cut1 <- cut(age,breaks = breaks,include.lowest = TRUE) # 设置为包含 0
> table(age_cut1)
age_cut1
   [0,6]    (6,12]   (12,17]   (17,45]   (45,69]  (69,Inf]
     11        5        4        23        29        28
```

更多时候，希望用标签去代替各个年龄段，解读性会更强。可以通过给参数 labels 赋值实现。

```
> label <- c('婴幼儿','少儿','青少年','青年','中年','老年')
> age_cut2 <- cut(age,breaks = breaks,labels = label,
+                 include.lowest = TRUE)
> table(age_cut2)
age_cut2
婴幼儿   少儿  青少年   青年   中年   老年
  11      5      4      23     29     28
```

5.3.2 数据标准化

数据标准化转换也是数据分析中常见的数据转换手段之一，数据标准化转换的主要目的是消除变量之间的量纲（各变量的数据范围差异）影响，将数据按照比例进行缩放，使之落入一个相同范围之内，让不同的变量经过标准化处理后可以有平等分析和比较的基础。如 k 均值聚类、层次聚类、主成分分析，一般基于距离的算法或模型都需要对原始数据进行标准化处理。常用的数据标准化转换是 Min-Max 标准化和零-均值标准化。

1. Min-Max 标准化

Min-Max 标准化应该是最简单的数据标准化转换，也叫离差标准化，是对原始数据的线性变换，将数值映射到[0,1]。转换公式如下：

$$x^* = \frac{x - min}{max - min}$$

其中，*max* 为样本数据的最大值，*min* 为样本数据的最小值。

2．零-均值标准化

数据符合标准正态分布，即均值为 0，标准差为 1，转换公式如下：

$$x^* = \frac{x - \mu}{\sigma}$$

其中，μ 为所有样本数据的均值，σ 为所有样本数据的标准差。

在 R 语言中，用 scale() 函数得到 Z-Score 标准化。其基本表达形式为：scale(x, center = TRUE, scale = TRUE)。

3．preProcess() 函数

caret 包中的 preProcess() 函数能非常灵活地实现数据标准化，其基本形式如下：

```
preProcess(x, method = c("center", "scale"), thresh = 0.95,pcaComp = NULL,
na.remove = TRUE,k = 5,knnSummary = mean,outcome = NULL,
        fudge = .2,numUnique = 3,verbose = FALSE,...)
```

各参数介绍如下。

- x：一个矩阵或数据框，对于非数值型变量将被忽略。
- method：指定数据标准化的方法，默认为 center 和 scale。其中 center 表示预测变量值减去均值；scale 表示预测变量值除以标准差，故默认标准化方法就是 (x-mu)/std。如果使用 range 方法，则数据标准范围为[0,1]，即 (x-min)/(max-min)。
- thresh：如果使用主成分分析（Principal Component Analysis，PCA）方法，该参数指定累计方差至少达到 0.95。
- pcaComp：如果使用主成分分析方法，该参数可指定保留的主成分个数，该参数的优先级高于 thresh。
- na.remove：默认剔除缺失值数据。
- k：如果使用 K-近邻算法填补缺失值的话，可以指定具体的 k 值，默认为 5。
- knnSummary：使用 k 个近邻的均值替代缺失值。
- outcome：指定数据集的输出变量。当使用 BOX-COX 变换数据时，该参数需要指定输出变量。
- fudge：指定 BOX-COX 变换的 lambda 值波动范围。
- numUnique：指定多少个唯一值需要因变量 y 估计 BOX-COX 转换。
- verbose：指定是否需要输出详细的结果。

以下代码以鸢尾花数据集 iris 为例，使用 preProcess() 函数进行演示。

```
> #采用(x-mu)/std 的标准化方法，与 scale()函数效果一样
> library(caret)
> standard <- preProcess(iris)
> head(predict(standard,iris))
  Sepal.Length  Sepal.Width   Petal.Length   Petal.Width   Species
1   -0.8976739    1.01560199    -1.335752     -1.311052     setosa
2   -1.1392005   -0.13153881    -1.335752     -1.311052     setosa
3   -1.3807271    0.32731751    -1.392399     -1.311052     setosa
4   -1.5014904    0.09788935    -1.279104     -1.311052     setosa
5   -1.0184372    1.24503015    -1.335752     -1.311052     setosa
6   -0.5353840    1.93331463    -1.165809     -1.048667     setosa
> head(scale(iris[,1:4]))
      Sepal.Length   Sepal.Width    Petal.Length   Petal.Width
[1,]    -0.8976739    1.01560199     -1.335752      -1.311052
[2,]    -1.1392005   -0.13153881     -1.335752      -1.311052
[3,]    -1.3807271    0.32731751     -1.392399      -1.311052
[4,]    -1.5014904    0.09788935     -1.279104      -1.311052
[5,]    -1.0184372    1.24503015     -1.335752      -1.311052
[6,]    -0.5353840    1.93331463     -1.165809      -1.048667
> # 采用(x-min(x))/(max(x)-min(x))的标准化方法
> standard <- preProcess(iris, method = 'range')
```

```
> head(predict(standard,iris))
  Sepal.Length  Sepal.Width  Petal.Length  Petal.Width  Species
1  0.22222222    0.6250000    0.06779661    0.04166667   setosa
2  0.16666667    0.4166667    0.06779661    0.04166667   setosa
3  0.11111111    0.5000000    0.05084746    0.04166667   setosa
4  0.08333333    0.4583333    0.08474576    0.04166667   setosa
5  0.19444444    0.6666667    0.06779661    0.04166667   setosa
6  0.30555556    0.7916667    0.11864407    0.12500000   setosa
> fun <- function(x) (x-min(x))/(max(x)-min(x))
> head(sapply(iris[,1:4],fun))
     Sepal.Length  Sepal.Width  Petal.Length  Petal.Width
[1,]  0.22222222    0.6250000    0.06779661    0.04166667
[2,]  0.16666667    0.4166667    0.06779661    0.04166667
[3,]  0.11111111    0.5000000    0.05084746    0.04166667
[4,]  0.08333333    0.4583333    0.08474576    0.04166667
[5,]  0.19444444    0.6666667    0.06779661    0.04166667
[6,]  0.30555556    0.7916667    0.11864407    0.12500000
```

dummyVars 函数

5.4　数据哑变量处理

哑变量（Dummy Variable）也叫虚拟变量，引入哑变量的目的是将不能够定量处理的变量量化，如性别、年龄、职业等。根据这些变量的因子水平，构建只取 0 或 1 的人工变量，通常称为哑变量。举一个例子，假如变量"性别"的取值为：男性、女性。我们可以增加 2 个哑变量来代替"性别"这个变量，分别为性别.男性(1=男性/0=女性)、性别.女性(1=女性/0=男性)。

在研究变量间关系或者建模时可能都需要引入哑变量，例如在线性回归分析中引入哑变量的目的是考察定性因素对因变量的影响。

假如有一份数据集 customers，包括 id、gender、mood 和 outcome 变量，其中 gender 和 mood 都是因子型变量，以下代码可将数据集 customers 进行哑变量处理。

```
> # 构建 customers 数据集
> customers<-data.frame(id=c(10,20,30,40,50),
+                       gender=c("male","female","female","male","female"),
+                       mood=c("happy","sad","happy","sad","happy"),
+                       outcome=c(1,1,0,0,0))
> customers
  id gender  mood  outcome
1 10   male happy        1
2 20 female   sad        1
3 30 female happy        0
4 40   male   sad        0
5 50 female happy        0
> # 对因子型变量进行哑变量处理
> # 创建新数据框 customers.new
> customers.new <- customers[,c('id','outcome')]
> # 对 gender 变量进行哑变量处理
> customers.new$gender.male <- ifelse(customers$gender=='male',1,0)
> customers.new$gender.female <- ifelse(customers$gender=='female',1,0)
> # 对 mood 变量进行哑变量处理
> customers.new$mood.happy <- ifelse(customers$mood=='happy',1,0)
> customers.new$mood.sad <- ifelse(customers$mood=='sad',1,0)
> customers.new
  id outcome gender.male gender.female mood.happy mood.sad
1 10       1           1             0          1        0
2 20       1           0             1          0        1
3 30       0           0             1          1        0
4 40       0           1             0          0        1
5 50       0           0             1          1        0
```

如果我们进行哑变量处理的因子变量很多，且因子水平不止 2 个时，利用以上方法处理就会显得略微麻烦。

接下来给大家介绍一个专门进行哑变量处理的函数，它就是 caret 包中的 dummyVars()函数。其基本表达形式为：

```
dummyVars(formula, data, sep = ".", levelsOnly = FALSE, fullRank = FALSE, ...)
```

其中，formula 表示模型公式；data 是需要处理的数据集；sep 表示列名和因子水平间的连接符号；levelsOnly 默认是 FALSE，当它为 TRUE 时表示仅用因子水平表示新列名；fullRank 默认是 FALSE，当它为 TRUE 时表示进行虚拟变量处理后不需要出现代表相同意思的 2 列。

以下代码利用 dummyVars()函数对数据集 customers 进行哑变量处理。

```
> # 加载 caret 包到内存
> library(caret)
> # 查看 customers 的数据结构
> str(customers)
'data.frame' : 5 obs. of  4 variables:
 $ id     : num 10 20 30 40 50
 $ gender : Factor w/ 2 levels "female","male": 2 1 1 2 1
 $ mood   : Factor w/ 2 levels "happy","sad": 1 2 1 2 1
 $ outcome : num 1 1 0 0 0
> # 利用 dummyVars()函数对 customers 数据进行哑变量处理
> dmy<-dummyVars(~.,data=customers)
> # 对自身变量进行预测，并转换成 data.frame 格式
> trsf<-data.frame(predict(dmy,newdata=customers))
> # 查看转换结果
> trsf
   id gender.female gender.male mood.happy mood.sad outcome
1 10             0           1          1        0       1
2 20             1           0          0        1       1
3 30             1           0          1        0       0
4 40             0           1          0        1       0
5 50             1           0          1        0       0
```

简单两行命令就完成了对数据集 customers 哑变量的转换任务。细心的读者可能已经发现，变量 id 和 outcome 是数值型，变量 gender 和 mood 是因子型，转换结果是变量 id 和 outcome 没有变化，即只对变量 gender 和 mood 进行了哑变量处理。这说明 dummyVars()函数会自动去判断变量类型，根据变量类型而决定是否进行哑变量处理。

以下代码我们将变量 outcome 转换成因子型，再次执行查看转换结果。

```
> # 将 outcome 变量转换成因子型变量
> customers$outcome <- as.factor(customers$outcome)
> # 利用 dummyVars 函数对 customers 数据进行哑变量处理
> dmy<-dummyVars(~.,data=customers)
> # 对自身变量进行预测，并转换成 data.frame 格式
> trsf<-data.frame(predict(dmy,newdata=customers))
> # 查看转换结果
> trsf
   Id gender.female gender.male mood.happy mood.sad outcome.0 outcome.1
1 10             0           1          1        0         0         1
2 20             1           0          0        1         0         1
3 30             1           0          1        0         1         0
4 40             0           1          0        1         1         0
5 50             1           0          1        0         1         0
```

从运行结果可知，变量 outcome 已经拆分成两列：outcome.1 和 outcome.0。

当然，也可以指定 customer 数据中的某一列进行哑变量处理。以下代码只对变量 gender 进行哑变量处理，其他因子变量都不进行转换。

```
> # 只对 gender 变量进行哑变量转换
> dmy.gender <- dummyVars(~gender,data=customers)
> trsf.gender <- data.frame(predict(dmy.gender,newdata=customers))
> trsf.gender
  gender.female gender.male
1             0           1
2             1           0
3             1           0
```

```
4                    0              1
5                    1              0
```

对于两分类的因子变量,我们在进行虚拟变量处理后可能不需要出现代表相同意思的两列(例如:gender.female 和 gender.male 只需要出现一列即可代表样本记录是女性还是男性)。这时可以将 dummyVars()函数中的参数 fullRank 设置为 TRUE。以下代码实现只新增男性列,且列名只用因子水平表示,此时将参数 levelsOnly 设置为 TRUE 即可。

```
> # 将 levelsOnly 和 fullRank 设置为 TRUE
> customers<-data.frame(id=c(10,20,30,40,50),
+                       gender=c("male","female","female","male","female"),
+                       mood=c("happy","sad","happy","sad","happy"),
+                       outcome=c(1,1,0,0,0))
> dmy<-dummyVars(~.,data=customers,levelsOnly=TRUE,fullRank=TRUE)
> trsf<-data.frame(predict(dmy,newdata=customers))
> trsf
  id male sad outcome
1 10    1   0       1
2 20    0   1       1
3 30    0   0       0
4 40    1   1       0
5 50    0   0       0
```

5.5　本章小结

在本章中,介绍了利用 SMOT()函数对类失衡数据处理的方法,讲解了 sample()函数与 creatDataPartition()函数在数据抽样时的区别。在数据质量分析中,讲解了缺失值和异常值的判别及处理技巧。此外,还介绍了常用的数据变换和哑变量处理函数。

5.6　本章练习

一、多选题

1. 常用的数据变换手段有(　　)。
   A. 产生衍生变量
   B. 标准化变换
   C. 连续型离散化变换
   D. 改善变量分布的变换

2. 数据清洗常用在以下哪些方面?(　　)
   A. 数据不一致情况
   B. 统一维度编码
   C. 异常值处理
   D. 缺失值处理

3. 异常值判断及处理常用手段有(　　)。
   A. 简单统计分析
   B. 3sigma 原则
   C. 箱型图分析
   D. 聚类分析
   E. LOF(局部异常因子)检测异常值

4. 识别缺失值常用函数有(　　)。
   A. is.na()函数
   B. is.NA()函数
   C. complete.cases()函数
   D. complete.case()函数

二、上机题

1. 导入贷款数据 accepts.csv 到 R 中,对数据集 accepts 按照变量 bad_ind 进行等比例分析,分成 75%、25%两份。

2. 对缺失值模式进行探索,利用表格和可视化的方式进行展示。

R 语言除了拥有良好的数据处理和分析能力外，在数据的展现方面也有其灵活和强大的应用优势。由于图形对分析结果的表达往往更简单、直观，所以对于优秀的分析报告而言，将分析结果以适当的图形方式展示，所带来的沟通效果和说服力会更佳。

R 语言拥有强大的制图功能：不仅有 base 包、lattcie 包、ggplot2 包可对复杂数据进行可视化，更有 rCharts 包、recharts 包、plotly 包可实现数据交互可视化，甚至可以利用功能强大的 shiny 包实现 R 语言与 Web 整合部署，构建网页应用，帮助不懂 CSS、HTML 的用户利用 R 语言快速搭建数据分析网页应用。

R 语言基础绘图

本章重点介绍用 base 包绘制各种专业图形，并向图形中添加不同元素的方法，让图形传递更多的信息。R 语言 base 包的绘图函数可以分为高级绘图函数与低级绘图函数两大类。

高级绘图函数的主要特性如下：

- 创建新图形的命令，运行代码会在新窗口中创建一个图形。
- 如果 add=TRUE（默认为 FALSE），则在当前活动窗口中将新建图形叠加至原有图形中。
- 在基础包中，常用的高级函数有 plot()（散点图/曲线图）、barplot()（柱形图/条形图）、hist()（直方图）、pie()（饼图）等。

低级绘图函数的主要特性如下：

- 运行代码后会在现有活动窗口中添加点（points）、线（lines/abline/segments/arrows）、文字（text）等图形绘图元素。
- 添加图例（legend）、坐标轴标题（title）的正标题或副标题等提示说明绘图元素。
- 因为低级绘图函数必须存在于高级绘图函数中，所以在使用低级绘图函数前，要先使用高级绘图函数创建一个图形。

6.1　图形三要素

颜色参数设置及
主题函数

R 语言是一个功能强大的图形构建平台，可以逐条输入语句构建图形元素（颜色、文本、点线），逐渐完善图形，直至得到想要的结果。

更改图形参数有两种方式，一种是直接在绘图函数中设置参数，这种方式只影响当前绘图；另一种是通过 par() 函数设置，这种方式会影响当前绘图界面上的所有图形。

6.1.1　颜色元素

RColor Brewer
扩展包

R 语言可以通过设置绘图参数 col，改变图像、坐标轴、文字、点、线等的颜色。例如我们对数据集 women 绘制红色散点图，只需将 plot() 函数的参数 col

设置为"red"，运行以下代码得到结果如图 6-1 所示。

```
> plot(women,col="red") # 通过颜色名称设置散点颜色
```

除了利用颜色赋值外，也可以通过代表颜色的数字、十六进制的颜色值和 RGB 值等方式对参数 col 赋值。以下代码可以实现和图 6-1 相同的效果。

```
> plot(women,col=554)          # 通过代表颜色的数字设置
> plot(women,col="#FF0000")    #通过十六进制的颜色值设置
> mycolor<- rgb(red=255,green=0,blue=0,max=255)
> plot(women,col=mycolor)      # 通过 RGB 值设置
```

除了利用参数 col 设置绘图颜色外，也可以通过其他参数来设置图形的前景色、背景色、标题颜色、坐标轴颜色等。用于指定颜色的参数及描述如表 6-1 所示。

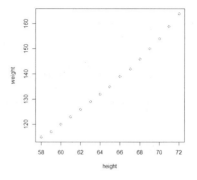

图 6-1　绘制红色散点图

表 6-1　　　　　　　　　　　　　用于指定颜色的参数及描述

参数	描述
col	默认的绘图颜色
fg	图形的前景色
bg	图形的背景色
col.axis	坐标轴刻度文字的颜色
col.lab	坐标轴标签的颜色
col.main	主标题的颜色
col.sub	副标题的颜色

对图 6-1 增加主标题、副标题，且将主标题的颜色设置为绿色，副标题的颜色设置为蓝色，x 轴坐标的刻度文字颜色设置为灰色，刻度标签设置为黄色。运行以下代码得到结果如图 6-2 所示。

```
> plot(women,main="身高 VS 体重 散点图", sub="数据
来源: women 数据集",
+    col="red",col.main="green",col. sub="blue",
+    col.axis="grey",col.lab="yellow")
```

R 语言提供了自带的固定颜色，可通过 colors() 函数查看固定颜色，该函数可以生成 657 种颜色名称，代表 657 种颜色。

除了固定颜色选择外，R 语言本身也提供特定颜色主题的配色方案。这些配色方案用一系列渐变的颜色表现特定的主题，如 rainbow()、heat.colors()、terrain.colors()、topo.colors()、cm.colors()、gray()等函数。常用主题函数及描述如表 6-2 所示。

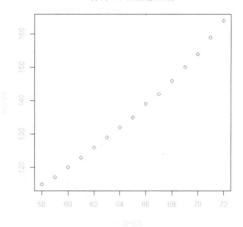

图 6-2　对图形其他参数进行设置

表 6-2　　　　　　　　　　　　　　常用主题函数及描述

主题函数	描述
rainbow()	彩虹的颜色，是由"赤、橙、黄、绿、青、蓝、紫"一系列颜色组成
heat.colors()	从红色渐变到黄色，再变到白色
terrain.colors()	从绿色渐变到黄色，再到棕色，最后到白色
topo.colors()	从蓝色渐变到青色，再到黄色，最后到棕色

续表

主题函数	描述
cm.colors()	从青色渐变到白色，再到粉红色
gray()	从黑到白的渐变过程，参数值范围在[0,1]

运行以下代码，得到 6 个由不同主题函数绘制的柱状图，如图 6-3 所示。

```
> # 主题颜色
> par(mfrow=c(3,2))
> barplot(rep(1,7),col=rainbow(7),main="barplot(rep(1,7),col=rainbow(7))",axes=F)
> barplot(rep(1,7),col=heat.colors(7),main="barplot(rep(1,7),col=heat.colors(7))",axes=F)
> barplot(rep(1,7),col=terrain.colors(7),main="barplot(rep(1,7),col=terrain.colors(7))", axes=F)
> barplot(rep(1,7),col=topo.colors(7),main="barplot(rep(1,7),col=topo.colors(7))",axes=F)
> barplot(rep(1,7),col=cm.colors(7),main="barplot(rep(1,7),col=cm.colors(7))",axes=F)
> barplot(rep(1,7),col=gray(0:6/6),main="barplot(rep(1,7),col=gray(0:6/6))",axes=F)
> par(mfrow=c(1,1))
```

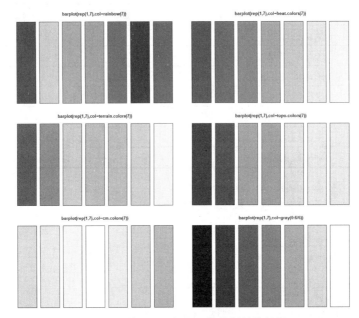

图 6-3　利用不同主题函数绘制的柱状图

R 语言作为经典的数据可视化语言，很大的优势在于它的扩展包（如经典的 RColorBrewer 包）提供了丰富的颜色主题方案。RColorBrewer 包提供了 3 套很好的配色方案。用户只需要指定配色方案的名称，就可以使用 brewer.pal()函数生成颜色。这 3 套配色方案如下。

- 连续型（Sequential）：生成一系列连续渐变的颜色，通常用来标记连续型数值的大小。
- 极端型（Diverging）：生成用深色强调两端、浅色标示中部的系列颜色，可用来标记数据中的离群点。
- 离散型（Qualitative）：生成一系列彼此差异比较明显的颜色，通常用来标记离散型数据。

运行 display.brewer.all()函数可显示不同调色板，当参数 type 为 seq 时显示连续型，为 div 时显示极端型，为 qual 时显示离散型，为 all 时同时显示这 3 套配色方案。运行以下代码得到 3 套配色方案结果如图 6-4 所示。

```
> if(!require(RColorBrewer)) install.packages("RColorBrewer")
> par(mfrow=c(3,1))
> display.brewer.all(type = "seq")
> title('seq连续型：共18组颜色，每组分为9种渐变颜色展示')
> display.brewer.all(type = "div")
```

```
> title("div 极端型: 共 9 组颜色, 每组为 11 种渐变颜色展示")
> display.brewer.all(type = "qual")
> title("qual 离散型: 共 8 组颜色, 每组渐变颜色数不尽相同")
> par(mfrow=c(1,1))
```

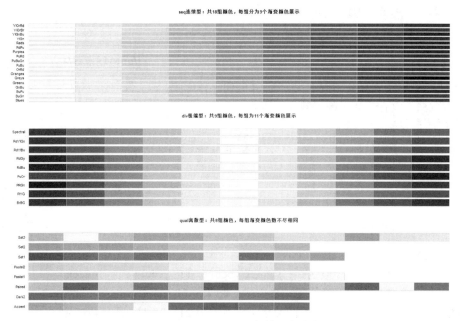

图 6-4 RColorBrewer 包的配色方案

利用 brewer.pal()函数可以提取调色板的系列颜色, 其中参数 n 表示要提取的颜色种数, name 表示调色板名称。比如想利用 qual 离散型中的"Set1"调色板给鸢尾花数据集 iris 按照 Speicise 分组的 Sepal.Length 箱线图进行颜色填充, 运行以下代码得到结果如图 6-5 所示。

```
> attach(iris)
> boxplot(Sepal.Length~Species,col=brewer.pal(3,'Set1'))
```

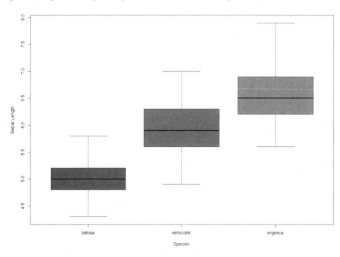

图 6-5 利用"Set1"色板对箱线图进行填充

6.1.2 文字元素

文字元素可以设置的参数一般包括: 字体(font)、颜色(col)、大小(cex)。

文字元素

99

颜色在 6.1.1 小节已经介绍过，这里重点讲解如何设置文字的字体和大小。

可以通过参数 font 来设置字体。font 取值是一个整数，分别用 1、2、3、4 来表示正常体、粗体、斜体和粗斜体。

可以通过参数 cex 来设置文字的大小。cex 取值是一个实数，默认为 1，表示不缩放；取值小于 1 时，表示缩小；取值大于 1 时，表示放大。

以下代码显示了 font 分别取 1、2、3、4 时的字体样式，cex 分别取 0.5、1、1.5、2 时的文字大小样式，如图 6-6 所示。

图 6-6　设置文字字体和大小样式

```
# 字体和大小
plot(0:4,type="n",axes=F,xlab=NA,ylab=NA)
type <- c("正常字体(默认)","粗体字体","斜体字体","粗斜体字体")
for(i in 1:4){
    text(2,5-i,font=i,cex=i/2,
        labels = paste0("font=",i,":",type[i],";cex=",i/2,"放大",i/2,"倍"))
}
```

6.1.3　点线元素

1．点元素

点元素可以设置的参数一般包括：点样式（pch）、颜色（col）、大小（cex）等。颜色和大小等在前面已经介绍了，接下来一起来学习点样式 pch。

参数 pch（点样式）可取 0～25 的数字，当取值为 21～25 时，还可以指定边界颜色（col）和填充色（bg）。此外，参数 pch 也可以是双引号里的单个字符。例如 pch 的取值可以为*、？、a、A、0、.、+、-、|。执行以下代码得到结果如图 6-7 所示。

```
> # 点元素
> plot(1,col="white",xlim=c(1,7),ylim=c(1,5),
+       main="点样式 cex=2,pch=",xlab=NA,ylab=NA,axes=FALSE)
> for(i in c(0:25)){
+     x<-(i %/% 5)*1+1
+     y<-6-(i%%5)-1
+     if(length(which(c(21:25)==i)>=1)){
+         points(x,y,pch=i,col="blue",bg="yellow",cex=2)
+     } else {
+         points(x,y,pch=i,cex=2)
+     }
+     text(x+0.2,y,labels=i,font=2)
+ }
> # pch 取值可以为*、？、a、A、0、.、+、-、|
> points(6,4,pch="*",cex=2);text(6+0.2,4,labels="\"*\"",font = 2)
> points(6,3,pch="?",cex=2);text(6+0.2,3,labels="\"?\"",font = 2)
> points(6,2,pch="a",cex=2);text(6+0.2,2,labels="\"a\"",font = 2)
> points(6,1,pch="A",cex=2);text(6+0.2,1,labels="\"A\"",font = 2)
> points(7,5,pch="0",cex=2);text(7+0.2,5,labels="\"0\"",font = 2)
> points(7,4,pch=".",cex=2);text(7+0.2,4,labels="\".\"",font = 2)
> points(7,3,pch="+",cex=2);text(7+0.2,3,labels="\"+\"",font = 2)
> points(7,2,pch="-",cex=2);text(7+0.2,2,labels="\"-\"",font = 2)
> points(7,1,pch="|",cex=2);text(7+0.2,1,labels="\"|\"",font = 2)
```

2．线元素

线元素可以设置的参数一般包括：线条样式（lty）、颜色（col）、粗细（lwd）等。其中线的粗细参数 lwd 与文本和点的大小 cex 相似，默认为 1，表示不缩放；取值小于 1 时，表示缩小；取值大于 1 时，表示放大。

线条样式（lty）主要指实线、虚线、点线、点划线等样式。参数 lty 的不同数值对应不同线条样式，如表 6-3 所示。

点样式 cex=2,pch=

□ 0	◇ 5	⊕ 10	■ 15	● 20	▽ 25	0 "0"
○ 1	▽ 6	✡ 11	● 16	○ 21	★ "*"	. "."
△ 2	⊠ 7	⊞ 12	▲ 17	□ 22	? "?"	+ "+"
+ 3	✳ 8	⊠ 13	◆ 18	◇ 23	a "a"	- "-"
× 4	⊕ 9	⊠ 14	● 19	△ 24	A "A"		"|"

图 6-7 设置 pch 参数不同值时的点样式

表 6-3   参数 lty 可指定的线条样式

数值	说明
0	不画线
1	实线
2	虚线
3	点线
4	点虚线
5	长虚线
6	双虚线

运行下面代码，可以查看参数 lty 取值为 0～6、lwd 取值为 0、1、1.5、2、2.5、3、3.5 时的线条样式，结果如图 6-8 所示。

```
> # 线元素
> plot(x=1:10,y=rep(1,10),type="l",lty=0,lwd=0,ylim=c(1,8),xlim=c(-1,10),
+      axes=F,xlab=NA,ylab=NA)
> text(0,1,labels="lty=0;lwd=0")
> for(i in 2:7){
+     lines(x=1:10,y=rep(i,10),lty=i-1,lwd = i/2,xlab=NA,ylab=NA)
+     text(0,i,labels=paste0("lty=",i-1,";lwd=",i/2))
+ }
```

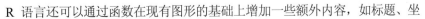

图 6-8 设置不同 lty 参数值的样式

title 函数

6.2 低级绘图函数

R 语言还可以通过函数在现有图形的基础上增加一些额外内容，如标题、坐标轴、图例、网格线点或文字等。这些函数在 R 语言中称为低级作图命令（low-level plotting command）。

6.2.1 标题

许多高级函数（如 plot()、barplot()、boxplot()、qqnorm()）允许在绘图时设置坐标轴和文本。以下代码在图形上添加了主标题（main）、副标题（sub）、坐标轴标签（xlab、ylab），结果如图 6-9 所示。

```
> boxplot(Sepal.Length~Species,col=heat.colors(3),
+        main=list("Sepal.Length 按照 Species 分类的箱线图",
+                  font=4,col="red",cex=1.5),
+        sub=list("数据来源: iris 数据集",font=3,
+                  col="green",cex=0.8),
+        xlab="Species",ylab="Sepal.Length")
```

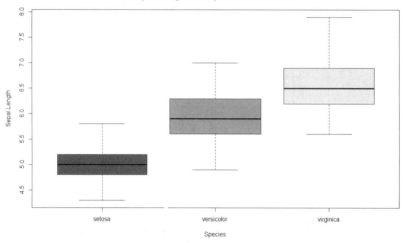

图 6-9　添加了主标题、副标题、坐标轴标签的箱线图

可以使用低级绘图函数 title() 为图形添加标题和坐标轴标签。其基本表达形式为：

```
title(main=NULL,sub=NULL,xlab=NULL,ylab=NULL,line=NA,outer=FALSE,...)
```

title() 函数常用参数及说明如表 6-4 所示。

表 6-4　　　　　　　　　　　　title() 函数常用参数及说明

参数	说明
main	设置主标题内容和文字属性
sub	设置副标题内容和文字属性
xlab	设置 x 轴标题内容和文字属性
ylab	设置 y 轴标题内容和文字属性
line	设置 line 的值可以将标签移到图外面
outer	设置 outer=TRUE 可以将标签放在外部边距中

执行以下代码可以得到与图 6-9 相同效果的箱线图。

```
> # title()函数
> boxplot(Sepal.Length~Species,col=heat.colors(3))
> title(main=list("Sepal.Length 按照 Species 分类的箱线图",
+                 font=4,col="red",cex=1.5),
+       sub=list("数据来源: iris 数据集",font=3,
+                col="green",cex=0.8),
+       xlab="Species",ylab="Sepal.Length")
```

由上可见，我们对标题的多个参数进行赋值时，是以 list 形式承载的。也可以先使用 main="

主标题"，设置主标题内容，再通过 font.mian、col.main、cex.main 设置主标题文字的样式、颜色和大小。执行以下代码可得到与图 6-9 相同效果的箱线图。

```
> boxplot(Sepal.Length~Species,col=heat.colors(3))
> title(main="Sepal.Length 按照 Species 分类的箱线图",
+       font.main=4,col.main="red",cex.main=1.5,
+       sub="数据来源: iris 数据集",font.sub=3,
+       col.sub="green",cex.sub=0.8,
+       xlab="Species",ylab="Sepal.Length")
```

axis 函数

6.2.2　坐标轴

在高级绘图函数中一般都有用于设置坐标轴展示和范围的参数 axes、xlim 和 ylim。其中 axes 是逻辑参数，如果 axes 为 TRUE（默认），则显示 x 轴和 y 轴，如果 axes 为 FALSE，则隐藏 x 轴和 y 轴；参数 xaxt 为"n"或 yaxt 为"n"则将分别隐藏 x 轴或 y 轴；参数 xlim、ylim 用于设置 x 轴、y 轴范围。

低级绘图函数 axis()可以在图形上、下、左、右 4 个边上设置坐标轴，并设置坐标轴的范围或刻度标记等。其基本表达形式为：

```
axis(side,at=NULL,labels=TRUE,tick=TRUE,line=NA,pos=NA,outer=FALSE,
     font=NA,lty="solid",lwd=1,lwd.ticks=lwd,col=NULL,col.ticks=NULL,
     hadj=NA,padj=NA,...)
```

axis()函数主要参数及说明如表 6-5 所示。

表 6-5　　　　　　　　　　　axis()函数主要参数及说明

参数	说明
side	整数值，设置坐标轴所在的边。当取值为 1、2、3、4 时，分别表示坐标轴处于下、左、上、右边
at	通过向量来设置坐标轴内各刻度标记的位置，参数 at 要与 labels 向量一一对应
labels	逻辑值或向量。如果是逻辑值，设置刻度上是否要加上数值注释；如果是向量，其中的每个值就是一个刻度的标签，要与 at 向量一一对应
tick	逻辑值。如果 tick 为 TRUE（默认），则画出坐标轴；如果 tick 为 FALSE，则不画坐标轴，此时并不影响刻度标记 labels 的展示
line	如果不是 NA 绘制边缘的行数
pos	坐标轴绘制位置的坐标，与另一条坐标轴相交位置的值
outer	逻辑值，设置坐标轴是否画在外部边距中。outer 为 FALSE 表示把坐标轴画在标准边距中
font	坐标轴文字的字体
lty	坐标轴和刻度的线条类型
lwd	坐标轴线条宽度
lwd.ticks	刻度标记线条宽度
col	坐标轴线条颜色
col.ticks	刻度颜色
hadj	调整标签的平行阅读方向
padj	调整标签的正交阅读方向

利用高级绘图函数 boxplot()对数据集 iris 绘制箱线图，将参数 axes 设置为 FALSE 隐藏 x 轴和 y 轴，然后利用低级绘图函数 axis()对 x 轴和 y 轴进行详细设置。执行以下代码得到的结果如图 6-10 所示。

```
> #加载 iris 数据到内存
> attach(iris)
> #绘制箱线图
```

```
> boxplot(Sepal.Length~Species,col=heat.colors(3),
+        axes=FALSE,xlab="Species",ylab="Sepal.Length")
> #设置 x 轴样式
> axis(side=1,at=1:3,labels=unique(Species),col.axis="red",tick=FALSE)
> #设置 y 轴样式
> axis(side=2,col.ticks="gold",font=3,col="blue")
```

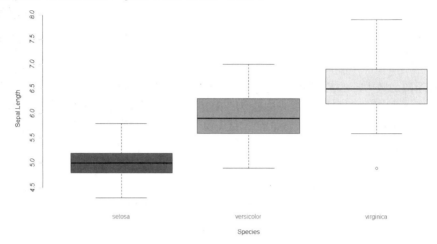

图 6-10　通过 axis()函数调整 x 轴和 y 轴样式

side=1 表示设置 x 轴，col.axis="red"表示将 x 轴刻度标记颜色设置为红色，tick=FALSE 表示不显示坐标轴；side=2 表示设置 y 轴，font=3 表示 y 轴字体是斜体，col="blue" 表示 y 轴线条是蓝色，col.ticks="gold"表示将刻度颜色设置为金色。

图例及网格线

6.2.3　图例

当图形中包含的数据不止一组时，通常会使用不同的颜色进行区分，并且使用图例说明不同颜色代表的组别。图例中既包含文字，也包含点和线元素。可以利用 legend()函数来对图例参数进行设置。legend()函数的基本表达形式为：

```
legend(x,y=NULL,legend,fill=NULL,col=par("col"),
       border="black",lty,lwd,pch,
       angle=45,density=NULL,bty="o",bg=par("bg"),
       box.lwd=par("lwd"),box.lty=par("lty"),box.col=par("fg"),
       pt.bg=NA,cex=1,pt.cex=cex,pt.lwd=lwd,
       xjust=0,yjust=1,x.intersp=1,y.intersp=1,
       adj=c(0,0.5),text.width=NULL,text.col=par("col"),
       text.font=NULL,merge=do.lines&&has.pch,trace=FALSE,
       plot=TRUE,ncol=1,horiz=FALSE,title=NULL,
       inset=0,xpd,title.col=text.col,title.adj=0.5,
       seg.len=2)
```

legend()函数的常用参数及说明如表 6-6 所示。

表 6-6　　　　　　　　　　　legend()函数常用参数及说明

参数	说明
x 和 y	图例的坐标位置，除了使用参数 x 和 y 外，也可以使用"bottomright"、"bottom"、"bottomleft"、"left"、"topleft"、"top"、"topright"、"right"和"center"等表示位置的英文单词
legend	一个字符向量，表示图例中的文字
fill	字符向量，设置每个图例标签的颜色
col	图例中点/线的颜色
lty	图例中线条的类型

参数	说明
lwd	图例中线条的宽度
pch	向量，图例中的点符号
bty	图例边框的类型
bg	图例边框的背景色
horiz	图例的摆放方式，为 FALSE（默认）时，图例垂直排列；为 TRUE 时，图例水平排列
title	设定图例的标题
ncol	设置图例的列数
adj	图例文字的对齐方式

下面让我们来看对 1940 年弗吉尼亚州的死亡率（VADeaths）作分组柱状图的例子。执行以下代码得到的结果如图 6-11 所示。

```
> #绘制分组柱状图
> barplot(VADeaths,beside=TRUE,col=cm.colors(5))
> #添加图例
> legend("top",legend=rownames(VADeaths),
+        ncol=5,fill=cm.colors(5),bty="n")
```

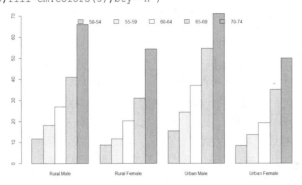

图 6-11　通过 legend()函数设置图例

将图例摆放在 top 位置，图例内容为数据集 VADeaths 的行名称，图例列数设置为 5，每个图例标签的颜色设置与柱子对应的类别颜色相同，最后不要图例边框。

6.2.4　网格线

使用 grid()函数可以在图形中添加网格线，其参数中的 ny 用于设置水平网格的数目，nx 用于设置垂直网格的数目，设置为 NA 时，表示不绘制相应的网格线。参数 lwd、lty 和 col 分别用于设置网格线的宽度、样式和颜色。

继续以 VADeaths 为例，执行以下代码得到的结果如图 6-12 所示。

```
> op <- par(mfcol=1:2)
> barplot(VADeaths,beside = TRUE,col=cm.colors(5),
+         main="plot VADeaths with grid()")
> grid()
> barplot(VADeaths,beside = TRUE,col=cm.colors(5),
+         main="plot VADeaths with grid(NA,7,lty=2,lwd=1.5,col='green')")
> grid(NA,7,lty=2,lwd=1.5,col="green")
> par(op)
```

图 6-12（a）用的是 grid()函数的默认参数，将会同时绘制水平和垂直的网格线，颜色默认是深灰色，线型是点线；图 6-12（b）不绘制垂直网格线（nx=NA），而绘制 6 条水平网格线（ny=7），并将线型绘制为虚线（lty=2），粗细为默认的 1.5 倍（wd=1.5），颜色为绿色（col='green'）。

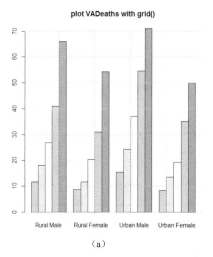
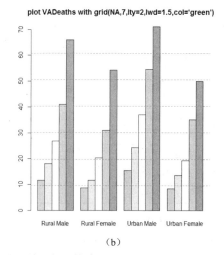

图 6-12　通过 grid()函数添加网格线

6.2.5　点

通过低级绘图函数 points()可以在图上绘制点，其基本表达形式为：

```
points(x, y = NULL, type = "p", ...)
```

使用这个函数可以很方便地在已有的图形上加点。参数 x 是横坐标位置，参数 y 是纵坐标位置，可以设置向量来代表多个点的位置。参数 type 有 9 种取值，分别代表不同的样式："p"表示画点（默认）；"l"表示画线；"b"表示同时画点和线，但点线不相交；"c"表示将 type="b"中的点去掉，只剩下相应的线条部分；"o"表示同时画点和线，且相互重叠（这是与 type="b"的区别）；"h"表示画铅垂线；"s"表示画阶梯线，从一点到下一点时，先画水平线，再画垂直线；"S"也是画阶梯线，但从一点到下一点是先画垂直线，再画水平线；"n"表示做一幅空图。大部分 plot()函数的参数都适用于 points。最常用的参数是 col（设置点的颜色）、bg（设置点的背景色）、pch（设置点的符号）、cex（设置点的大小）和 lwd（设置符号边框线条的宽度）。

创建一个数据对象 data，它包含服从均值为 0、标准差为 1 的呈正态分布的 100 个点，另外还有服从均值为 4、标准为 1 的呈正态分布的 3 个点。接下来我们对 data 绘制箱线图，并利用 points()函数将异常值用黄色点标记出来。执行如下代码得到结果如图 6-13 所示。

```
> set.seed(1234)
> data <- c(rnorm(100,mean=0,sd=1),rnorm(3,mean=4,sd=1))
> boxplot(data,col="violet",ylim=c(-4,5),outline=F)
> points(rep(1,3),data[101:103],pch=21,bg="yellow",cex=1.2)
```

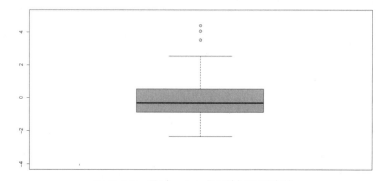

图 6-13　通过 points()函数标识异常值

6.2.6　文字

可以使用 text()函数在图形基础上添加文字。其基本表达形式为：

```
text(x,y=NULL,labels=seq_along(x),adj=NULL,pos=NULL,offset=0.5,vfont=NULL,
    cex=1,col=NULL,font=NULL,...)
```

text()函数的常用参数及说明如表 6-7 所示。

表 6-7　　　　　　　　　　　text()函数常用参数及说明

参数	说明
x,y	设置文字的位置坐标
labels	字符向量，设置放到图形中的文字
adj	数值向量，有一个或两个值（介于 0～1）。如果设置的是一个值，表示横向对齐。如果设置了两个值，第一个表示横向对齐，第二个表示纵向对齐
pos	数值，设置文字的位置。pos=1 表示下方，pos=2 表示左侧，pos=3 表示上方，pos=4 表示右侧
offset	数值，设置标签的偏移量，单位是字符宽度（只有使用了 pos 时才生效）
vfont	两个元素的字符向量，设置标签的字体
cex	设置文字的大小
col	设置文字的颜色
font	设置文字的字体

如果想将图 6-13 中的异常值用"异常值"文字标明。只需要增加如下代码即可，结果如图 6-14 所示。

```
> #pos=4 表示在右侧
> text(rep(1,3),data[101:103],pos=4,label=
paste0("异常值",data[101:103]))
```

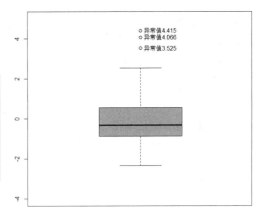

图 6-14　通过 text()函数为异常值添加文字

6.2.7　线

1. lines()函数绘制曲线

lines()函数可以在已有图形中添加曲线，其基本表达形式为 lines(x, y = NULL, type = "l", ...)。plot()函数的很多参数也可用于 lines()函数，较常用的参数包括 lty（线条类型）、lwd（线条宽度）、col（线条颜色）等。

由于绘制散点图的高级绘图函数 plot()没有参数 add，即在同一绘图窗口中不能使用两个 plot()函数，此时可以使用 lines()函数实现。

以 ggplot2 包自带的美国经济数据 economics 为例，先利用 plot()函数绘制个人储蓄率随时间变化的时序图，再利用 lines()函数在图上增加一周内平均失业持续时间的曲线。运行以下代码得到结果如图 6-15 所示。

```
> data(economics, package="ggplot2")
> attach(economics)                        #将 economics 加载到内存
> plot(date,psavert,type="l",ylab="",ylim=c(0,26))  #绘制 psavert 随时间变化的时序图
> lines(date,uempmed,type="l",col="blue")   #绘制 uempmed 曲线，并设置为蓝色
> detach(economics)                        #将 economics 从内存中移除
```

2. abline()函数绘制直线

使用 abline()函数可以在已有图形中添加直线。abline()函数的基本表达形式为：

```
abline(a=NULL,b=NULL,h=NULL,v=NULL,reg=NULL,coef=NULL,untf=FALSE,...)
```

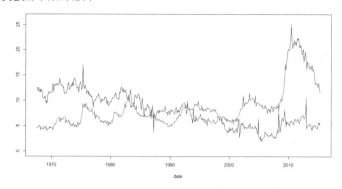

图 6-15　通过 lines() 函数在图上添加曲线

abline() 函数的参数及说明如表 6-8 所示。

表 6-8　　　　　　　　　　　　abline 函数的参数及说明

参数	说明
a	直线截距
b	直线的斜率
h	画水平线时的纵轴值
v	画垂直线时的横轴值
reg	设置一个带 coef 的对象
coef	用 coef 提取系数（包含斜率和截距）的 R 对象

运行以下代码，将在散点图上增加一条线性拟合直线，结果如图 6-16 所示。

```
> attach(iris)
> # 绘制一幅简单的散点图
> plot(Petal.Length~Petal.Width)
> # 绘制 Petal.Length 变量均值的水平线
> abline(h=mean(Petal.Length),col="gray60")
> # 绘制 Petal.Width 变量均值的垂直线
> abline(v=mean(Petal.Width),col="gray60")
> # 绘制拟合直线
> abline(lm(Petal.Length~Petal.Width),
+         col="red",lwd=2,lty=3)
> detach(iris)
```

6.3　高级绘图函数

大部分高级绘图函数均有参数 add（plot() 函数没有）。如果 add=FALSE（默认），则在新窗口中创建一个图形；如果

高级绘图函数

图 6-16　通过 abline() 函数在图上添加直线

add=TRUE，则在当前活动窗口中的原有图形上叠加图形。在基础包中，R 语言提供了绘制常见图形的工具，包括散点图、气泡图、柱状图、饼图、线图等的绘制工具；同时提供了一些专业的统计图形，如茎叶图、Q-Q 图等。表 6-9 列出了基础包中绘制常见图形的函数及描述。

表 6-9　　　　　　　　　　　基础包中绘制常见图形的函数及描述

函数	描述
plot(x)	以 x 的元素值为纵坐标、以序号为横坐标绘图
plot(x,y)	x（在 x 轴上）与 y（在 y 轴上）的二元作图
sunflowerplot(x,y)	同上，但是以相似坐标的点作为花朵，其花瓣数目为点的个数

函数	描述
pie(x)	饼图
boxplot(x)	盒形图（又称箱线图、箱形图）
dotchart(x)	如果 x 是数据框，作 Cleveland 点图（逐行逐列累加图）
mosaicplot(x)	列联表的对数线性回归残差的马赛克图
pairs(x)	散点图矩阵
hist(x)	直方图
barplot(x)	条形图
qqnorm(x)	正态分位数-分位数图
qqplot(x,y)	y 对 x 的分位数-分位数图
contour(x,y,z)	等高线图
image(x,y,z)	同上，但是实际数据大小用不同色彩表示
stars(x)	星状图
symbols(x,y,...)	在由 x 和 y 给定坐标画符号（圆、正方形、长方形、星形、温度计形或者盒形），符号的类型、大小、颜色等由另外的变量指定
heatmap(x)	热度图
smoothScatter(x)	高密度散点图
stem(x)	茎叶图

6.3.1　散点图

散点图、散点图矩
阵、高密度散点
图、气泡图

1. 散点图

R 语言中创建散点图的基础函数是 plot(x,y)，其中 x 和 y 是数值型向量，代表图形中的(x,y)点。如果样本变量只有一个，则需要把参数 x 设置为样本数据。

下面通过两个小例子来进行演示。执行以下代码得到的结果如图 6-17 所示。

```
> par(mfrow=c(1,2))
> # 绘制一维数据
> plot(x=rnorm(10))
> # 绘制二维数据
> plot(women)
> par(mfrow=c(1,1))
```

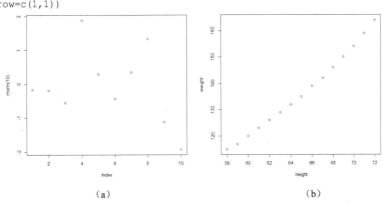

（a）　　　　　　　　　　　　（b）

图 6-17　通过 plot()函数绘制散点图

图 6-17（a）绘制的是一维数据，所以将数据赋予参数 x；图 6-17（b）是二维数据，R 语言对 women 数据框的第 1 列变量 height 赋予参数 x，第 2 列变量 weight 赋予参数 y，并将变量名作为坐标轴标签。

2. 散点图矩阵

散点图矩阵是散点图的高维扩展，它在一定程度上克服了在平面上展示高维数据的困难，在展示多维数据的两两关系时有着不可替代的作用。R 中有多种绘制散点图矩阵的函数。plot()函数可以绘制散点图矩阵，此外基础包还有专门绘制散点图矩阵的 pairs()函数。

当把超过两列的数据框赋予 plot()函数时，就可以绘制散点图矩阵。以鸢尾花数据集 iris 的前4 列为例进行演示。执行以下代码，得到的图形如图 6-18 所示。

```
> # 绘制散点图矩阵
> plot(iris[,1:4],col=iris$Species,
+       main="利用 plot()函数绘制散点图矩阵")
```

从散点图矩阵可以看出，变量 Petal.Length 与变量 Petal.Width 有很强的正相关性。

我们也可以利用 pairs()函数实现图 6-17 的效果，代码如下。

```
> # 方法一
> pairs(iris[,1:4],col=iris$Species,
+       main="利用 pairs()函数绘制散点图矩阵")
> # 方法二
> pairs(~Sepal.Length+Sepal.Width+Petal.Length+Petal.Width,
+       data=iris,col=iris$Species,
+       main="利用 pairs()函数绘制散点图矩阵")
```

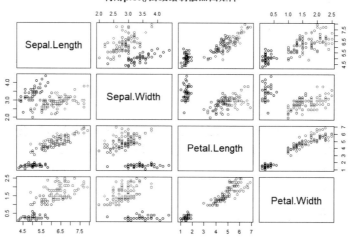

图 6-18　通过 plot()函数绘制散点图矩阵

3. 高密度散点图

当点非常多时，有些点可能重叠在一起，通过 plot()函数无法体现点的密集情况，此时可以通过 smoothScatter()函数来实现。

随机创建一个 10000 行 2 列的矩阵 M，并通过 plot()和 smoothScatter()函数分别绘制散点图，对比两者区别。运行以下代码得到结果如图 6-19 所示。

```
> # 创建一个大数据集
> n <- 10000
> x1 <- matrix(rnorm(n),ncol=2)
> x2 <- matrix(rnorm(n,mean=3,sd=1.5),ncol=2)
> M <- rbind(x1,x2)
> # 利用 plot()与 smoothScatter()函数绘制散点图
> par(mfrow=c(1,2))
> plot(M,main="利用 plot()函数绘制普通散点图")
> smoothScatter(M,main="利用 smoothScatter()函数绘制高密度散点图")
> par(mfrow=c(1,1))
```

从图 6-19（a）的高密度散点图可知，数据密度最高的地方集中在(0,0)区域附近。

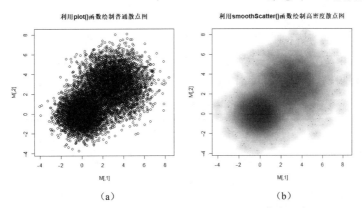

（a）　　　　　　　　　　　　　　　　　（b）

图 6-19　通过 smoothScatter() 函数绘制高密度散点图

6.3.2　气泡图

散点图只能较好地展示二维数据，气泡图则是在其基础上通过散点的大小来表达第三维变量的数值。同样，也可以使用 plot() 函数绘制气泡图，通过将第三个变量赋予参数 cex 来控制气泡的大小。

对 ggplot2 包中的钻石数据集 diamonds 随机抽取 500 个样本，绘制简单气泡图进行演示。执行以下代码得到的结果如图 6-20 所示。

```
> # 气泡图
> data("diamonds",package = "ggplot2")
> # 随机抽取 500 个样本
> set.seed(1)
> diamonds1 <- diamonds[sample(1:nrow(diamonds),500),]
> attach(diamonds1)
> # 计算钻石体积
> volumn <- x*y*z
> # 把钻石体积进行归一化处理，并赋予对象 size
> size <- (volumn-min(volumn))/(max(volumn)-min(volumn))
> # 利用 plot() 函数绘制气泡图
> plot(carat,price,cex=size*2)
```

也可以用 symbols() 函数来创建气泡图。该函数可以在指定的(x,y)坐标上绘制圆圈图、方形图、星形图、温度计图和箱线图。以绘制圆圈图为例：symbols(x,y, circle=r)，其中参数 x、y 和 circle 分别表示 x 轴、y 轴和圆圈半径。

现在我们通过一个小例子来进行演示。执行以下代码得到的结果如图 6-21 所示。

```
> # 利用 symbols() 函数绘制气泡图
> set.seed(111)
> x<-rnorm(10)
> y<-rnorm(10)
> r<-abs(rnorm(10))
> symbols(x,y,circle = r,bg=rainbow(10))
```

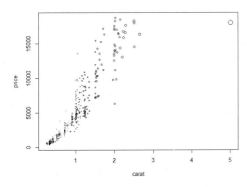

图 6-20　利用 plot() 函数绘制气泡图

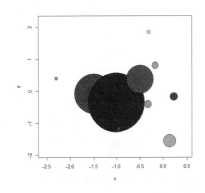

图 6-21　利用 symbols() 函数绘制气泡图

111

6.3.3　线图

通过设置 plot() 函数的参数 type，将图上的散点从左往右连接起来，就可以得到线图。在绘制线图时，参数 type 可以设置的值即线图的类型如表 6-10 所示。

表 6-10　　　　　　　　　　　　　　　　线图的类型

类型	类型描述
l	表示画线
b	表示同时画点和线，但点线不相交
c	表示将 type=" b " 中的点去掉，只剩下相应的线条部分
o	表示同时画点和线，且相互重叠
s	表示画阶梯线，从一点到下一点时，先画水平线，再画垂直线
S	也是画阶梯线，从一点到下一点时，先画垂直线，再画水平线

运行以下代码，查看不同类型下线图的效果，结果如图 6-22 所示。

线图、柱状图、直方图和箱线图

```
> type <- c('l','b','c','o','s','S')
> par(mfrow=c(2,3))
> for(i in 1:6){
+     plot(1:10,type=type[i],main=paste0("type=",type[i]))
+ }
> par(mfrow=c(1,1))
```

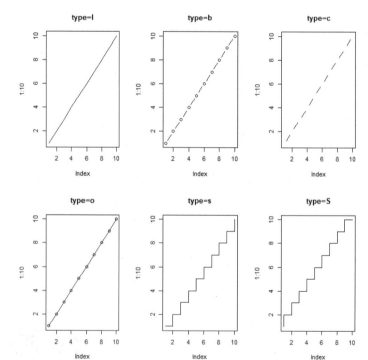

图 6-22　设置不同 type 参数值时的线图

6.3.4　柱状图

在 R 语言中用 barplot() 函数可以绘制柱状图和条形图。表 6-11 给出了 barplot() 函数的主要参数及说明。

表 6-11   barplot()函数主要参数及说明

参数	说明
height	绘图的数据。如果绘制一组数据，则以向量形式输入；如果绘制多组数据，则以矩阵形式输入，每行表示一组数据
horiz	如果是 FALSE（默认）则绘制柱状图，如果是 TRUE 则绘制条形图
beside	如果是 FALSE（默认）则不同组数据垂直堆积展示（堆积柱状图），如果是 TRUE 则不同组数据水平并列展示（分组柱状图）
width	数值向量，表示柱子的宽度
names.arg	设置各个柱子（或各组柱子）名称的字符向量
add	逻辑值，表示是否在已有图形上添加柱子
legend.text	字符向量或逻辑值。如果设置的是逻辑值，图例就用 height 的行名称来设置；如果设置的是字符向量，图例中就会使用设置的字符向量

以下代码通过参数 horiz 的取值不同，对数据集 VADeaths 分别绘制柱状图和条形图，结果如图 6-23 所示。

```
> par(mfrow=c(1,2))
> for(i in c(FALSE,TRUE)){
+     barplot(VADeaths,horiz = i,beside = T,col = rainbow(5))
+ }
> par(mfrow=c(1,1))
```

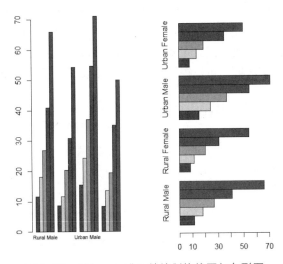

图 6-23   用 barplot()函数绘制柱状图与条形图

6.3.5   饼图

饼图为一个由许多扇形组成的圆，各个扇形的大小比例等于变量各水平的频数比例。饼图比条形图简单，描述比例较直观。其基本表达形式为：

```
pie(x,labels=names(x),...)
```

其中 x 为画图的非负数值向量，labels 为生成标签表达式。

执行以下代码查看数据集 mtcars 中 cyl 不同水平的占比，结果如图 6-24 所示。

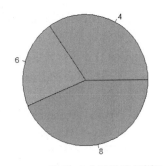

图 6-24   使用 pie()函数绘制饼图

```
> pie(table(mtcars$cyl),col = RColorBrewer::brewer.pal(3,'Set2'))
```

6.3.6 直方图和密度图

直方图是绘制数值型变量常用图表之一。其做法是，把横坐标分成若干区间（通常是等宽度），然后计算数据在各个区间中的频数，并在各区间上绘制对应频数的柱形。y 轴（纵坐标）当然也可能是比例而不一定是频数，但这并不改变图的形状，而仅仅造成纵坐标单位的不同。可以使用 hist()函数创建直方图。

hist()函数的基本表达形式为 his(x,…)，表 6-12 给出了 hist()函数的主要参数及说明。

表 6-12　　　　　　　　　　　　hist()函数主要参数及说明

参数	说明
x	数值向量
breaks	用于控制组的数量
freq	若为 FALSE 表示通过概率密度而不是频数绘制图形
probability	若为 TRUE 表示频率而不是频数
nclass	改变分类数
density、angle	设置柱形上的斜线
border	设置柱形边界的颜色

下面举例说明如何利用 hist()函数绘制直方图。根据 ggplot2 包中美国经济数据 economics 的变量 psavert 和 uempmed 绘制直方图。对变量 psavert 和 uempmed 又分别绘制两个图，一个有较少的区间，另一个有较多的区间。可以很清楚地看出区间划分对直方图的影响。执行以下代码得到的结果如图 6-25 所示。

```
> data(economics, package = "ggplot2")
> attach(economics)                    #将 economics 加载到内存
> par(mfrow=c(2,2))
> hist(psavert,8,xlab="个人储蓄率",ylab="频数",col="blue",
+     main="个人储蓄率直方图（较少区间）")
> hist(psavert,30,xlab="个人储蓄率",ylab="频数",col="blue",
+     main="个人储蓄率直方图（较多区间）")
> hist(uempmed,8,xlab="一周内平均失业持续时间",ylab="频数",col="green",
+     main="一周内平均失业持续时间（较少区间）")
> hist(uempmed,30,xlab="一周内平均失业持续时间",ylab="频数",col="green",
+     main="一周内平均失业持续时间（较多区间）")
> par(mfrow=c(1,1))
> detach(economics)                    #将 economics 从内存中释放
```

与直方图密切关系的图就是密度图。很多统计学家都建议用密度图代替直方图，因为密度图更容易解读。基础包中没有现成绘制密度图的函数，我们可以通过 plot(density(x))实现，其中 density()函数计算核密度估计量，plot()函数绘制估计量。

密度图经常会加上轴须。用于绘制轴须的函数为 rug()，实际上就是在坐标轴上添加图形，用短线段表示一个点。

以下代码对 economics 绘制个人储蓄率的密度图，并在 x 轴上添加轴须，结果如图 6-26 所示。

```
> plot(density(economics$psavert))
> rug(economics$psavert)
```

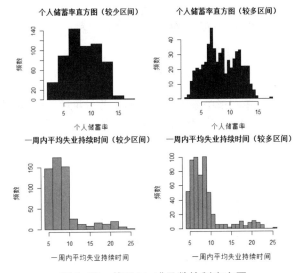

图 6-25　使用 hist() 函数绘制直方图

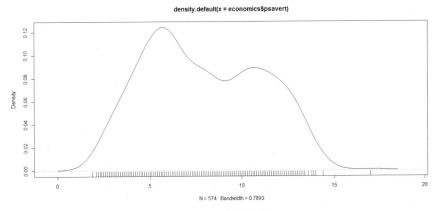

图 6-26　绘制密度图

6.3.7　箱线图

箱线图（又称盒形图）通过连续型变量的最小值、下四分位数 Q1（第 25 百分位数）、中位数
（第 50 百分位数）、上四分位数 Q3（第 75 百分位数）
以及最大值进行绘制，描述了连续型变量的分布。它
由一个盒子（box）和两边各一条线（whisker）组成。
如果箱线图是竖直的，那么盒子上下边分别代表 Q1 和
Q3，显然，约有中间一半的数据值落在盒子的范围内。
在盒子中间有一条线，这是中位数，盒子的长度等于
上下四分位数之差，称为四分位间距或四分位极差
（interquartile range，IQR）。在 1.5 倍 IQR 范围外的点，
箱线图都识别为异常值，故箱线图也是异常值甄别常
用的手段之一。在 R 基础包中用 boxplot() 函数可以绘
制箱线图。

以鸢尾花数据集 iris 为例，绘制花萼长度按照物种
分类的箱线图。执行以下代码得到结果如图 6-27 所示。

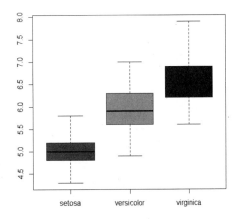

图 6-27　绘制箱线图

```
> boxplot(iris$Sepal.Length~iris$ Species,col=rainbow(3))
```
可见，种类 setosa 的数据整体明显低于其他两个种类，且种类 virginica 有一个异常点。

6.4 本章小结

本章首先介绍了如何向简单图形中添加各种图形元素，并对元素的颜色、形状、大小等参数进行设置，然后介绍了利用 R 语言的高级绘图函数绘制各种常用图形。

6.5 本章练习

一、多选题

1. 图形三要素是指（　　　）。
   A．颜色　　　　　　B．形状　　　　　　C．大小　　　　　　D．标题

2. RColorBrewer 颜色扩展包常用的配色方案有（　　　）。
   A．连续型 Sequential　　　　　　B．极端型 Diverging
   C．彩虹型 Rainbow　　　　　　　D．离散型 Qualitative

3. 低级绘图函数 title()可以给图形添加以下哪些内容？（　　　）
   A．主标题　　　　　　　　　　　B．副标题
   C．x 轴标题　　　　　　　　　　D．y 轴标题
   E．图形文字说明

4. 在已有图形中添加线的低级绘图函数有（　　　）。
   A．plot()函数　　B．abline()函数　　C．lines()函数　　D．segment()函数

二、上机题

使用数据集 mtcars，变量 wt 作为 x 轴，变量 mpg 作为 y 轴，利用 plot()函数绘制散点图。要求主标题名称为"利用 plot()函数绘制散点图"，x 轴标题为"Weight (1000 lbs)"，y 轴标题为"Miles/(US) gallon"，运行代码后效果如图 6-28 所示。

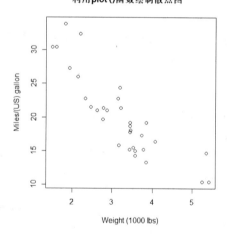

图 6-28　运行代码后效果

第 7 章 高级绘图工具

相对于 R 的基础绘图系统而言,高级绘图工具包括 ggplot2 图形系统以及各类交互式绘图工具。

ggplot2 包极大地扩展了 R 的绘图范畴,提高了所绘图形的质量;交互式绘图可以实现与图形实时交互使读者加深对数据的理解,快速洞察变量间的关系。ggplot2 有非常完整的生态和在此基础上衍生出来的扩展包,成为这几年 R 语言绘图时的首选。

7.1 ggplot2 绘图工具

ggplot2 是一套全面而连贯的语法绘图工具。它弥补了 R 语言中创建图形缺乏一致性的缺点。

ggplot2 具有以下特性。

- 高质量图形的绘制,自动添加网格线和图例。
- 叠加来自不同数据源的多个图层(点、线、地图、箱线图等)。
- 利用 R 语言强大的建模功能添加平滑曲线,如 loess、线性模型、广义可加模型和稳健回归。
- 保存任意 ggplot2 图形,方便修改或重复使用。
- 制作主题,满足内部定制或杂志风格的需求,便捷地应用到多幅图形上。
- 从视觉角度上审视你的图形,斟酌每一部分数据如何呈现在最终图形上。

7.1.1 从 qplot()函数开始

qplot()函数的意思是快速作图(quick plot),利用它可以很方便地创建各种复杂图形。qplot()函数被设计得与 plot()函数很像,因此如果有 base 包绘图基础,那么用起它来也会很容易。qplot()函数的基本表达形式为:

```
qplot(x, y = NULL, ..., data, facets = NULL, margins = FALSE, geom = "auto", stat = list(NULL),
position = list(NULL), xlim = c(NA, NA), ylim = c(NA, NA), log = "", main = NULL, xlab =
deparse(substitute(x)), ylab = deparse(substitute(y)), asp = NA)
```

其中,参数 facets 是图形/数据的分面,参数 geom 指图形的几何类型,参数 stat 指图形的统计类型,参数 position 可调整图形或者数据的位置,其他参数与 plot()函数的类似。

下面通过一些例子来对比 plot()函数与 qplot()函数的绘图结果。先绘制变量 wt 与 mpg 之间的散点图,执行以下代码得到结果如图 7-1 所示。

```
> if(!require(ggplot2)) install.packages("ggplot2")
> plot(mtcars$wt,mtcars$mpg) #方法一
> qplot(mtcars$wt,mtcars$mpg) #方法二
```

从绘图结果来看,plot()函数默认背景色为白色,没有网格线,散点图的形状为空心圆;qplot()函数默认背景色为灰色,有白色网格线,散点图的形状为实心圆。

同样可以使用参数 main 增加主标题,xlab、ylab 修改 x 轴标题和 y 轴标题,通过 xlim, ylim 参数修改 x 轴、y 轴的范围。执行以下代码可得到结果如图 7-2 所示。

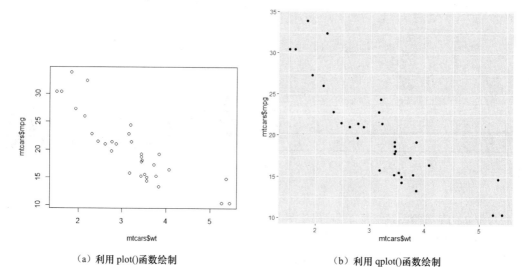

（a）利用 plot()函数绘制　　　　　　　（b）利用 qplot()函数绘制

图 7-1　利用 plot()和 qplot()函数绘制散点图

```
# 修改标题及坐标轴
> plot(mtcars$wt,mtcars$mpg,main = "利用 plot()函数绘制散点图",
+      xlab = "重量",ylab = "英里/加仑",
+      xlim=c(0,10),ylim=c(0,40)) # 方法一
> qplot(mtcars$wt,mtcars$mpg,main = "利用 qplot()函数绘制散点图",
+      xlab = "重量",ylab = "英里/加仑",
+      xlim=c(0,10),ylim=c(0,40)) # 方法二
```

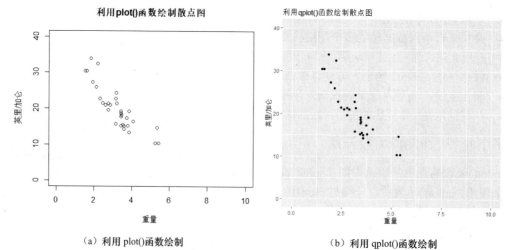

（a）利用 plot()函数绘制　　　　　　　（b）利用 qplot()函数绘制

图 7-2　修改标题及坐标轴范围

　　甚至，qplot()函数也利用参数 pch 改变点形状，利用参数 cex 改变点大小，利用参数 col 改变颜色。执行以下代码可得到结果如图 7-3 所示。

```
# 修改颜色、形状、大小
> plot(mtcars$wt,mtcars$mpg,main = "利用 plot()函数绘制散点图",
+      xlab = "重量",ylab = "英里/加仑",
+      xlim=c(0,10),ylim=c(0,40),
+      pch=7,cex=2,col="green") # 方法一
> qplot(mtcars$wt,mtcars$mpg,main = "利用 qplot()函数绘制散点图",
+      xlab = "重量",ylab = "英里/加仑",
+      xlim=c(0,10),ylim=c(0,40),pch = I(7),
+      cex=I(2),col=I("green")) # 方法二
>
```

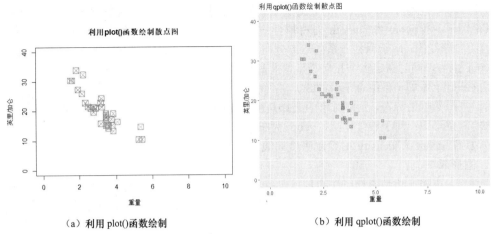

（a）利用 plot() 函数绘制　　　　　　　　（b）利用 qplot() 函数绘制

图 7-3　修改颜色、大小及形状

1．几何对象

上面的例子都是通过利用 qplot() 函数绘制散点图，可以通过参数 geom 指定不同的几何对象，绘制各种图形。执行以下代码绘制各种图形，结果如图 7-4 所示。

```
# 通过 geom 参数指定图形的几何类型
> library(ggplot2)
> q1 <- qplot(wt,mpg,data=mtcars,geom="point",main = "散点图")
> q2 <- qplot(wt,mpg,data=mtcars,geom=c("point","smooth"),
+        main = "增加拟合曲线的散点图")
> q3 <- qplot(Species,Sepal.Length,data=iris,geom="boxplot",main = "箱线图")
> q4 <- qplot(Species,Sepal.Length,data=iris,geom="violin",main = "小提琴图")
> q5 <- qplot(clarity,data=diamonds,geom="bar",main = "柱状图")
> q6 <- qplot(carat,data=diamonds,geom="histogram",main = "直方图")
> if(!require(gridExtra)) install.packages("gridExtra")
> grid.arrange(q1,q2,q3,q4,q5,q6,ncol=3)
```

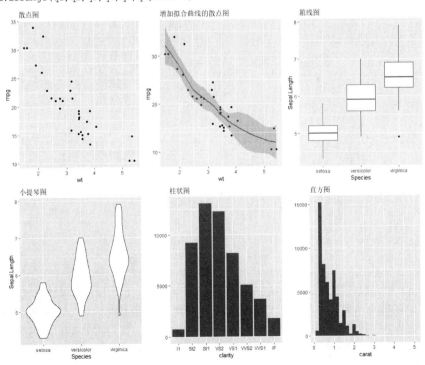

图 7-4　通过设置 geom 参数绘制不同的图形

对于二维数据的分布，qplot()函数默认绘制的是散点图，也可以利用参数 geom 指定几何对象绘制其他图形。当 geom 为"smooth"时将拟合一条平滑曲线，并将曲线和标准误差展示在图中；为"box"时绘制箱线图，用于概括一系列点的分布情况；为"violin"时绘制小提琴图，其是箱线图的变体。geom 也可以同时指定多个几何类型，此时会进行图形叠加。当 c("point","smooth")时，会在散点图的基础上添加一条拟合平滑曲线。

对于一维数据的分布，几何对象的选择是由变量的类型指定的：对于离散变量，geom 为"bar"时用来绘制条形图；对于连续变量，geom 为"histogram"时绘制直方图，geom 为"freqpoly"时绘制频数多边形，geom 为"density"时绘制密度曲线。

2. 图形属性

颜色、大小和形状是图形属性的具体参数，它们都是影响数据进行展示的视觉属性。虽然我们能继续用基础包的参数 col 设置颜色、用参数 cex 设置点大小、用参数 pch 设置点形状。不过 ggplot2 对于图形属性也有自己的一套体系：用 colour（或 color）设置颜色、size 设置大小、shape 设置形状，用英文单词更能直观体现该参数实际含义。每一个图形属性都对应了一个称为标度的函数，其作用是将数据的取值映射到该图形属性的有效取值。

可以通过对参数 colour 指定相应的颜色名称，但是此时需要利用 I()函数来实现。通过以下两行代码来展示有无使用 I()函数的区别，运行以下代码结果如图 7-5 所示。

```
# 手动设置指定颜色
> q1 <- qplot(wt,mpg,data=mtcars,colour="darkblue",
+            main = "colour='darkblue'")
> q2 <- qplot(wt,mpg,data=mtcars,colour=I("darkblue"),
+            main = "colour=I('darkblue')")
> gridExtra::grid.arrange(q1,q2,ncol=2)
```

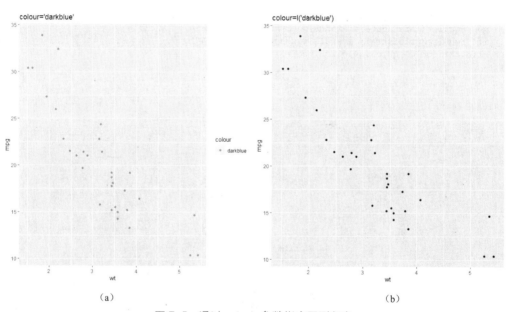

(a)   (b)

图 7-5　通过 colour 参数指定图形颜色

图 7-5（a）中，散点图的颜色是桃红色（错误），图 7-5（b）中的为深蓝色（正确），为什么没有使用 I()函数时结果并非我们期望那样呢？在未使用 I()函数时，将 colour 映射到"darkblue"颜色，实际上是先创建了一个只含有"darkblue"字符的变量，然后将 colour 映射到这个新变量。因为这个新变量的值是离散型的，所以默认的颜色标度将为色轮上等间距的颜色，并且此处新变量只有一个值，因此这种颜色就是桃红色。在使用 qplot()函数的时候，可以将某个值放到 I()函数

中来实现映射，例如 colour=I("darkblue")。

当把第 3 个变量赋予参数 colour 时，可以用不同的颜色代表第 3 个变量的值（水平）。qplot()函数有另一个与颜色相关的参数 fill。执行以下代码可得到结果如图 7-6 所示。

```
# 将分组变量指定给颜色
> q1 <- qplot(wt,mpg,data=mtcars,colour=cyl,
+             main = "colour=cyl")
> q2 <- qplot(wt,mpg,data=mtcars,colour=factor(cyl),
+             main = "colour=factor(cyl)")
# fill 与 colour 参数区别
> q3 <- qplot(Species,Sepal.Length,data=iris,geom="boxplot",colour=Species,
+             main = "colour=Species")
> q4 <- qplot(Species,Sepal.Length,data=iris,geom="boxplot",fill=Species,
+             main = "fill=Species")
> gridExtra::grid.arrange(q1,q2,q3,q4,ncol=2)
```

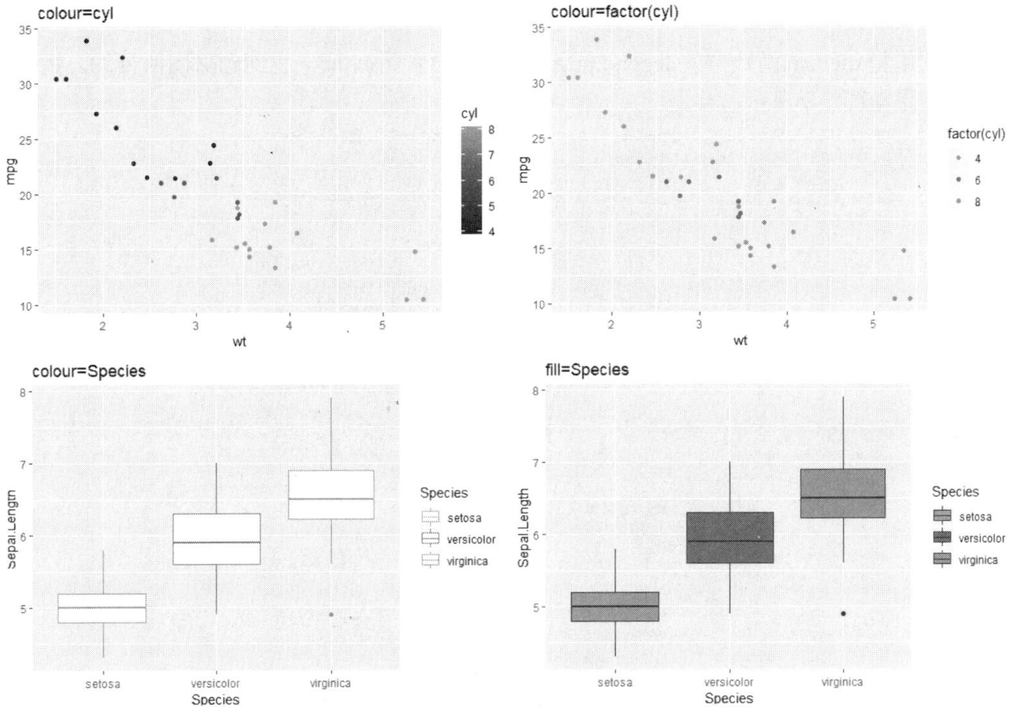

图 7-6　利用 colour 参数绘制分组图形

由于 cyl 是数值型变量，所以在图 7-6 左上角的图形中，利用渐变色对不同 cly 值进行绘制；利用 factor(cyl)将 cyl 变成因子型变量后，右上角图形是根据各因子水平绘制不同颜色的散点图。参数 colour 作用于图形本身，参数 fill 是对图形底色进行填充。

利用 shape 参数可以指定图形形状，而参数 size 用于修改图形大小，与颜色用法一样，可以将某个值放到 I()函数里来实现映射。下面绘制数据集 mtcars 中变量 wt 和 mpg 的散点图，变量 cyl 中各水平用不同形状区分，点大小设置为 3。运行以下代码得到效果如图 7-7 所示。

```
> qplot(wt,mpg,data=mtcars,shape=factor(cyl),size=I(3))
```

qplot()函数默认的图例位置在右边，可以通过 theme()函数修改图例的位置，labs()函数可以修改图例名称。通过以下代码将图 7-7 中的图例名称修改为 "Legend-Name"，位置在图形上方。运行以下代码得到结果如图 7-8 所示。

```
# 修改图例
> qplot(wt,mpg,data=mtcars,shape=factor(cyl),size=I(3)) +
+     labs(shape = "Legend-Name") +
+     theme(legend.position = "top")
```

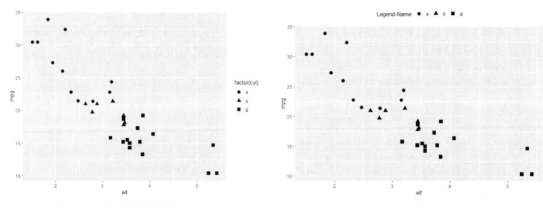

图 7-7　修改图形的形状及大小　　　　　图 7-8　修改图例名称及摆放位置

可以利用将 theme()函数中的 legend.position 参数设置为 none，达到删除图例目的。运行以下代码得到结果如图 7-9 所示。

```
> qplot(Species,Sepal.Length,data= iris, geom="boxplot",fill=Species) +
+     theme(legend.position = "none")
```

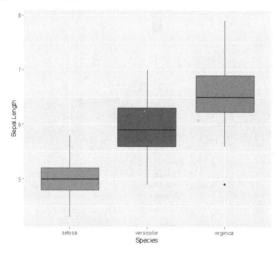

图 7-9　删除图例

利用分面可以非常轻松地实现利用 lattice 包绘制栏栅图的效果。分面将数据分割成若干子集，然后创建一个图形的矩阵，将每一个子集绘制到图形矩阵的窗格中。所有子图采用相同的图形类型，并进行了一定的设计，使得它们之间方便进行比较。通过形如 row_var ~ col_var 的表达式进行指定。如果只想指定一行或一列，可以使用 . 作为占位符，例如 row_var~.会创建一个单列多行的图形矩阵。

继续以数据集 mtcars 为例，以变量 gear 为行分面，变量 cyl 为列分面，绘制变量 mpg 与 wt 的散点图。运行以下代码得到结果如图 7-10 所示。

```
> qplot(mpg,wt,data=mtcars,facets = gear~cyl,geom="point")
```

前面图形均使用的是默认主题，可以通过 theme_*()（比如：theme_bw ()、theme_classic ()、theme_dark 等）函数修改图形主题。运行以下代码得到效果如图 7-11 所示。

```
> # 只对当前图形进行设置
> q1 <- qplot(mpg,wt,data=mtcars,geom="point",main = "默认主题")
> # 改变所有 labels 的文字大小（base_size 默认为 11）
> q2 <- qplot(mpg,wt,data=mtcars,geom="point",main = "背景色无填充主题") +
+ theme_bw(18)
> gridExtra::grid.arrange(q1,q2,ncol=2)
```

可以通过 theme_set()函数为接下来的所有图形设置主题。

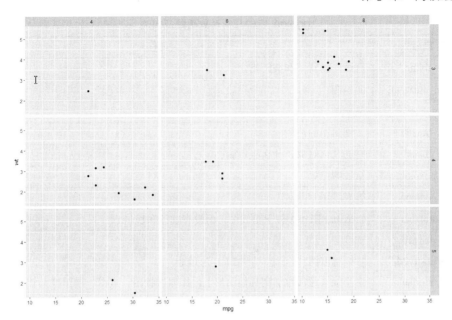

图 7-10 对散点图进行分面

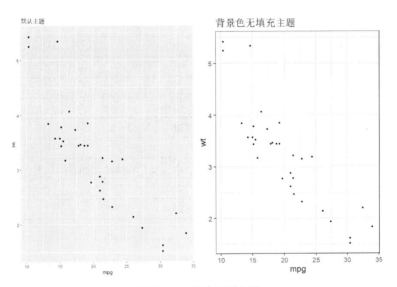

图 7-11 修改图形主题

7.1.2 ggplot()函数作图

ggplot()函数的功能是初始化一个 ggplot 对象，不指定作图内容。其使用格式为：

```
ggplot(data = NULL,...)
```

其中，data 指数据集。

layer()函数的功能是创建一个新的图层。其使用格式为：

```
layer(geom, stat, data, mapping, position)
```

其中，geom 为图形的几何类型，stat 为图形的统计类型，data 指数据集，mapping 指映射，position 指图形或者数据的位置调整。

表 7-1 是可用的几何对象函数及描述。

ggplot()函数作图

表 7-1　　　　　　　　　　　　ggplot2 包的几何对象函数及描述

几何对象函数	描述
geom_abline	直线：由斜率和截距指定
geom_area	面积图
geom_bar	条形图
geom_bin2d	二维封箱的热图
geom_blank	空的几何对象，什么也不画
geom_boxplot	箱线图
geom_contour	等高线图
geom_crossbar	Crossbar 图（类似于箱线图，但没有轴须和极值点）
geom_density	密度图
geom_density2d	二维密度图
geom_errorbar	误差线（通常添加到其他图形上，比如柱状图、点图、线图等）
geom_errorbarh	水平误差线
geom_freqplot	频率多边形（类似于直方图）
geom_hex	六边形图（通常用于六边形封箱）
geom_histogram	直方图
geom_hline	水平线
geom_jitter	自动添加了扰动点
geom_line	线
geom_linerange	区间，用竖直线表示
geom_path	几何路径，由一组点按顺序链接
geom_point	点
geom_pointrange	一条垂直线，线的中间有一个点（与 Crossbar 图和箱线图有关）
geom_polygon	多边形
geom_quantile	一组分位数线（来自分位数回归）
geom_rect	二维的长方形
geom_ribbon	彩虹图
geom_rug	轴须
geom_segment	线段
geom_smooth	平滑的条件均值
geom_step	阶梯图
geom_text	文本
geom_tile	瓦片（一个个小长方形或多边形）

aes()函数的功能是创建图形属性映射，将数据变量映射到图形中。其使用格式为：

```
aes(x, y, colour,...)
```

这里，参数 x 和 y 是映射到图形中的数据变量，colour 指作图时使用的颜色的映射。

下面通过一些例子来体会利用 ggplot 绘图的工作原理。

还是以鸢尾花数据集 iris 为例，利用 ggplot 创建一个以物种种类 Species 为分组的花萼长度 Sepal.Length 的箱线图，箱线图的颜色依据不同的物种种类而变化。执行以下代码得到图 7-12 所示的箱线图。

```
> library(ggplot2)
> ggplot(iris,aes(x=Species,y=Sepal.Length,fill=Species))+
+       geom_boxplot()+
+       labs(title="依据种类分组的花萼长度箱线图") +
+       theme(legend.position = "none")
```

也可以利用 ggplot()函数画出小提琴图，只需要选择 geom_violin()函数，并添加 geom_jitter()
函数增加扰动以减少数据重叠。执行以下代码可以得到图 7-13 所示的小提琴图。

```
> ggplot(iris,aes(x=Species,y=Sepal.Length,fill=Species))+
+       geom_violin()+
+       geom_jitter()+
+       labs(title="依据种类分组的花萼长度小提琴图") +
+       theme(legend.position = "none")
```

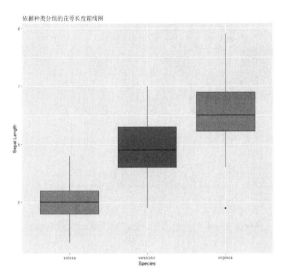

图 7-12　利用 ggplot()函数绘制箱线图

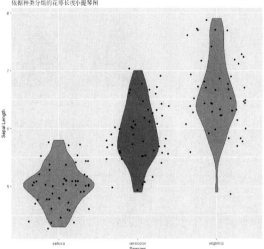

图 7-13　利用 ggplot()函数绘制小提琴图

可以利用 facet_wrap()或 facet_grid()函数对图形进行分面。例如利用 lattice 中的数据集 singer，
对不同声部的身高数据绘制密度图。可以设置面板的行数或列数（通过 facet_wrap()中的参数 nrow
和 ncol 设置），并可以利用主题参数 theme 设置图例。执行以下代码，我们得到如图 7-14 所示的
4 列 2 行摆放形式，且没有图例输出的分面板密度图。

```
> data(singer,package = "lattice")
> ggplot(data=singer,aes(x=height,fill=voice.part))+
+       geom_density()+
+       facet_wrap(~voice.part,ncol=4)+
+       theme(legend.position="none")
```

可以使用 scale_color_manual()或 scale_color_brewer()函数修改图形的颜色。运行以下代码得
到的结果如图 7-15 所示。

```
# 调整图形填充颜色
> # 方式一：使用 scale_color_manual()函数
> g1 <- ggplot(iris,aes(x=Sepal.Length,y=Sepal.Width,colour=Species,shape= Species))+
+           scale_color_manual(values=c("orange", "olivedrab", "navy"))+
+           geom_point(size=3)
> # 方式二：使用 scale_color_brewer()函数
> g2 <- ggplot(iris,aes(x=Sepal.Length,y=Sepal.Width,colour=Species,shape= Species))+
+           scale_color_brewer(palette="Set1")+
+           geom_point(size=3)
> gridExtra::grid.arrange(g1,g2,ncol=2)
```

ggsave()函数的功能是保存 ggplot2 绘制的图形，使用格式为：

```
ggsave(filename, width, height, ...)
```

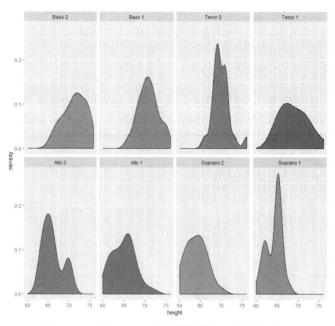

图 7-14　利用 ggplot()函数绘制 4 列 2 行密度图

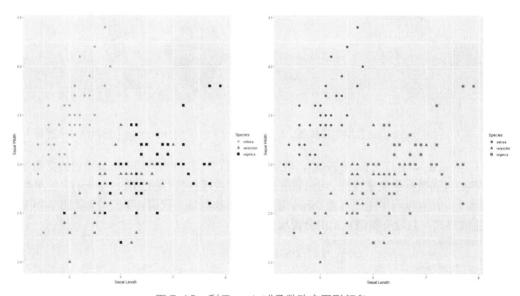

图 7-15　利用 ggplot()函数改变图形颜色

其中，filename 为保存的文件名与路径，width 指图像宽度，height 指图像高度。

例如，我们执行以下命令后，将会在你的当前工作目录下生成一个名为 mygraph 的 PDF 图形。

```
> ggplot(iris,aes(x=Sepal.Length,y=Sepal.Width,colour=Species))+
+      geom_point(size=2)
> ggsave(file="mygraph.pdf",width=5,height=4)
```

7.1.3　ggplot2 的扩展包

1. ggthemes 包

ggthemes 包是 ggplot2 的主题扩展包，提供 ggplot2 包使用的新主题、尺度、几何对象和一些新函数。ggthemes 通过 install.packages("ggthemes", dependencies = TRUE)命令进行安装。加载该包的主要作用是 ggthemes 提供的 themes 可以让我们快速绘制不同主题图像。ggtheme 包的主题及描述如表 7-2 所示。

表 7-2　　　　　　　　　　　　　ggtheme 包的主题及描述

主题	描述
theme_base	类似于 ggplot 默认设置
theme_calc	类似 LibreOffice Calc 图表
theme_economist	类似经济类图表
theme_economist_white	类似经济类图表
theme_excel	类似经典 Excel 图表
theme_few	简洁型
theme_fivethirtyeight	灵感来自 fivethirtyeight 网站的主题
theme_foundation	这个主题的设计是为基础建立新的主题，而不是直接使用。theme_foundation 是一个完整的主题，只有最小的元素定义。它相比于 theme_gray 或 theme_bw 更容易通过扩展创建新的主题
theme_gdocs	类似默认的 Google Docs Chart
theme_hc	Highcharts JS
theme_igary	主题与白色面板和灰色背景
theme_map	一个简洁的地图主题
theme_pander	pander 的默认主题
theme_solarized	基于 Solarized 调色板的 ggplot 颜色主题
theme_solarized_2	同上
theme_solid	主题删除所有 non-geom 元素（线条、文本等），这个主题只有所需的几何对象
theme_stata	基于 Stata 图形方案的主题
theme_tufte	基于数据墨水最大化和图形设计的 Edward Tufte 定量信息的视觉显示。没有边界，没有轴线，没有网格。这个主题与 geom_rug 或 geom_rangeframe 结合效果最好
theme_wsj	华尔街日报主题

现在让我们来体会使用不同主题绘制出来的风格。运行以下代码分别得到 Economist、Solarized、Stata 和 Excel 2003 主题，结果如图 7-16 所示。

```
> library(ggplot2)
> library(ggthemes)
> library(gridExtra)
> p1 <- ggplot(mtcars, aes(x = wt, y = mpg)) +
+    geom_point(size=3)
> # Economist themes
> p2 <- p1 + ggtitle("Economist theme") +
+    theme_economist() + scale_colour_economist()
> # Solarized theme
> p3 <- p1 + ggtitle("Solarized theme") +
+    theme_solarized() + scale_colour_solarized("blue")
> # Stata theme
> p4 <- p1 + ggtitle("Stata theme") +
+    theme_stata() + scale_colour_stata()
> # Excel 2003 theme
> p5 <- p1 + ggtitle("Excel 2003 theme") +
+    theme_excel() + scale_colour_excel()
> grid.arrange(p2,p3,p4,p5,ncol = 2)
```

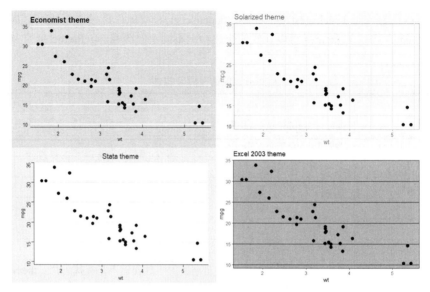

图 7-16　利用 ggthemes 包绘制各种主题风格图形

2．ggExtra 包

ggExtra 包是一个可在 ggplot2 图形边缘添加直方图的扩展包，可以通过 install.packages ("ggExtra") 命令进行安装。ggMarginal()函数可以给 ggplot2 图形边界添加密度图、直方图、箱线图或小提琴图。运行以下代码给散点图的 *x* 轴、*y* 轴添加直方图，效果如图 7-17 所示。

```
> library(ggExtra)
> library(ggplot2)
> set.seed(1234)
> df <- data.frame(x = rnorm(1000, 50, 10), y = rnorm(1000, 50, 10))
> p <- ggplot(df, aes(x, y)) + geom_point() + theme_classic()
> # add marginal histograms
> ggMarginal(p, type = "histogram")
```

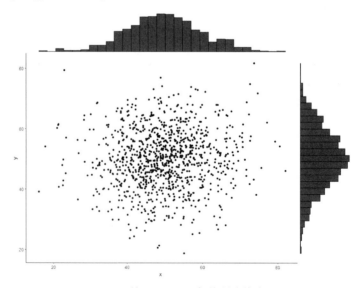

图 7-17　利用 ggExtra 包绘制边缘直方图

通过参数 colour 设置颜色，fill 设置填充色。运行以下代码得到结果如图 7-18 所示。

```
> ggMarginal(p,type = "histogram",colour = "pink",fill = "green")
```

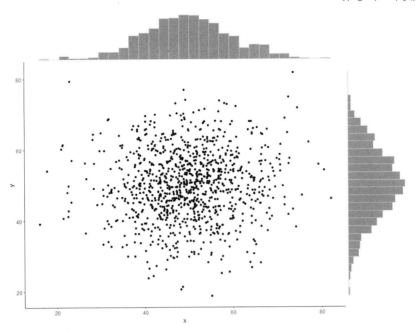

图 7-18　修改边缘直方图颜色

通过改变参数 margins 来选择以哪个边缘显示图形，默认为 both，即 *x* 轴、*y* 轴都显示。运行以下代码实现只有 *y* 轴显示直方图，结果如图 7-19 所示。

```
> ggMarginal(p,type = "histogram",margins = "y")
```

通过参数 type 可以设置显示不同的图形。通过以下代码，边缘图形由箱线图展示，结果如图 7-20 所示。

```
> ggMarginal(p,type = "box",fill = "green")
```

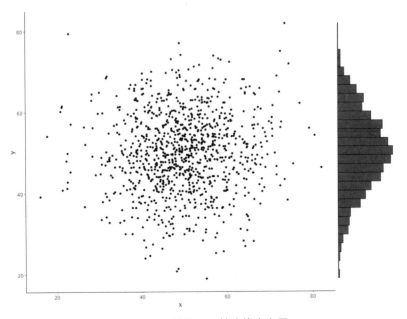

图 7-19　只显示 *y* 轴边缘直方图

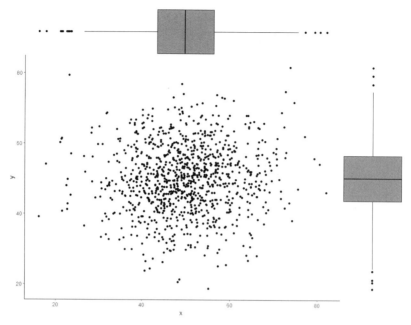

图 7-20　修改边缘图表类型

7.2　交互式绘图工具

前文的可视化结果是静态图形，静态图形适合分析报告等纸质媒介，而在网络时代，如果在网页上发布可视化内容，那么动态的、可交互的图形则更有优势。在 R 语言的环境中，基于 htmlwidgets 包开发的动态交互图能和 knitr、shiny 等框架整合在一起，迅速建立一套可视化原型系统。

7.2.1　recharts 包

recharts 包提供了 R 访问百度 Echarts2 的接口，安装命令如下。

```
if (!require(devtools)) library(devtools)
devtools::install_github('madlogos/recharts')
```

recharts 包是一个用于交互可视化的 R 扩展包，它提供了一套面向 JavaScript 库 ECharts2 的接口。此包的目的是让 R 用户即便不精通 HTML 或 JavaScript，也能用很少的代码做出 Echarts 交互图。当然，懂一点 JavaScript 的话会如虎添翼。

recharts 包基于 htmlwidgets 扩展包开发，这样做的优点是极大地节省了开发者管理 JavaScript 依赖包和处理不同类型的输出文档（如 R Markdown 和 Shiny）的时间。你只需要创建一幅图，而如何输出这幅图（无论 R Markdown、Shiny，还是 R 控制台或 RStudio）则交由 htmlwidgets 来处理。

1. 散点图

recharts 包的主函数是 echartr()和 S3 通用函数 echart()。在设计宗旨上，希望它们能自动处理不同类型的数据。比如，当把一个数据框传入 echart()，而 x、y 变量均为数值型，它们会自动适配散点图，并自动生成对应的坐标轴。当然，你也可以通过参数 type 选择需要展示的图形。

echartr()函数的基本表达形式为：

```
echartr(data,x=NULL,y=NULL,series=NULL,weight=NULL,facet=NULL,
        t=NULL,lat=NULL,lng=NULL,type="auto",subtype=NULL,elementId=NULL,...)
```

其中，主要参数及描述如表 7-3 所示。

表 7-3　　　　　　　　　　　　　　　　　　主要参数及描述

参数	描述
data	数据源，必须是数据框
x	自变量。data 的一列或多列，可以是时间、数值或文本型
y	因变量，data 的一列或多列，始终为数值型
series	分组变量，data 的某一列。进行运算被视为因子；作为数据系列映射到图例
weight	权重变量，在气泡图、线图、柱状图中与图形大小关联
facet	分面变量，data 的某一列。facet 的每个水平会生成一个独立的分面
type	图表类型，默认为"auto"

指定 data 以及 x、y，echartr 就会自动调用 recharts::series_scatter()函数处理数据。图 7-21 的散点图展示了 recharts 包的基本语法。

```
> library(recharts)
> echartr(iris,Sepal.Length,Sepal.Width)
```

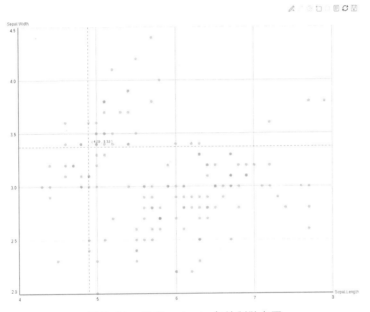

图 7-21　利用 recharts 包绘制散点图

如果指定参数 series，就生成一幅分组散点图。我们还可以将基本图形存为一个对象，然后不断修改它，并把这些修改用%>%串联起来，比如通过 setSeries()函数把散点大小改为"8"。执行以下代码结果如图 7-22 所示。

```
>g<-echartr(iris,Sepal.Width,Petal.Width,series=Species)
>g%>%setSeries(symbolSize=8)
```

如果分组散点图默认的形状不是你期望的，可以通过 setSymbols()函数来自定义不同组别散点图的样式。Echarts 默认的符号有：'circle'、'rectangle'、'triangle'、'diamond'、'emptyCircle'、'emptyRectangle'、'emptyTriangle'、'emptyDiamond'；你还可以分配非标准符号，比如'heart'、'droplet'、'pin'、'arrow'、'star3'、'star4'、'star5'、'star6'、'star7'、'star8'、'star9'。如果我们想将图 7-22 中不同种类的点符号变成心形、箭头形、钻石形，只需要增加 setSymbols(c('heart', 'arrow','diamond'))语句即可。运行以下代码结果如图 7-23 所示。

```
> g %>% setSeries(symbolSize=8) %>%
+    setSymbols(c('heart', 'arrow','diamond'))
```

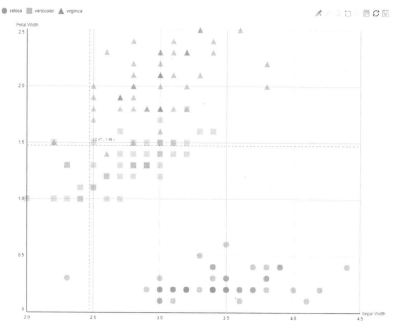

图 7-22　利用 recharts 包绘制分组散点图

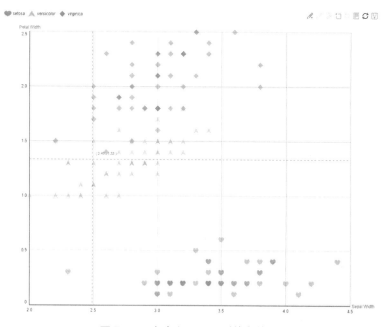

图 7-23　自定义不同组别的点符号

　　大家可能已经注意到 echartr()函数绘制出的图形默认右上角带有工具箱，我们可以通过工具箱进行交互操作，比如添加辅助线、区域拖放、数据视图、还原、保存图片等。可以通过 setToolbox(show=FALSE)命令将其关闭，运行以下代码结果如图 7-24 所示。

```
> g <- echartr(iris,Sepal.Width,Petal.Width,series=Species) %>%
+     setSeries(symbolSize=8) %>%
+     setSymbols(c('heart','arrow','diamond')) %>%
+     setToolbox(show=FALSE)
> g
```

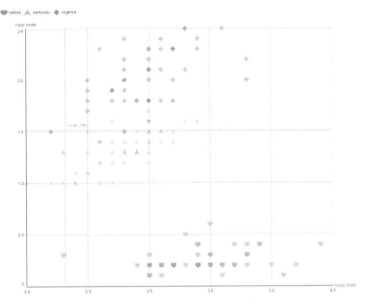

图 7-24 关闭右上角的工具箱

还可以通过 addMarkPoint() 函数给数据点添加标识。比如标识出每个种类的最大花瓣宽度值。运行以下代码结果如图 7-25 所示。

```
> g %>% addMarkPoint(series=unique(iris$Species),
+                    data=data.frame(type="max",name="最大值"))
```

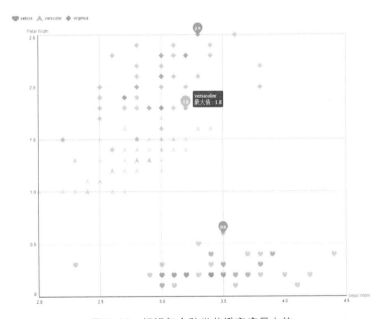

图 7-25 标识每个种类花瓣宽度最大值

我们也可以和其他绘图函数一样，非常轻易地给图形添加标题，可通过 setTitle() 函数实现，运行以下代码结果如图 7-26 所示。

```
> g %>% setTitle("依据种类绘制的分组散点图")
```

从图 7-26 可知，添加的主标题默认在图形正下方，我们可以通过 setTitle() 函数中的参数 pos 设置标题的摆放位置。pos 是 1～12 的数字，分别为 10(l, t, v)、11(l, t, h)、12(c, t, h)、1(r, t, h)、2(r, t, v)、

9(l, c, v)、3(r, c, v)、8(l, b, v)、7(l, b, h)、6(c, b, h)、5(r, b, h)、4(r, b, v)。比如 6(c, b, h)分别是("center"、"bottom"、"horizontal")的缩写，即将标题放在正下方，水平摆放。

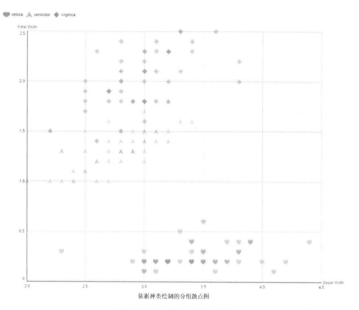

图 7-26　添加主标题

echartr()函数绘制图形的图例默认摆放在左上角。我们可以通过 setLegend()函数对图例进行个性化设置，同理，也可以通过参数 pos 调整图例的摆放位置。参数 pos 默认为 11(l, t, h)，即在左上角水平排列。

欲将标题放在正上方，只需要将参数 pos 设置为 12 即可；欲将图例设置为右边垂直摆放只需将参数 pos 设置为 3，运行以下代码结果如图 7-27 所示。

```
> g %>% setTitle("依据种类绘制的分组散点图",pos=12) %>%
+    setLegend(pos=3)
```

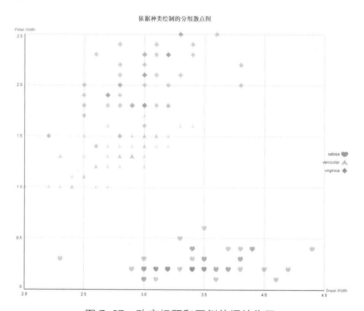

图 7-27　改变标题和图例的摆放位置

可以通过 setTheme()函数对主题进行美化。可选主题包括"macarons""infographic""blue"
"dark""gray""green""helianthus""macarons2""mint""red""roma""sakura""shine"
和"vintage"。如果使用"helianthus"主题，得到的结果如图 7-28 所示。

```
> g <- echartr(iris, Sepal.Length, Sepal.Width) %>%
+    setSeries(symbolSize=8)
> g %>% setTheme('helianthus', calculable=TRUE)
```

2．条形图

利用 recharts 包绘制的条形图包含 3 种类型：条图——bar|hbar、柱图——column|vbar、直方
图——histogram|hist。

绘制多个序列的条形图，运行以下代码得到结果如图 7-29 所示。

```
> revenue <- read.csv("../data/revenue.csv")
> library(reshape2)
> revenue <- melt(revenue,id="游戏名称")
> colnames(revenue)<-c("游戏名称","时间段","收入")
> # 绘制条形图，默认 hbar 类型
> b<-echartr(revenue,"游戏名称","收入","时间段") %>%
+    setTitle("游戏收入",pos=12) %>%
+    setLegend(pos=6)
> b
```

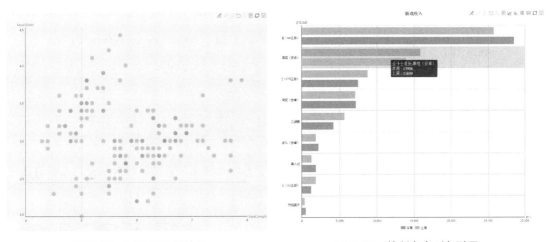

图 7-28　对主题进行美化　　　　　　　　图 7-29　绘制多序列条形图

可单击工具箱中的堆积选项，将分组条形图变成堆积条形图，结果如图 7-30 所示。

图 7-30 有个小细节处理得不是很好，就是 *y* 轴标签没有完全显示，我们可以通过 setGrid()函
数中的参数 x 来进行调整。x 默认为 80，我们将其修改为 180。运行以下代码得到的结果如图 7-31
所示。

```
> b %>% setGrid(x=180)
```

当然，我们也可以很轻易地绘制一些根据条形图而演变的特殊图形。运行以下代码得到
龙卷风图如图 7-32 所示。关键有两点：提供一个全正值变量和一个全负值变量；平铺，不
要堆积。

```
> revenue_tc <- revenue
> revenue_tc$收入[revenue_tc$时间段=="上周"] <-
+    -revenue_tc$收入[revenue_tc$时间段=="上周"]
> g <- echartr(revenue_tc,"游戏名称","收入","时间段",type = "hbar") %>%
+    setToolbox(show=FALSE) %>%
+    setTitle("游戏收入",pos=12) %>%
+    setLegend(pos=6) %>%
+    setGrid(x=180)
> g
```

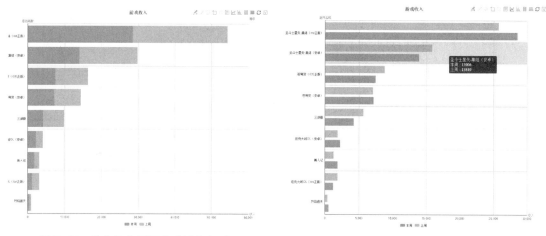

图 7-30　将分组条形图变成堆积条形图　　　　图 7-31　优化 *y* 轴标签显示

如果设 type 为'hbar'，subtype 为'stack'，就得到了类似于社会学中常用的人口金字塔图。运行以下代码得到结果如图 7-33 所示。

```
> # 金字塔图
> g <- echartr(revenue_tc,"游戏名称","收入","时间段",type = "hbar",subtype='stack') %>%
+     setToolbox(show=FALSE) %>%
+     setTitle("游戏收入",pos=12) %>%
+     setLegend(pos=6) %>%
+     setGrid(x=180) %>%
+     setYAxis(axisLine=list(onZero=TRUE)) %>%
+     setXAxis(axisLabel=list(
+         formatter=JS('function (value) {return Math.abs(value);}')
+     ))
> g
```

recharts 包基于 Echarts 2 开发，echarts4r 包基于 Echarts 4 开发，目前越来越受到大家的喜爱。感兴趣的读者可以上 GitHub 自行学习。

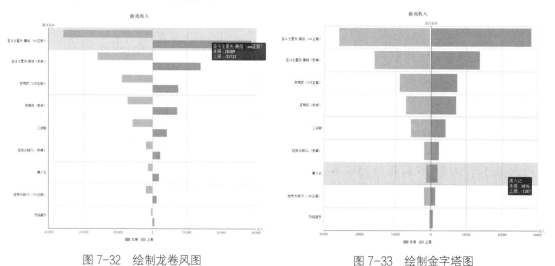

图 7-32　绘制龙卷风图　　　　　　　　图 7-33　绘制金字塔图

7.2.2　rbokeh 包

Bokeh 是一个创建交互式图表和地图的 Python 库，现在有了对应的 R 包，作者是瑞恩·哈芬

（Ryan Hafen）。它可以很容易地创建漂亮的网页图表，并且与 Shiny 完全兼容。

通常，利用 bokeh 来绘图需要给图形添加图层，类似于 ggplot2。对于创建一个简单的图表，主要包含以下两个步骤：

（1）figure()——初始化图形。它有很多参数，用来设置宽度、高度、标题和坐标轴参数等。

（2）ly_geom()——指定你要用到的几何类型。这里有多种选择，即 ly_points、ly_lines、ly_hist、ly_boxplot 等。这些函数中的参数可以用来指定点的大小、颜色以及显示哪些变量等。

rbokeh 包可以通过 install.packages("rbokeh") 命令进行安装。

利用 rbokeh 包修改图形的方法与 recharts 包的相同，也是通过 %>% 进行的。以下代码先利用 figure() 函数初始化图形，再利用 ly_geom 系列函数在图形上依次增加散点图、线性回归拟合直线和平滑拟合曲线。运行以下代码得到的结果如图 7-34 所示。

```
> if(!require(rbokeh)) install.packages("rbokeh")> z <- lm(dist ~ speed, data = cars)
> p <- figure(width = 600, height = 600) %>%
+   ly_points(cars, hover = cars) %>%
+   ly_lines(lowess(cars), legend = "lowess") %>%
+   ly_abline(z, type = 2, legend = "lm")
> p
```

接下来，通过 ly_hist() 函数绘制直方图，并通过 ly_density() 函数添加密度曲线。执行以下代码得到的结果如图 7-35 所示。

```
# 绘制直方图
> h <- figure(width = 600, height = 400) %>%
+   ly_hist(eruptions, data = faithful, breaks = 40, freq = FALSE) %>%
+   ly_density(eruptions, data = faithful)
> h
```

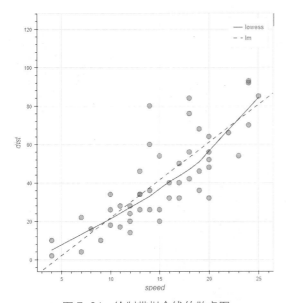

图 7-34　绘制带拟合线的散点图

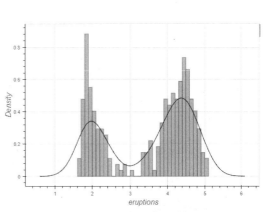

图 7-35　绘制带密度曲线的直方图

最后，让我们利用 ly_boxplot() 函数绘制箱线图。执行以下代码得到的结果如图 7-36 所示。

```
> # 绘制箱线图
> figure(ylab = "Height (inches)", width = 600) %>%
+   ly_boxplot(voice.part, height, data = lattice::singer)
```

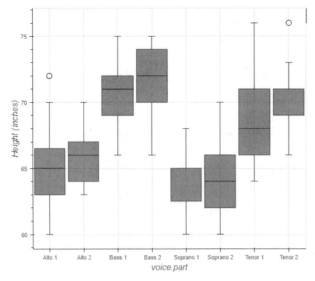

图 7-36　绘制箱线图

7.2.3　plotly 包

plotly.js 是开源的 JavaScript 图标库，它带来 20 种图表类型，包括三维图表、统计图表和可缩放矢量图形（Scalable Vector Graphics，SVG）地图。plotly 包是基于 plotly.js 创建交互式 Web 图表的 R 扩展包，它基于 HTML widgets 框架运行。plotly 包可以通过 install.packages ("plotly")命令进行安装。

plotly 包具有非常友好的交互效果。单击拖动可以放大，按住 Shift 键单击可以移动，双击可自动缩放。若我们想绘制各游戏本周收入的柱状图，只需将参数 type 设置为 bar 即可，运行以下代码结果如图 7-37 所示。

```
> revenue <- read.csv("../data/revenue.csv")
> # 绘制柱状图
> if(!require(plotly)) install.packages("plotly")
> p <- plot_ly(revenue,y = ~本周,x = ~游戏名称,type = "bar",name = "本周")
> p
```

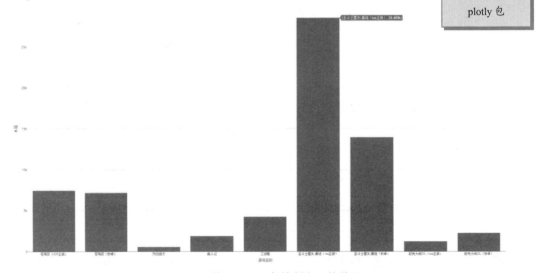

图 7-37　利用 plotly 包绘制交互柱状图

利用 plotly 包修改图形属性的方法与 recharts 包的相同，也是通过%>%进行。如想在现有柱状图上添加上周收入的柱子，可通过 add_trace()函数进行，运行以下代码结果如图 7-38 所示。

```
> p %>% add_trace(y = ~上周,name = "上周")
```

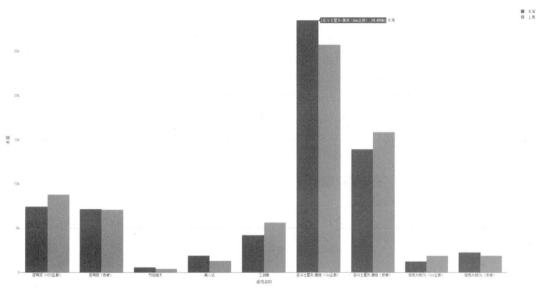

图 7-38　利用 plotly 包绘制分组柱状图

也可通过 layout()函数来修改图形的布局、主题等。现将图 7-38 变成叠加柱状图且添加主标题，并删除 x 轴和 y 轴标签。运行以下代得到结果如图 7-39 所示。

```
> p %>%
+     add_trace(y = ~上周,name = "上周") %>%
+     layout(barmode = 'stack',
+            xaxis = list(title = ""),
+            yaxis = list(title = ""),
+            title = "游戏收入数据")
```

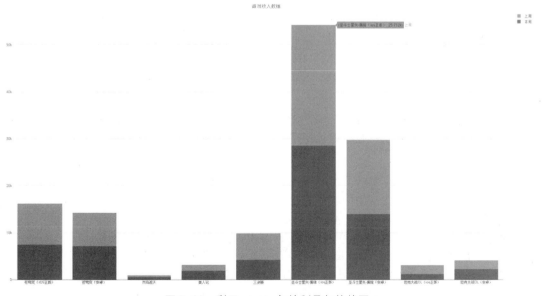

图 7-39　利用 plotly 包绘制叠加柱状图

如果想绘制交互箱线图，需要将参数 type 设置为"box"。执行以下代码得到结果如图 7-40 所示。

```
> plot_ly(midwest, x = ~percollege, color = ~state, type = "box")
```

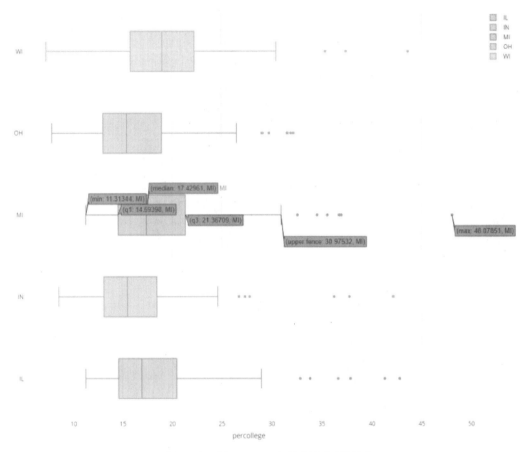

图 7-40　利用 plotly 包绘制交互箱线图

7.3　本章小结

本章中，我们学习了 ggplot2 绘图工具，它具有全面的图形语法，可以创建美观且有意义的数据可视化图形。

随后，我们探究了一些可实现图形动态交互的软件包，包括 recharts、rbokeh、plotly，利用这些包，我们可以在图形中直接与数据进行交互，更好地实现数据探索和数据可视化。

7.4　本章练习

上机题

使用数据集 mtcars，变量 wt 作为横轴，变量 mpg 作为纵轴，绘制散点图。

1. 利用 qplot()函数绘制散点图，要求主标题名称为"利用 qplot()函数绘制散点图"，横轴标题为"Weight (1000 lbs)"，纵轴标题为"Miles/(US) gallon"，运行代码后效果如图 7-41 所示。

2. 对图 7-41 进行优化，实现的效果如图 7-42 所示。

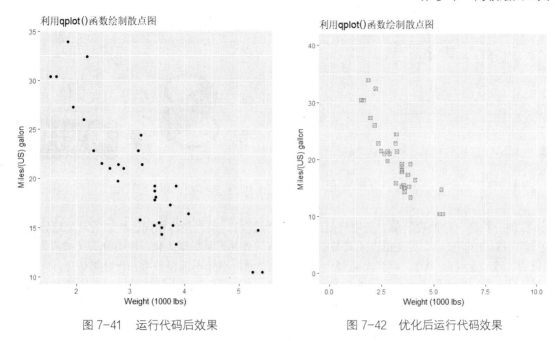

图 7-41　运行代码后效果　　　　　图 7-42　优化后运行代码效果

3. 修改图 7-41 的主题，实现的效果如图 7-43 所示。

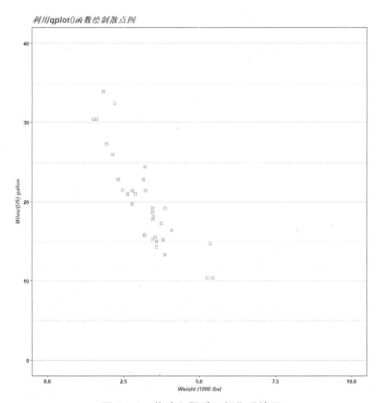

图 7-43　修改主题后运行代码效果

聚类分析是一种原理简单、应用广泛的数据挖掘技术。聚类是将相同、相似的对象划分到同一个组（簇）中的技术，实现组内距离最小化而组间（外部）距离最大化。聚类分析又被称为"模式识别"或"无监督学习"，"无监督"是因为聚类分析事先不需要参考任何分类信息，即算法不受哪些变量或样本属于哪些聚类的先验思想的指导，"学习"是因为算法可以简单地通过判断数据特征的相似性来完成对数据的归类。

聚类分析在许多领域都很流行，如下。

（1）在市场营销中，市场部门可以通过聚类算法依据个人属性划分客户，再针对不同类型的客户分别制订广告营销活动；也可以进行产品定位和区分市场。

（2）在基因识别中，根据其基因表现谱将患者进行分组，这可用于鉴定良好或不良的分子谱，以及用于理解病因。

（3）在产品搭配销售中，根据产品特性和历史销量识别同类型产品，将同类型的产品进行组合销售。

（4）在社会网络分析中，利用社群发现方法，找出相似的朋友群。

注意，我们通过分析变量特征对观察（样本或个体）进行聚类，也可以对变量进行聚类。

8.1 概述

聚类分析算法种类繁多，目前应用最为广泛的 5 种算法如下所示。

- 层次聚类（Hierarchical Clustering，HC），也叫系谱聚类。
- K-均值聚类（K-Means）。
- K-中心点聚类（K-Medoids）。
- 密度聚类（Densit-base Spatial Clustering of Application with Noise，DBSCAN）。

聚类分析算法

- 期望最大化聚类（Expectation Maximization，EM）即基于模型的聚类。

各算法描述如表 8-1 所示。

表 8-1　　　　　　　　　　　　常用聚类分析算法

算法名称	算法描述
层次聚类	层次聚类也叫多系谱聚类或系统聚类，算法将产生一个聚类层次，并将聚类层次以系统树图（dendrogram）的形式展现，该算法不需要事先指定簇的个数
K-均值聚类	K-均值聚类也叫快速聚类或扁平聚类，与系谱聚类不同，K-均值聚类不会生成聚类层次，并且算法需要事先确定簇的个数，在最小化误差函数的基础上将数据划分为预定的类别数 K。该算法原理简单并便于处理大量数据，性能要优于层次聚类

算法名称	算法描述
K-中心点聚类	K-均值聚类算法对孤立点敏感、鲁棒性差，K-中心点聚类算法不采用簇中对象的平均值作为簇中心，而在类别内选取到其余样本距离之和最小的样本为中心
密度聚类	该算法将分布稠密的样本划分到同一个簇，并过滤掉那些低密度的区域
期望最大化聚类	系谱、K-均值和 K-中心点聚类都采用启发式方法构建聚类，不需要依赖任何形式化模型，而基于模型的聚类算法则事先假设存在某个数据模型，并应用 EM 算法试图求出最近的模型参数及簇个数

接下来将讨论测量距离的常用方法、如何利用聚类算法来构建数据簇、通过内部指标或外部指标来衡量聚类性能。

8.2 聚类距离度量

将观察分类成组，用一些方法来计算每对观察之间的距离或相似性。该计算的结果称为相异度或距离矩阵。距离测量的选择是聚类的关键步骤，它定义了如何计算两个元素（x、y）的相似性，它将影响聚类的形状。常用的距离包括绝对值（曼哈顿）距离、欧氏（欧几里得）距离、明氏（闵可夫斯基）距离、切比雪夫距离、余弦距离、皮尔逊（Pearson）相关距离和斯皮尔曼（Spearman）相关距离。假设 x、y 是两个长度为 n 的向量，各种距离定义如表 8-2 所示。

表 8-2　　　　　　　　　　距离的定义

距离名称	距离定义
绝对值距离	$d_{\mathrm{man}}(x,y)=\sum_{i=1}^{n}\left|(x_i-y_i\right|$
欧氏距离	$d_{\mathrm{euc}}(x,y)=\sqrt{\sum_{i=1}^{n}(x_i-y_i)^2}$
明氏距离	$d_{\mathrm{mink}}(x,y)=\left(\sum_{i=1}^{n}|x_i-y_i|^p\right)^{1/p}$
切比雪夫距离	$d_{\mathrm{che}}(x,y)=\max_{1\leqslant i\leqslant n}|x_i-y_i|$
余弦距离	$d_{\cos}(x,y)=\dfrac{\sum_{i=1}^{n}x_iy_i}{\|x_i\|\|y_i\|}$
皮尔逊相关距离	$d_{\mathrm{cor}}(x,y)=1-\dfrac{\sum_{i=1}^{n}(x_i-\bar{x})(y_i-\bar{y})}{\sqrt{\sum_{i=1}^{n}(x_i-\bar{x})^2\sum_{i=1}^{n}(y_i-\bar{y})^2}}$
斯皮尔曼相关距离	$d_{\mathrm{spear}}(x,y)=1-\dfrac{\sum_{i=1}^{n}(x_i'-\bar{x}')(y_i'-\bar{y}')}{\sqrt{\sum_{i=1}^{n}(x_i'-\bar{x}')^2\sum_{i=1}^{n}(y_i'-\bar{y}')^2}}$ 其中 $x_i'=\mathrm{rank}(x_i),y_i'=\mathrm{rank}(y_i)$

R 语言有许多函数用于计算样本间的距离矩阵，常用的有 base 包的 dist()函数、factoextra 包的 get_dist()函数和 cluster 包的 daisy()函数。Factoextra 包和 cluster 包均可以通过 install. Packages ("包名")进行在线安装。

dist()函数的基本表达形式为：

```
dist(x,method ="euclidean",diag = FALSE,upper = FALSE,p = 2)
```
各参数及描述如表 8-3 所示。

表 8-3   dist()函数各参数及描述

参数	描述
x	数据矩阵或数据框
method	距离的计算方式： euclidean 表示欧氏距离（默认值）、maximum 表示切比雪夫距离、manhattan 表示曼哈顿距离、canberra 表示兰氏距离、minkowski 表示明氏距离、binary 表示定性变量距离
diag	为 FALSE（默认取值）时不计算对角线上（某个样本与自己）的距离；为 TRUE 时，计算对角线上的距离
upper	为 FALSE（默认取值）时只输出下三角；为 TRUE 时，输出上三角和下三角

get_dist()函数也是只能计算数值矩阵行之间的距离矩阵，与 dist()函数相比，它还支持基于相关的距离度量，包括"pearson""kendall""spearman"方法；该函数还有参数 stand（默认为 FALSE），如果将其设置为 TRUE，则使用 scale()函数对数据矩阵进行标准化后计算距离矩阵。

daisy()函数可以处理混合型数据矩阵（如同时包含连续型变量、名义型变量和顺序型变量的数据）。参数 metric 提供了 euclidean（默认值）、manhattan 和 gower 这 3 个选项，当输入数据中有某列不是数字时，则会自动选用 gower 选项。该方法会将变量标准化到[0,1]。接着利用加权线性组合的方法来计算最终的距离矩阵。不同类型变量的计算方法如下。

（1）连续型变量。利用归一化的绝对值距离。

（2）顺序型变量。首先将变量按顺序排列，然后利用经过特殊调整的绝对值距离计算。

（3）名义型变量。首先将包含 k 个类别的变量转换成 k 个 0~1 的变量，然后利用 Dice 系数做进一步的计算。

利用数据集 mtcars 计算样本间距离，该数据摘自 1974 年《美国汽车趋势》杂志，包括 32 种汽车（1973-74 型号）的 11 个指标。

以下代码先提取只包含 disp（距离）和 hp（马力）两个变量的数据子集，再利用 scale()函数进行标准化处理，最后利用 dist()函数计算各样本间的距离矩阵。

```
> mtcars_sub <- mtcars[,c("disp","hp")]    # 提取数据子集
> df_scale <- scale(mtcars_sub)             # 标准化处理
> dist_eucl <- dist(df_scale)               # 计算各样本间的距离矩阵，默认为欧氏距离
> round(as.matrix(dist_eucl)[1:3,1:3],1)    # 查看前 3 个样本间的距离矩阵
              Mazda RX4    Mazda RX4 Wag    Datsun 710
Mazda RX4        0.0            0.0            0.5
Mazda RX4 Wag    0.0            0.0            0.5
Datsun 710       0.5            0.5            0.0
```

从前 3 个样本间的距离矩阵可知，样本与自己间的距离为 0（对角线），其中 Mazda RX4 与 Mazda RX4 Wag 的欧氏距离为 0，Mazda RX4 与 Datsun 710 的欧氏距离为 0.5。

可通过以下代码查看这 3 个样本标准化后的数据。

```
> df_scale[1:3,] #查看这 3 个样本标准化后的数据
                    disp          hp
Mazda RX4      -0.5706198   -0.5350928
Mazda RX4 Wag  -0.5706198   -0.5350928
Datsun 710     -0.9901821   -0.7830405
```

因为前两个样本的 disp 和 hp 两个变量值都相同，故距离为 0。以下代码利用欧氏距离公式计算 Mazda RX4 与 Datsun 710 的距离。

```
> round(sqrt(sum((df_scale[1,1]-df_scale[3,1])^2+
+                  (df_scale[1,2]-df_scale[3,2])^2)),1)
[1] 0.5
```

结果与直接利用 dist()函数一致。以下代码利用 get_dist()函数进行距离计算。

```
> library(factoextra) # 加载包
> dist_eucl1 <- get_dist(mtcars_sub) # stand 参数默认为 FALSE
> round(as.matrix(dist_eucl1)[1:3,1:3],1) # 查看前 3 个样本间的距离矩阵
               Mazda RX4   Mazda RX4 Wag   Datsun 710
Mazda RX4         0.0           0.0          54.7
Mazda RX4 Wag     0.0           0.0          54.7
Datsun 710       54.7          54.7           0.0
> dist_eucl2 <- get_dist(mtcars_sub,stand = TRUE) # 将 stand 参数设置为 TRUE
> round(as.matrix(dist_eucl2)[1:3,1:3],1)
               Mazda RX4   Mazda RX4   Wag Datsun 710
Mazda RX4         0.0           0.0          0.5
Mazda RX4 Wag     0.0           0.0          0.5
Datsun 710        0.5           0.5          0.0
```

从结果可知，当参数 stand 为 FALSE 时，对原始数据直接计算样本间的欧氏距离；当 stand 为 TRUE 时，会对数据按列进行标准化处理再计算样本间的欧氏距离，此时结果与先利用 scale() 函数对原始数据处理再通过 dist()函数计算欧氏距离的结果一致。

以下代码将参数 method 设置为"pearson"，计算样本间的皮尔逊相关距离。

```
> # 计算皮尔逊距离
> dist_cor <- get_dist(mtcars_sub,method = "pearson",stand = TRUE)
> round(as.matrix(dist_cor)[1:4,1:4],2)
               Mazda RX4   Mazda RX4 Wag   Datsun 710   Hornet 4 Drive
Mazda RX4         0             0             0              2
Mazda RX4 Wag     0             0             0              2
Datsun 710        0             0             0              2
Hornet 4 Drive    2             2             2              0
```

从结果可知，前 3 个样本间基于皮尔逊相关性的距离均为 0，第 4 个样本与前 3 个样本的相关距离为 2。从皮尔逊相关距离的计算公式可知，其值为 1-cor(x,y)，又因相关系数的取值范围在 [−1,1]，故皮尔逊相关距离范围应该在[0,2]。为了验证其正确性，以下代码利用 mpg、disp、hp、drat、wt、qsec 这 6 个变量来计算各样本间的皮尔逊相关距离。

```
> # 利用 mpg、disp、hp、drat、wt、qsec 计算皮尔逊相关距离
> dist_cor1 <- get_dist(mtcars[,c("mpg","disp","hp","drat","wt","qsec")],
+                        method = "pearson",stand = T)
> min(dist_cor1)
[1] 0.00304016
> max(dist_cor1)
[1] 1.990147
```

此时，皮尔逊相关距离的最小值为 0.003（不包括对角线值），最大值为 1.99。

cluster 包自带的数据集 flower，包含无序因子、有序因子和数值变量。以下代码利用 daisy() 函数计算各样本间距离。

```
> library(cluster) # 加载包
> str(flower) #查看数据结构
'data.frame': 18 obs. of  8 variables:
 $ V1: Factor w/ 2 levels "0","1": 1 2 1 1 1 1 1 1 2 2 ...
 $ V2: Factor w/ 2 levels "0","1": 2 1 2 1 2 2 1 1 2 2 ...
 $ V3: Factor w/ 2 levels "0","1": 2 1 1 2 1 1 1 2 1 1 ...
 $ V4: Factor w/ 5 levels "1","2","3","4",..: 4 2 3 4 5 4 4 2 3 5 ...
 $ V5: Ord.factor w/ 3 levels "1"<"2"<"3": 3 1 2 2 3 3 2 2 1 2 ...
 $ V6: Ord.factor w/ 18 levels "1"<"2"<"3"<"4"<..: 15 3 1 16 2 12 13 7 4 14 ...
 $ V7: num  25 150 150 125 20 50 100 25 100 ...
 $ V8: num  15 50 50 50 15 40 20 15 15 60 ...
> dd <- daisy(flower) # 计算样本间距离
> round(as.matrix(dd)[1:3, 1:3], 2)
     1    2    3
1 0.00 0.89 0.53
2 0.89 0.00 0.51
3 0.53 0.51 0.00
```

有时候，想对得到的距离或相似矩阵进行可视化展示，可以利用 factoextra 包的 fviz_dist()函数

实现。运行以下代码后得到结果如图 8-1 所示。

```
> # 可视化展示距离矩阵
> library(factoextra)
> distance <- get_dist(mtcars[1:10,c("mpg","disp","hp","drat","wt","qsec")],
+                          method = "pearson",
+                          stand = TRUE) # 计算前 10 个样本的距离矩阵
> fviz_dist(distance,lab_size = 10)
```

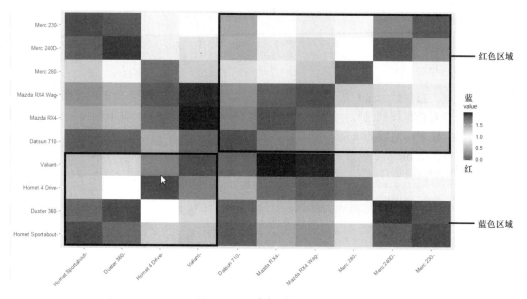

图 8-1　距离矩阵可视化

红色表示高相似度（低相异度），蓝色表示低相似度（高相异度）。

8.3　层次聚类

层次聚类通过计算数据点之间的距离，创建一个有层次结构的树状图。树状图的各个叶节点表示每条记录，树的高度表示不同记录或不同类之间的距离。这样可以使用图形来辅助进行类数量的选择，为聚类提供一个较直观的理解。

层次聚类算法

8.3.1　层次聚类原理

可以用凝聚（agglomerative）层次聚类和分裂（divisive）层次聚类两种方法来构建聚类层次。

（1）凝聚层次聚类：这是一种自底向上的聚类算法。算法开始执行时，每个观测样例都被划分在单独的簇中，算法计算得出每个簇之间的相似度（距离），并将两个相似度最高的簇合并成一个簇，然后反复迭代，直到所有的数据都被划分在一个簇中。

（2）分裂层次聚类：这是一种自顶向下的聚类算法。算法开始执行时，每个观察样例都被划分在同一个簇中，然后算法将簇分裂成两个相异度最大的小簇，并反复迭代，直到每个观测样例属于单独的一个簇。

需要注意的是，距离的测量涉及两个层面的问题。一是观察样例之间的距离，二是类与观察样例或类与类之间的距离的度量。

观察样例之间的距离度量 8.2 节已经详细介绍过，接下来，让我们学习簇之间的距离（相似度）到底有多大。部分距离计算公式如下。

（1）平均距离法。计算每个簇中两点之间的平均距离，计算公式如下：

$$\text{dist}\left(C_i, C_j\right) = \frac{1}{|C_i||C_j|} \sum_{a \in C_i, b \in C_j} \text{dist}(a, b)$$

其中，$|C_i|$ 是簇 C_i 的观察样例个数，$|C_j|$ 是簇 C_j 的观察样例个数。

平均距离法的特点是倾向于将大的簇分开，使所有的类具有相同的直径，且对异常值敏感。

（2）最小方差法。计算簇中每个点到合并后的簇中心的距离差的平方和，计算公式如下：

$$\text{dist}\left(C_i, C_j\right) = \sum_{a \in C_i \cup C_j} a - \boldsymbol{\mu}$$

其中，$\boldsymbol{\mu}$ 是 $a \in C_i \bigcup C_j$ 的平均向量。

最小方差法很少受到异常值的影响，在实际应用中分类效果较好，适用范围广。

（3）最短距离法。计算每个簇中两点之间的最短距离，计算公式如下：

$$\text{dist}\left(C_i, C_j\right) = \min \text{dist}(a, b), a \in C_i, b \in C_j$$

（4）最长距离法。计算每个簇中两点之间的最长距离，计算公式如下：

$$\text{dist}\left(C_i, C_j\right) = \max \text{dist}(a, b), a \in C_i, b \in C_j$$

8.3.2 层次聚类的 R 语言实现

层次聚类分析常用的函数有 hclust()、cutree()及 rect.hclust()，这 3 个函数均来自 stats 包，在层次聚类中发挥着各自不同的作用。

（1）hclust()函数。用来实现层次聚类算法，其基本格式非常简单，仅含有 3 个参数，其基本格式为：

```
hclust(d,method="complete",members=NULL)
```

其中，d 为待处理数据集样本间的距离矩阵，可用 dist()函数计算得到；参数 method 用于选择聚类的具体算法，可供选择的有 ward.D2、single 及 complete 等 7 种，默认选择 complete 方法；参数 members 用于指出每个待聚类样本点或簇由几个单样本构成，该参数默认值为 NULL，表示每个样本点本身为单样本。

（2）cutree()函数。对 hclust()函数的聚类结果进行"剪枝"，即选择输出指定类别数的层次聚类结果。其基本格式为：

```
cutree(tree,k=NULL,h=NULL)
```

其中，tree 为 hclust()函数的聚类结果，k 为需要划分的类别数，h 为高度。

（3）rect.hclust()函数。可以在 plot()函数形成的系谱图中将指定类别中的样本分支用方框表示出来，十分有助于直观分析聚类结果。其基本格式为：

```
rect.hclust(tree,k=NULL,which=NULL,x=NULL,h=NULL,border=2,cluster=NULL)
```

以 USArrests 数据集为例，来讲解这 3 个函数的使用方法。运行以下代码查看数据集结构。

```
> str(USArrests) # 查看数据结构
'data.frame': 50 obs. of  4 variables:
 $ Murder: num  13.2 10 8.1 8.8 9 7.9 3.3 5.9 15.4 17.4 ...
 $ Assault: int  236 263 294 190 276 204 110 238 335 211 ...
 $ UrbanPop: int  58 48 80 50 91 78 77 72 80 60 ...
 $ Rape: num  21.2 44.5 31 19.5 40.6 38.7 11.1 15.8 31.9 25.8 ...
```

该数据集一共有 50 个样本 4 个变量，不同变量间的取值范围差异较大，需要在计算样本距离前进行数据标准化处理。当数据完成标准化处理后，我们调用 hclust()函数对数据集进行层次聚类分析，使用 dist()函数计算各样本间的欧氏距离，利用最小方差法执行凝聚层次聚类。实现代码如下：

```
>hc<-hclust(dist(scale(USArrests),method="euclidean"),
+               method="ward.D2")  # 层次聚类算法
> hc
```

```
Call:
hclust(d=dist(scale(USArrests),method="euclidean"),method="ward.D2")

Cluster method   : ward.D2
Distance         : euclidean
Number of objects : 50
```

完成层次聚类后，可以调用 plot()函数绘制聚类树图，运行以下代码得到结果如图 8-2 所示。

```
> plot(hc,hang = 0.1) # 绘制聚类树图
```

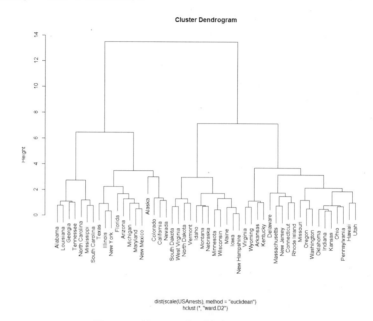

图 8-2　利用 plot()函数绘制聚类树图

在图 8-2 显示的树状图中，每个叶子对应一个样本。当我们向上移动树时，彼此相似的样本被组合成分支，分支本身在更高的高度融合。在垂直轴上提供的融合高度表示两个样本或簇之间的相似性或距离。融合高度越高，物体越不相似。这个高度被称为两个物体之间的共生距离。

在聚类树图中可以观测到聚类的层次，但是仍然得不到组的信息。不过我们可以利用 cutree()函数定义一个聚类树图拥有多少个簇，并控制树的高度以便将树划分成不同的组。

运行以下代码，将聚类树切割成给定数目的簇（k=4），它将返回包含每个观测样本的簇号向量。

```
> fit<-cutree(hc,k=4) # 划分为四个簇
> head(fit) # 查看前 6 条记录的划分结果
   Alabama     Alaska    Arizona   Arkansas California   Colorado
         1          2          2          3          2          2
```

利用 table()函数，统计每一个簇中的观测样本数目。

```
> table(fit) # 统计各簇样本数目
fit
 1  2  3  4
 7 12 19 12
```

利用 rect.hclust()函数在之前的聚类树图上用矩形框可视化数据的簇。运行以下代码得到结果如图 8-3 所示。

```
> plot(hc,hang = 0.1)
> rect.hclust(hc,k = 4,border = "red")
```

除了使用矩形框来界定簇，还可以使用它对单独某个簇进行标记。运行以下代码，实现对第 2 个簇进行标记，运行以下代码得到结果如图 8-4 所示。

```
> plot(hc,hang = 0.1)
> rect.hclust(hc,k = 4,which = 2,border = "red") #对第 2 个簇进行标记
```

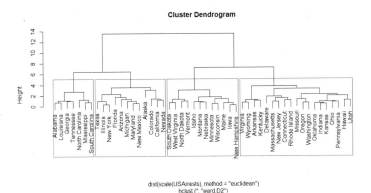

图 8-3　利用 rect.hclust() 函数可视化数据的簇

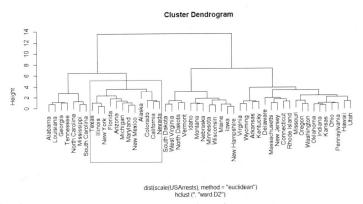

图 8-4　利用 rect.hclust() 函数对指定的簇进行标记

此外，利用 factoextra 包的 **fviz_dend()** 函数可以非常轻松地用不同的颜色来绘制各个不同簇的样本，并用灰色方框进行划分。运行以下代码得到结果如图 8-5 所示。

```
> library(factoextra)
> fviz_dend(hc,k = 4,rect=TRUE)
```

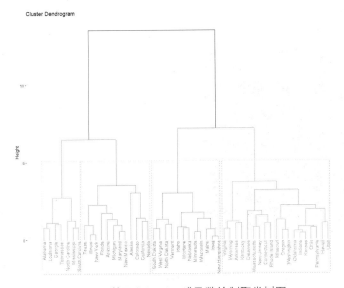

图 8-5　利用 fviz_dend() 函数绘制聚类树图

也可以通过设置 fviz_dend()函数中的参数 horiz，绘制水平的聚类树图。运行以下代码得到结果如图 8-6 所示。

```
> fviz_dend(hc,k=4,rect=TRUE,
+            horiz=TRUE)  # 绘制水平的聚类树图
```

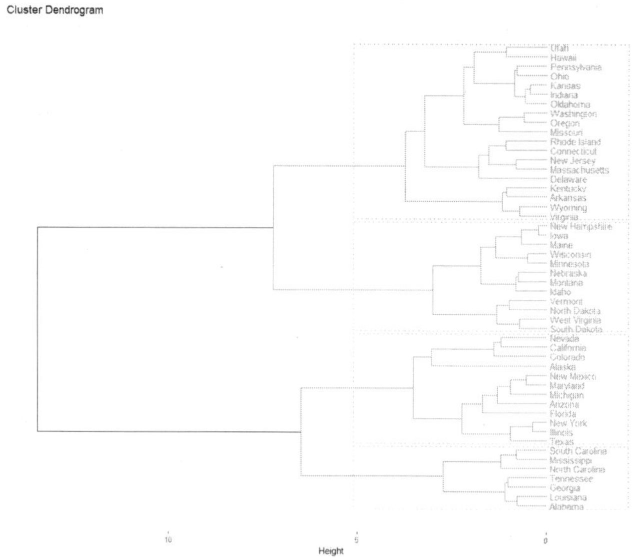

图 8-6　利用 fviz_dend()函数绘制水平聚类树图

hclust()函数实现凝聚层次聚类，如果读者希望使用分裂层次聚类，可以用 cluster 包的 diana()函数实现。我们将数据集 USArrests 传入 diana()函数，并将参数 stand 设置为 TRUE，表示需要对原始数据进行标准化处理。创建分裂层次聚类后，可以通过 summary()函数输出模型特征信息，也可以调用 plot()函数绘制带 banner 的聚类树图。运行以下代码得到带 banner 的聚类树图如图 8-7 所示。

```
> library(cluster)
> dv<-diana(USArrests,stand = TRUE)  # 执行分裂层次聚类算法
> summary(dv)  # 查看模型特征信息
> par(mfrow=c(1,2))
> plot(dv)      # 绘制带 banner 的聚类树图
> par(mfrow=c(1,1))
```

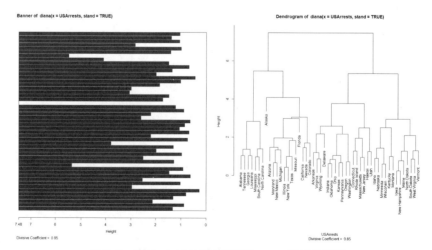

图 8-7　利用 plot()函数绘制带 banner 的聚类树图

同样，也可以利用 fviz_dend()函数对分裂层次聚类模型绘制聚类树图，实现代码如下。

```
library(factoextra)
fviz_dend(dv)  # 不对样本分簇，所有样本颜色相同
fviz_dend(dv,k = 4) # 指定分簇，不同簇的样本颜色不同
```

factoextra 包

利用 dendextend 包
调整树状图可视化

8.3.3 聚类树状图可视化

在 8.3.2 小节，介绍了利用 plot() 函数可以直接绘制聚类树状图，也初步接触了一个功能强大的 fviz_dend() 函数，可以轻松绘制精美树状图。本小节让我们来详细学习如何对聚类结果进行更个性化的树状图绘制。本小节主要利用到以下两个扩展包。

（1）factoextra 包：利用 fviz_dend() 函数轻松创建一个基于 ggplot2 包的美丽树状图。

（2）dendextend 包：用来操纵树状图。

这两个扩展包都可以通过以下命令安装。

```
install.packages(c("factoextra"," dendextend"))
```

fviz_dend() 函数基于 ggplot2 包很容易绘制漂亮的树状图，还提供了绘制圆形树状图和系统生长树的类型。其基本表达形式为：

```
fviz_dend(x,k=NULL,h=NULL,k_colors=NULL,palette=NULL,
    show_labels=TRUE,color_labels_by_k=TRUE,label_cols=NULL,
    labels_track_height=NULL,repel=FALSE,lwd=0.7,
    type = c("rectangle","circular", "phylogenic"),
    phylo_layout="layout.auto", rect = FALSE,rect_border="gray",
    rect_lty=2,rect_fill=FALSE,lower_rect,horiz = FALSE,cex = 0.8,
    main="Cluster Dendrogram",xlab="",ylab="Height",sub=NULL,
    ggtheme=theme_classic(), ...)
```

该函数有非常多的参数，其中参数 x 是聚类结果对象，包括 hclust()、agnes、diana()、hcut、hkmeans 或 HCPC (FactoMineR)；参数 k 是将树状图分为多少个簇的值；参数 h 表示通过高度 h 来切割树状图（k 覆盖 h）；参数 type 表示需要绘制的类型，包括"矩形""圆形""系统生长树"；参数 horiz 表示是否绘制水平树状图；参数 ggtheme 用于设置 ggplot2 包的主题风格。

继续以数据集 USArrests 为例，先对其进行数据标准化后建立层次聚类对象 hc，然后利用 fviz_dend() 函数绘制基本树状图。运行以下代码得到结果如图 8-8 所示。

```
> hc <- hclust(dist(scale(USArrests),method="euclidean"),
+            method="ward.D2")  # 层次聚类算法
> library(factoextra)
> fviz_dend(hc)
```

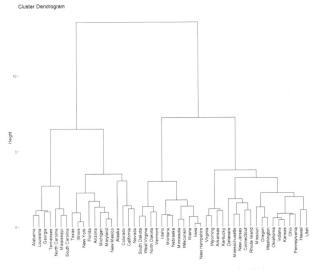

图 8-8 利用 fviz_dend () 函数绘制基本树状图

可见，不加任何美化的树状图与 plot() 函数绘制结果基本无差异，现在让我们一步步对上面的基本树状图继续进行美化。首先通过 main、sub、xlab、ylab 等参数来修改图形标题。运行以下代码得到结果如图 8-9 所示。

```
> fviz_dend(hc,main="Dendrogram-ward.D",
+           xlab="Objects",ylab="Distance",sub="")
```

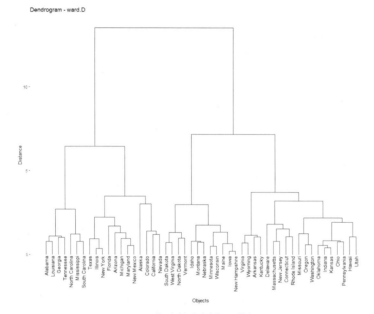

图 8-9　修改基本树状图的标题

如果将参数 show_labels 设置为 FALSE，则树状图中不显示标签。通过参数 cex 可以修改标签文字大小，参数 label_cols 可以设置标签颜色。以下代码将标签文字大小设置为 0.8，标签颜色设置为蓝色，运行以下代码得到结果如图 8-10 所示。

```
> # 设置标签文字大小和颜色
> fviz_dend(hc,label_cols ="blue",cex=0.8)
```

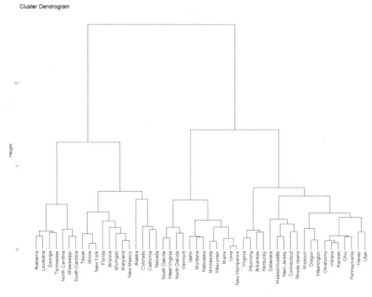

图 8-10　修改标签文字大小及颜色

当给参数 k 赋予一个数值时，将聚类树切割成给定数目的组，用不同颜色来区别各组的样本，且当参数 rect 设置为 TRUE 时，将对不同组别样本绘制灰色方框。以下代码将聚类结果分成 4 组，结果如图 8-11 所示。

```
> fviz_dend(hc,k=4,rect=TRUE)
```

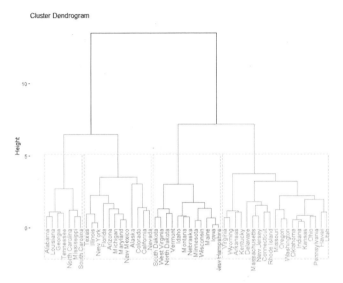

图 8-11　切割聚类树状图

如果不满意默认的配色，可以通过参数 k_colors 指定标签颜色，参数 rect_border 指定矩形方框颜色，参数 rect_lty 指定矩形框的线样式，参数 lwd 修改所有线粗细。我们通过 k_colors 和 rect_boder 指定相应的颜色，然后将线粗细修改为 1，将矩形框的线修改为实线。运行以下代码得到结果如图 8-12 所示。

```
> fviz_dend(hc,k=4,
+           k_colors=c("skyblue","violetred3","springgreen2","yellow4"),
+           color_labels_by_k=TRUE,
+           rect = TRUE,rect_lty=1,lwd=1,
+           rect_border="slategray4")
```

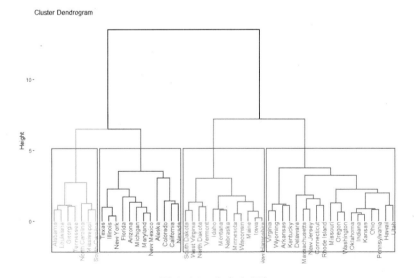

图 8-12　自定义颜色

当将参数 rect_fill 设置为 TRUE 时，则对不同组别样本区域背景色进行填充。运行以下代码得到结果如图 8-13 所示。

```
> # 自定义颜色
> fviz_dend(hc,k=4,
+           k_colors=c("skyblue","violetred3","springgreen2","yellow4"),
+           color_labels_by_k=TRUE,
+           rect=TRUE,
+           rect_border=c("skyblue","violetred3","springgreen2","yellow4"),
+           rect_fill=TRUE)
```

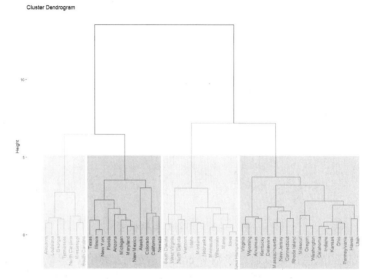

图 8-13　对不同组区域背景色填充

fviz_dend()函数还可以绘制圆形树状图和系统生长图，通过参数 type 实现。运行以下代码得到结果如图 8-14 所示。

```
> fviz_dend(hc,k=4,
+           k_colors="uchicago",type="circular")
> fviz_dend(hc,k=4,
+           k_colors="uchicago",type="phylogenic")
```

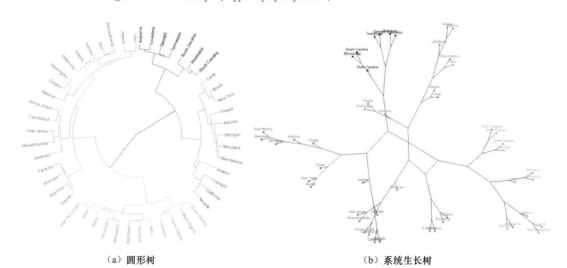

（a）圆形树　　　　　　　　　　　　（b）系统生长树

图 8-14　绘制不同类型树状图

树状图默认是 ggplot2 经典风格,可以通过参数 ggtheme 设置不同主题风格。运行以下代码,得到以灰色填充背景色、白色网格线的水平树状图,结果如图 8-15 所示。

```
> fviz_dend(hc,cex=0.8,k=4,horiz=TRUE,
+         ggtheme=theme_gray())
```

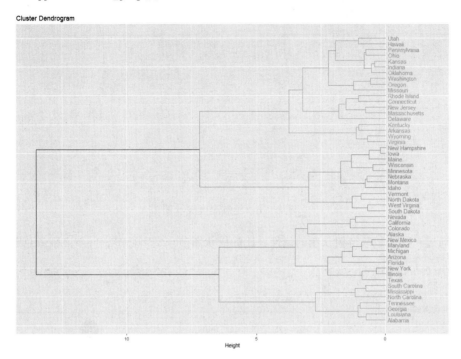

图 8-15　修改不同主题风格

dendextend 包提供了轻松更改树状图外观和比较树状图的功能。其使用的树状图格式为 dendrogram,可以对树状图做各种非常细微的调整,功能非常丰富,结合 plot()或 fviz_dend()函数可以绘制各种复杂的树状图。当处理较大数据时,处理速度会比较慢,遇到这种情况可以改用 dendextendRcpp 包,它是 Rcpp(C 语言)开发的包,功能相同但是处理速度比较快。可通过以下命令进行安装。

```
# 安装 dendextendRcpp 包
install.packages("Rcpp")
devtools::install_github('talgalili/dendextendRcpp')
```

首先我们利用 as.dendrogram()函数将 hc 转换成 dendrogram(树状图)对象。

```
> # 创建 dendrogram 对象
> library(factoextra)
> library(dendextend)
> dend<-USArrests[1:5,] %>% # 使用前 5 行数据
+     scale%>% # 数据标准化
+     dist%>%  # 计算距离矩阵
+     hclust(method="ward.D2") %>% # 层次聚类
+     as.dendrogram # 转变成 dendrogram 对象
> # 等价于
> hc<-hclust(dist(scale(USArrests[1:5,])),
+                 method="ward.D2") # 层次聚类算法
> dend<-as.dendrogram(hc) # 转变成 dendrogram 对象
```

创建 dendrogram 对象后,就可以利用 plot()或者 fviz_dend()函数绘制聚类树状图。运行以下代码得到结果如图 8-16 所示。

```
> # 绘制树状图
> dend %>% plot # 等价于 plot(dend)
```

图 8-16　绘制聚类树状图

可以通过一些函数取得树状图的属性、比如树状图节点文字标签、叶节点数和总节点数。

```
> # 查看树状图属性
> # 树状图的文字标签
> dend%>%labels
[1] "Alabama"  "Arkansas"  "Alaska"  "Arizona"  "California"
> # 树状图的叶节点数
> dend%>%nleaves
[1] 5
> # 树状图的总节点数（包含 leaves）
> dend%>%nnodes
[1] 9
```

叶节点的标签为 5 个州名，叶节点数为 5，这些都很容易理解，因为我们只利用了前 5 个样本来构建层次聚类。总节点数为 9，估计有些读者比较迷惑，不清楚 9 是如何统计出来的。为了让大家更好地理解树状图的节点属性，将图 8-16 的树状图用示意图的方式绘制出来，如图 8-17 所示。

当我们想要取得树状图中各节点的属性时，通常会使用深度优先搜索（depth-first

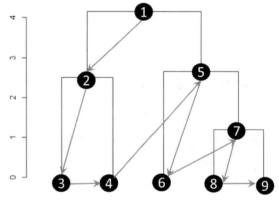

图 8-17　深度优先搜索示意图

search）的方式来"走访"每个节点。图 8-17 给出 9 个节点及顺序。利用 get_nodes_attr()函数取得各个节点的属性时，就会按照图 8-17 所示的顺序输出。

```
> # 取得各节点的高度
> dend%>%get_nodes_attr("height")
[1] 4.150703 2.507919 0.000000 0.000000 2.649251 0.000000 1.209743 0.000000 0.000000
> # 取得各节点的叶节点（leaves）数量
> dend%>%get_nodes_attr("members")
[1] 5 2 1 1 3 1 2 1 1
> # 判断是否为叶节点
> dend%>%get_nodes_attr("leaf")
[1] NA  NA  TRUE  TRUE  NA  TRUE  NA  TRUE  TRUE
> # 取得各节点的名称
> dend%>%get_nodes_attr("label")
[1] NA  NA  "Alabama"  "Arkansas"  NA  "Alaska"  NA
[8] "Arizona"  "California"
```

若要编辑树状图的各种属性,最常用的方式就是通过 set()函数来设置。它的基本表达形式为:
```
set(object,what,value)
```
其中,参数 object 是树状图对象;参数 what 是设置树状图的属性,可以接受非常多的选项,比如文字、节点、枝干等属性;参数 value 指要在树中设置的值向量(值类型取决于"what")。

通过 labels 修改节点标签文字内容,labels_col 修改标签文字颜色,labels_cex 修改标签文字大小。运行以下代码得到结果如图 8-18 所示。

```
> dend%>%
+    set("labels",c("阿拉巴马州","阿肯色州",
+                   "阿拉斯加州","亚利桑那州","加利福尼亚州")) %>%
+    set("labels_col","red") %>%
+    set("labels_cex",0.8) %>%
+    plot
```

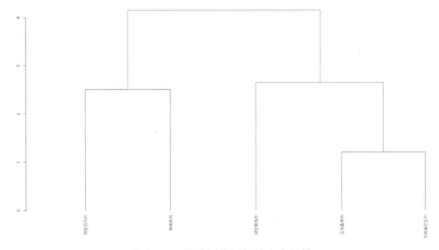

图 8-18　修改树状图标签文字属性

在标示树状图文字的颜色时,可以结合参数 k 来指定要将整棵树切成几群,通过这种方式指定每一群的颜色。运行以下代码得到结果如图 8-19 所示。

```
>dend%>%set("labels_col",c("black","gray"),k=2)%>%plot
```

图 8-19　结合 k 参数对树状图进行分群上色

set()函数亦可以用来调整节点符号的属性。运行以下代码得到结果如图 8-20 所示。

```
> dend%>%set("nodes_pch",19) %>%      # 样式
+    set("nodes_cex",2) %>%            # 大小
+    set("nodes_col",3) %>%            # 颜色
+    plot
```

若只要调整叶节点符号的属性，则可以通过运行以下代码实现，结果如图 8-21 所示。

```
> dend%>%set("leaves_pch",16)%>%      # 样式
+    set("leaves_cex",2)%>%            # 大小
+    set("leaves_col",2)%>%            # 颜色
+    plot
```

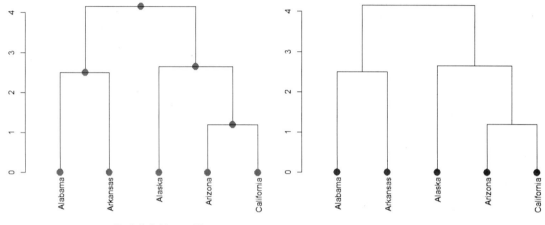

图 8-20　修改节点符号属性　　　　　　　　图 8-21　只修改叶节点符号属性

树状图的枝干线条也是可以自由调整的。运行以下代码得到结果如图 8-22 所示。

```
> dend %>% set("branches_lwd",3)%>%      # 宽度
+    set("branches_lty",2)%>%            # 样式
+    set("branches_col","red")%>%        # 颜色
+    plot
```

设置枝干颜色的时候，同样可以搭配参数 k 指定分群数量，将每一群分别设定为不同的颜色。
运行以下代码得到结果如图 8-23 所示。

```
> # 分群上色
> dend %>%
+    set("branches_lwd",3)%>%
+    set("branches_k_color",k = 3)%>% plot # 分群上色
```

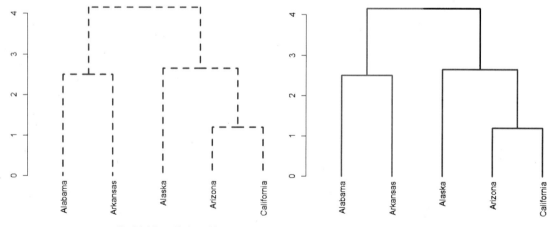

图 8-22　修改树状图线条属性　　　　　　　图 8-23　对树状图线条进行分群上色

8.3.4 比较聚类树状图

利用 dendextend
包对不同树形图
进行比较

dendextend 包可用于比较 R 语言中的簇树状图。常用的功能有以下两种。

- tanglegram()：用于比较两个树状图的可视化。
- cor.dendlist()：树枝状结构列表之间的相关矩阵。

前面例子都是利用层次聚类对样本进行分群，以下代码先利用 t()函数对数据集 mtcars 进行转置，然后通过使用两种不同的连接方法（"average"和"ward.D2"）计算层次聚类（HC）来创建两个树状图的列表。最后，将结果转换为树状图，并创建一个列表来保存两个树状图。

```
> library(dendextend)
# 对mtcars进行转置
> df<-t(mtcars)
# 计算距离矩阵
# df.dist<-dist(scale(df),method="euclidean")
# 计算两个层次聚类
> hc1<-hclust(df.dist,method="average")
> hc2<-hclust(df.dist,method="ward.D2")
# 创建两个dendrograms对象
> dend1<- as.dendrogram(hc1)
> dend2<- as.dendrogram(hc2)
# 创建一个列表来保存两个树状图
> dend_list <- dendlist(dend1, dend2)
```

可以使用 dendextend 包的以下函数对两个树状图进行可视化比较。

- untangle()：使用启发式方法找到最佳布局以对齐树状图列表。
- tanglegram()：并排绘制两个树状图，标记用线连接。
- entanglement()：计算两棵树的对齐质量。纠缠是 1（完全纠缠）和 0（无纠缠）之间的度量。较低的纠缠系数对应于良好的对齐。

利用 tanglegram()函数对 dend1、dend2 两个 dendrograms 对象的树状图进行可视化比较。运行以下代码得到结果如图 8-24 所示。

```
> tanglegram(dend1, dend2,lab.cex=1.3)
```

可以结合 untangle()函数，以最佳布局进行两个树状图并排可视化展示。运行以下代码得到结果如图 8-25 所示。

```
> dendlist(dend1,dend2) %>%
+     untangle(method="step1side") %>% # 寻找最佳布局
+     tanglegram(lab.cex=1.3)
```

使用 entanglement()函数查看两棵树的对齐质量。

```
> dendlist(dend1,dend2) %>%
+     untangle(method="step1side") %>%
+     entanglement()
[1] 0.03026257
```

经过最佳布局后的两棵树纠缠系数为 0.03，说明经过最佳布局后的两棵树对应良好的对齐。

tanglegram()函数有众多参数可对并排聚类树图进行个性化调整。运行以下代码得到结果如图 8-26 所示。

```
> # 对可视化结果进行可视化设置
> dendlist(dend1,dend2) %>%
+     untangle(method="step1side") %>%
+     tanglegram(
+       highlight_distinct_edges=FALSE, # 关闭虚线
+       common_subtrees_color_lines=FALSE, # 关闭线颜色
+       common_subtrees_color_branches=TRUE, # 打开颜色常见分支
+       lab.cex=1.3, # 标签大小设置为1.3
+       k_labels=5, # 将变量分成5类
+       rank_branches=TRUE,
+       hang=TRUE
+     )
```

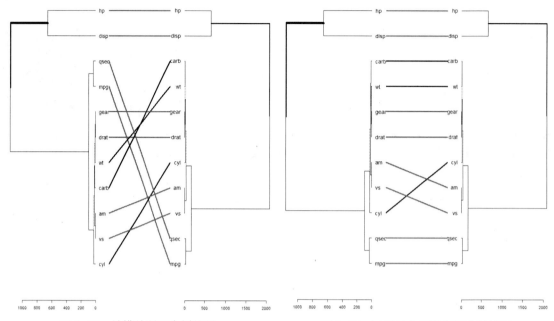

图 8-24　并排绘制两个树状图　　　　　　　　图 8-25　以最佳布局绘制两个树状图

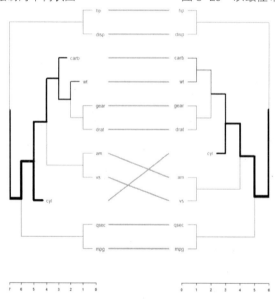

图 8-26　对并排聚类树图进行个性化调整

　　tanglegram()函数虽然可实现对两棵聚类树图对比可视化，但是无法对两者间的相关程度进行量化计算，此时可以利用 cor.dendlist()函数实现。cor.dendlist()函数用于计算列表之间的"Baker"或"Cophenetic"相关矩阵。该值可以在–1 到 1 之间。接近 0 则说明两棵树在统计上不相似。

```
> # "Cophenetic"相关系数矩阵
> cor.dendlist(dend_list, method="cophenetic")
          [,1]       [,2]
[1,] 1.0000000 0.9972841
[2,] 0.9972841 1.0000000
> # "Baker"相关系数矩阵
> cor.dendlist(dend_list,method="baker")
          [,1]       [,2]
[1,] 1.0000000 0.9720183
[2,] 0.9720183 1.0000000
```

两棵树之间的相关性也可以通过以下方式进行计算。

```
> # "Cophenetic"相关系数矩阵
> cor_cophenetic(dend1,dend2)
[1] 0.9972841
> # "Baker"相关系数矩阵
> cor_bakers_gamma(dend1,dend2)
[1] 0.9720183
```

也可以同时比较多个树状图的相关系数矩阵。为了让代码更加简洁，以下代码利用%>%符号同时运行多个函数。

```
> # 创建多个树状图
> dend1<-df%>%dist%>%hclust("complete")%>%as.dendrogram
> dend2<-df%>%dist%>%hclust("single")%>%as.dendrogram
> dend3<-df%>%dist%>%hclust("average")%>%as.dendrogram
> dend4<-df%>%dist%>%hclust("median")%>%as.dendrogram
> dend5<-df%>%dist%>%hclust("centroid")%>%as.dendrogram
> dend6<-df%>%dist%>%hclust("mcquitty")%>%as.dendrogram
> # 计算相关系数矩阵
> dend_list<-dendlist("Complete"=dend1,"Single"=dend2,
+                     "Average"=dend3,"Median"=dend4,
+                     "Centroid"=dend5,"Mcquitty"=dend6)
> cors<-cor.dendlist(dend_list)
> round(cors,3)
         Complete  Single  Average  Median  Centroid  Mcquitty
Complete    1.000   0.995    0.999   0.997     0.998     0.999
Single      0.995   1.000    0.998   1.000     0.999     0.998
Average     0.999   0.998    1.000   0.999     0.999     1.000
Median      0.997   1.000    0.999   1.000     1.000     0.999
Centroid    0.998   0.999    0.999   1.000     1.000     1.000
Mcquitty    0.999   0.998    1.000   0.999     1.000     1.000
```

8.4 K-均值聚类

K-均值聚类是一种经典的聚类算法，属于划分聚类算法，即进行一层划分得到 k 个簇。与层次聚类算法事先不需要指定簇数不同，K-均值聚类需要用户事先确定好簇的个数。K-均值聚类的效率要优于层次聚类，适合用于大数据快速聚类。

K-means 聚类算法
原理及案例实现
详解

8.4.1 K-均值聚类原理

K-均值算法目标是将 n 个对象划分到 k 个簇中，使得每个对象都属于离它最近的簇中心对应的类。算法的目的是使组内平方和（Within-Cluster Sum of Squares，WCSS）最小。假设 x 是一组给定观测点，$S=\{S_1,S_2,...,S_k\}$ 代表 k 个划分，μ_i 是 S_i 的中心，WCSS 公式定义如下：

$$f = \sum_{i=1}^{k}\sum_{x \in S_i} \| x - \mu_i \|^2$$

通常将每个对象映射到欧氏空间的一个点，两点距离越近越相似，即把欧氏距离作为相异性度量。K-均值聚类是一种迭代（iteractive）算法，此聚类过程先对对象粗略分类，然后按照 WCSS 最小化原则逐步修改分类，直至最优为止。K-均值聚类是快速聚类的重要方法，算法过程主要分为以下 5 个步骤：

（1）指定聚类个数 k；

（2）随机产生 k 个划分；

（3）计算每个划分的中心；

（4）将观察点分配到距离簇中心最近的一个簇中；

（5）重复步骤（2）、（3）、（4），直到 WCSS 基本不发生变化（达到最小化）。

K-均值聚类方法效率高，结果易于理解，但也有很多缺点：

（1）需要事先指定簇个数 k；

（2）只能对数值数据进行处理；

（3）只能保证是局部最优，而不一定是全局最优（不同的起始点可能导致不同的结果）；

（4）对噪声和孤立点数据敏感。

8.4.2　K-均值聚类的 R 语言实现

在 R 语言中，可以利用 kmeans() 函数进行 K-均值聚类。其基本表达形式为：

kmeans(x, centers, iter.max = 10, nstart = 1)

其中参数 x 为数值矩阵、数值变量的数据框或数值向量；参数 centers 为需要划分的簇个数；参数 iter.max 为最大迭代次数，默认最大值为 10；参数 nstart 为选择随机起始中心点的次数，默认为 1，通常建议尝试 nstart>1。

以鸢尾花数据集 iris 的前 4 列作为特征，对 150 个样本进行分群。K-均值聚类要求用户指定要生成的聚类数，可以通过设置不同的 k 值（一般为 2～10）构建算法模型后查看 WCSS 值来选择最优的划分簇个数。R 提供了多种手段来帮助用户选择最佳簇个数 k，我们将在 8.7 节中详细介绍。在这里，提供简单的解决方案，该方案使用不同的簇值来计算 k 均值聚类，根据簇的数量绘制组内平方和，曲线中弯曲（拐点）的位置通常被视为较优簇个数。

factoextra 包中的 fviz_nbclust() 函数提供了一种方便的解决方案来估计最佳簇数。运行以下命令得到结果如图 8-27 所示。

```
> df<-iris[,1:4] # 选取前 4 列
> # 寻找最佳簇数 K
> library(factoextra)
> fviz_nbclust(df,kmeans,method="wss") +
+     geom_vline(xintercept=3,lty=2,col="steelblue",lwd=1)
```

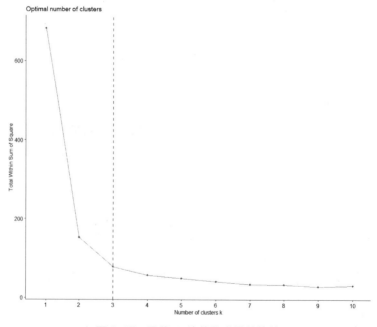

图 8-27　寻找 K-均值聚类最佳簇数

图 8-27 显示的是在不同簇数 k 时组内平方和的差异（y 轴值）。它随着 k 的增加而减少，但在 k 为 3 时出现拐点，表明超过 3 簇的划分聚类几乎没有价值。下面代码利用 kmeans() 函数将样本分为 3 簇。

```
> set.seed(1234) # 设置随机种子，保证每次运行结果一致
> km.res <- kmeans(df, 3, nstart = 25) # 构建 K-均值聚类
> names(km.res) # 查看 K-均值聚类结果包含的对象
[1] "cluster"    "centers"    "totss"     "withinss"    "tot.withinss"
[6] "betweenss"  "size"       "iter"      "ifault"
```

由于 K-均值聚类的最终结果对随机起始中心分配敏感，建模时我们指定参数 nstart 的值为 25，这意味着 R 将尝试 25 个不同的随机起始中心分配，然后自动选择与群集变化中具有最低分数的最佳结果。R 中 nstart 的默认值为 1。但是，强烈建议计算具有较大 nstart 值的 K-均值聚类，例如 25 或 50，以便获得更稳定的结果。

K-均值聚类结果包含 cluster（聚类的结果，也就是每个对象所属的类）、centers（各类别的特征类中心值）、totss（总平方和）、withinss（聚类的各类内平方和）、tot.withinss（聚类的总的类内平方和，用于衡量类内差异，等于 sum(withiness)）、betweenss（聚类的类间平方和，用来衡量类间差异，等于 totss-tot.withinss）、size（各类别的对象个数）。

```
> km.res$centers # 查看各类中心特征值
  Sepal.Length  Sepal.Width  Petal.Length  Petal.Width
1    5.006000     3.428000     1.462000     0.246000
2    5.901613     2.748387     4.393548     1.433871
3    6.850000     3.073684     5.742105     2.071053
> km.res$size # 查看各类的样本数
[1] 50 62 38
> km.res$tot.withinss # 查看总的类内平方和（组间平方和）
[1] 78.85144
```

可以对 K-均值聚类的数据划分结果进行可视化展示，但当特征数量多于 2 个时就无法在二维空间中来展示数据聚类过程。此时可以使用二元聚类图先将变量减少成两个主要成分，然后利用可视化来展示数据聚类的结果。可以利用 cluster 包的 clusplot()函数或 factoextra 包的 fviz_cluster()函数实现。此处利用 fviz_cluster()函数绘制二元聚类图，运行以下代码得到结果如图 8-28 所示。

```
> # 绘制二元聚类图
> fviz_cluster(km.res,iris[,1:4])
```

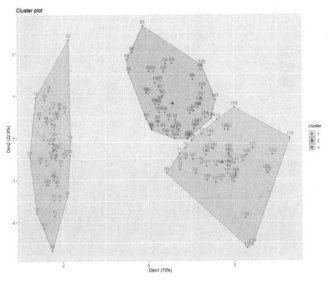

图 8-28　绘制二元聚类图

绘制分别以主成分 1、主成分 2 为 x 轴、y 轴的数据样本散点图，同一簇内的数据点采用相同颜色和形状绘制。

最后，通过以下代码利用 table()函数查看实际种类与聚类结果的混淆矩阵，以及聚类效果。

```
> # 计算混淆矩阵
> table(iris$Species,km.res$cluster)
```

```
            1    2    3
setosa      50    0    0
versicolor   0   39   11
virginica    0   14   36
```

从结果可知，类别 1 代表 setosa、类别 2 代表 versicolor、类别 3 代表 virginica；其中 setosa 能完全分群，versicolor 和 virginica 有较多样本未能正确分群。

K-中心点聚类算法
原理及案例详解

8.5　K-中心点聚类

K-中心点聚类与 K-均值聚类在原理上十分相近，它是针对 K-均值聚类易受极值影响这一缺点而改进的算法。在原理上的差异在于选择各类别中心点时，K-中心点聚类不取样本均值点，而在类别内选取到其余样本距离之和最小的样本为中心点。

用 R 中 cluster 包中的 pam() 函数实现 K-中心点聚类，该函数的基本表达形式为：

```
pam(x,k,diss=inherits(x,"dist"),
    metric=c("euclidean","manhattan"),
    medoids=NULL,stand=FALSE,cluster.only=FALSE,
    do.swap=TRUE,
    keep.diss=!diss&&!cluster.only&&n<100,
    keep.data=!diss&&!cluster.only,
    pamonce=FALSE,trace.lev=0)
```

其中，参数 x 与 k 分别表示待处理数据及类别数；metric 用于选择样本点间距离测算的方式，可供选择的有"euclidean"与"manhattan"；mediods 默认取 NULL，即由算法选择初始中心点样本，也可指定一个 k 维向量来指定初始点；stand 用于选择对数据进行聚类前是否需要进行标准化处理；cluster.only 用于选择是否仅获取各样本所归属的类别（cluster vector）这一项聚类结果，若选择 TRUE，则聚类过程效率更高；keep.data 用于选择是否在聚类结果中保留数据集。

使用 pam() 函数也需要指定要划分的类别数量，首先使用 fviz_nbclust() 函数估计最佳簇数，此时使用默认的 silhouette（轮廓系数）方法。运行以下代码得到结果如图 8-29 所示。

```
> df <- iris[,1:4] # 选取前 4 列
> # 寻找最佳簇数 k
> library(factoextra)
> fviz_nbclust(df,pam)
```

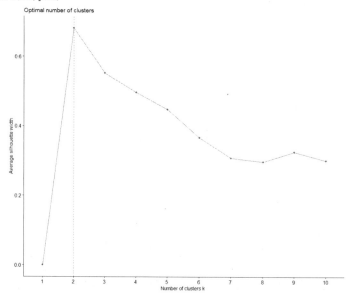

图 8-29　寻找 K-中心点聚类最佳簇数

从图 8-29 可知,利用轮廓系数作为衡量指标得到的最佳簇数为 2。下面代码利用 pam()函数将对象划分为 2 类。

```
> # k-medoids 算法
> if(!require(cluster)) install.packages("cluster")
> pam.res <- pam(df,2)
> names(pam.res) # 查看 pam 的对象
 [1] "medoids"    "id.med"     "clustering" "objective"  "isolation"  "clusinfo"
 [7] "silinfo"    "diss"       "call"       "data"
```

其中,medoids 为各类中心点的样本;clustering 为聚类的结果,也就是每个对象所属的类。可以通过 cbind()函数将类结果增加到原始数据集中。

```
> pam.res$medoids # 查看各类中心样本
     Sepal.Length Sepal.Width Petal.Length Petal.Width
[1,]          5.0         3.4          1.5         0.2
[2,]          6.2         2.8          4.8         1.8
> pam_result<-cbind(df,pam.res$clustering) # 增加聚类结果
> head(pam_result)
  Sepal.Length Sepal.Width Petal.Length Petal.Width pam.res$clustering
1          5.1         3.5          1.4         0.2                  1
2          4.9         3.0          1.4         0.2                  1
3          4.7         3.2          1.3         0.2                  1
4          4.6         3.1          1.5         0.2                  1
5          5.0         3.6          1.4         0.2                  1
6          5.4         3.9          1.7         0.4                  1
```

利用 fviz_cluster()函数绘制二元聚类图,运行以下代码得到结果如图 8-30 所示。

```
> # 绘制二元聚类图
> fviz_cluster(pam.res,iris[,1:4])
```

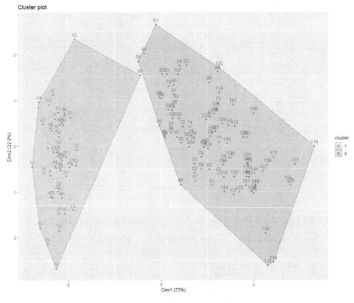

图 8-30 绘制二元聚类图

还可以利用 fpc 包的 pamk()函数实现 K-中心点聚类。该函数不要求用户输入 k 的值,而是调用 pam()或 clara()函数根据最优平均阴影宽度估计的聚类簇个数来划分数据。运行以下代码得到 pamk()函数的 K-中心点对象,并查看得到的簇数。

```
> library(mclust)
> library(mvtnorm)
> library(fpc)
> pamk.res<-pamk(df) # K-中心点聚类
> pamk.res$nc  # 查看簇数
[1] 2
```

可见，通过 pamk()函数得到的最佳簇数也为 2，通过以下代码查看 pam()和 pamk()函数找到的类中心样本是否一致。

```
> pamk.res$pamobject$medoids
      Sepal.Length    Sepal.Width    Petal.Length    Petal.Width
[1,]        5.0            3.4            1.5             0.2
[2,]        6.2            2.8            4.8             1.8
> pam.res$medoids
      Sepal.Length    Sepal.Width    Petal.Length    Petal.Width
[1,]        5.0            3.4            1.5             0.2
[2,]        6.2            2.8            4.8             1.8
```

结果表明类中心样本一致。利用 plot()函数绘制样本分类结果及各类别的轮廓系数，运行以下代码得到结果如图 8-31 所示。

```
> par(mfrow=c(1,2))
> plot(pamk.res$pamobject)
> par(mfrow=c(1,1))
```

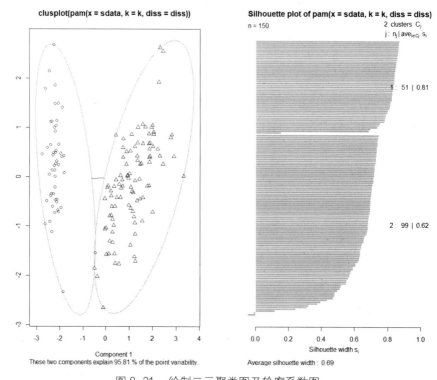

图 8-31 绘制二元聚类图及轮廓系数图

K-中心点聚类除了有对异常值不敏感优点外，还能处理各种数据类型变量。以下代码利用 iris 的所有变量进行聚类，使用 K-均值聚类则会报错。

```
> km.res<-kmeans(iris,2)
Error in do_one(nmeth):NA/NaN/Inf in foreign function call(arg 1)
In addition: Warning message:
In storage.mode(x)<-"double":NAs introduced by coercion
> pam.res<-pam(iris,2)
> pam.res$medoids
      Sepal.Length    Sepal.Width    Petal.Length    Petal.Width    Species
[1,]        5.0            3.4            1.5             0.2            1
[2,]        6.1            2.9            4.7             1.4            2
```

请注意，对于大型数据集，pam()函数可能需要太多内存或太多的计算时间。在这种情况下，可以首选 clara()函数。使用 clara()函数步骤如下。

（1）从原始数据集中随机创建具有固定大小的多个子集（Sampsize）。

（2）在每个子集上计算 pam()函数并选择相应的 k 个代表对象（Medoids）。将整个数据集的每个观察值分配给最接近的 medoid。

（3）计算观测值与其最接近的中位数的不相似度的平均值（或总和），用于衡量聚类的好坏。

（4）保留平均值（或总和）最小的子数据集，对最终分类进行进一步分析。

对 clara()函数的用法感兴趣的读者请查阅帮助文档。

8.6 密度聚类

8.6.1 密度聚类原理

除了使用距离作为聚类指标，我们还可以使用密度作为聚类指标来对数据进行聚类处理，将分布稠密的样本与分布稀疏的样本分离开。基于密度的聚类算法能够挖掘任意形状的簇，此算法把一个簇视为数据集中密度大于某阈值的一个区域。具有噪声的基于密度的聚类（Density-Based Spatial Clustering of Applications with Noise，DBSCAN）算法是最著名的密度聚类算法。

基于密度聚类的基本思想是只要样本点的密度大于某阈值，就将该样本添加到最近的簇中。这类算法能克服基于距离的聚类算法只能发现"类圆形"（凸）的聚类的缺点，其可以发现任意形状的聚类，且对噪声数据不敏感。

在探讨密度聚类算法的处理过程之前，我们有必要先掌握一些重要的背景知识。基于密度的聚类算法通常需要考虑两个参数：Eps 和 MinPts。

（1）Eps 为最大邻域半径。需要事先设定，给定一个对象（一个样本点）的半径在 Eps 内的区域。

（2）MinPts 是半径为 Eps 的区域内点个数的阈值，即邻域半径范围内的最小点数。

确定好这两个参数的值后，如果给定对象其邻域半径范围样本点数大于 MinPts，则称该对象为核心点；如果一个对象其邻域半径范围内的样本点数小于 MinPts，但紧挨着核心点，则称该对象为边缘点（边界点）；如果一个对象的 Eps 邻域范围内的样本点个数大于 MinPts，则称该对象为核心对象。

进一步，我们还需要定义两点间密度可达的概念，分为直接密度可达和密度可达两种。

（1）直接密度可达：给定数据集，设定好 Eps 和 MinPts，如果点 p 在点 q 的半径范围内，且点 q 是一个核心对象，则从点 p 到点 q 是直接密度可达的，如图 8-32（a）所示。

（2）密度可达：给定数据集，设定好 Eps 和 MinPts，若点 p 到点 r 是直接密度可达的，点 q 到点 r 也是直接密度可达的，则点 p 到点 q 是密度可达的，如图 8-32（b）所示。

掌握了基于密度聚类的初步概念，我们就可以解释应用最广的密度聚类算法 DBSCAN 的处理过程，步骤如下。

（1）随机选取一个点 p。

（2）在给定 Eps 和 MinPts 值的条件下，获得所有点 p 密度可达的点。

（3）如果点 p 是核心对象，则点 p 和所有点 p 密度可达的点被标记为一个簇；如果点 p 是一个边缘点，找不到密度可达点，则将其标记为噪声，接着处理其他点。

（4）重复该过程，直到所有点都被处理完。

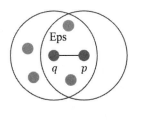
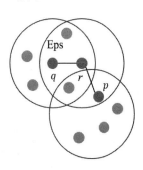

（a）直接密度可达　　（b）密度可达

图 8-32　直接密度可达和密度可达

　　基于密度聚类的优点在于其根据点的密度聚类，不需要用户指定生成的簇个数，能够处理噪声数据，也能处理任意形状和大小的簇。但其缺点在于当簇的密度变化太大或数据的维度较高时，密度聚类的参数比较难定义。

8.6.2　密度聚类的 R 语言实现

　　fpc 包中的 dbscan() 函数用于实现 DBSCAN 算法，其函数格式如下：

```
dbscan(data,eps,MinPts=5,scale=FALSE,method=c("hybrid","raw","dist"),
        seeds=TRUE,showplot=FALSE,countmode=NULL)
```

　　其中，参数 data 为待聚类数据集或距离矩阵；eps 为考察每一样本点是否满足密度要求时，所划定考察领域的半径；MinPts 为密度阈值，当考察点 eps 领域内的样本点数大于等于 MinPts 时，该点才被认为是核心对象，否则为边缘点；scale 用于选择是否在聚类前先对数据集进行标准化处理；method 用于选择如何处理 data，其中"hybrid"表示 data 为距离矩阵，"raw"表示 data 为原始数据集，且不计算其距离矩阵，"dist"也将 data 视为原始数据集，但计算距离矩阵；showplot 用于选择是否输出聚类结果示意图，取值为 0、1、2，分别表示不绘图、每次迭代都绘图、仅对子迭代过程绘图。

　　factoextra 包中数据集 multishapes 包含任何形状簇（椭圆形、线形和"S"形簇）的数据。常用于比较基于密度的聚类（如 DBSCAN）和基于距离的聚类（如 K-均值聚类）。我们先通过可视化手段查看数据集的样本点分布情况。运行以下代码得到结果如图 8-33 所示。

```
> library(fpc)
> data("multishapes")
> # 数据可视化
> library(ggplot2)
> ggplot(data=multishapes,
+           aes(x=x,y=y,shape=factor(shape),color=factor(shape))) +
+     geom_point()
```

　　从图 8-33 可知，类别 1、2 为圆形簇，类别 3、4 为线形簇，类别 5 和 6 结合像"S"形簇。此外，有部分类别 5 的样本散落在其他类别周围。

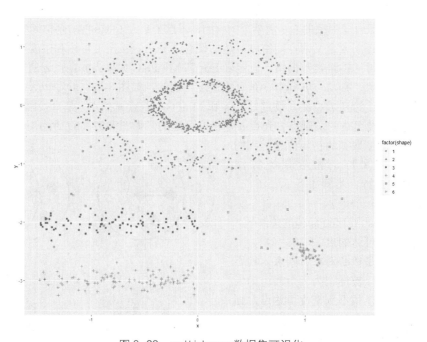

图 8-33　multishapes 数据集可视化

我们先通过 K-均值聚类算法对样本进行聚类，并利用 fviz_cluster() 函数对聚类结果进行可视化。运行以下代码得到结果如图 8-34 所示。

```
> # K-均值聚类算法及结果可视化
> set.seed(123)
> km.res <- kmeans(multishapes[,1:2], 5, nstart = 25)
> fviz_cluster(km.res, multishapes[,1:2], geom = "point",
+                ellipse= FALSE, show.clust.cent = FALSE,
+                palette = "jco", ggtheme = theme_classic(),
+                main = "K-均值聚类结果可视化")
```

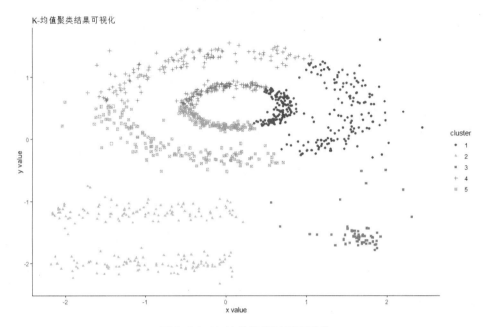

图 8-34　K-均值聚类结果可视化

从图 8-34 结果可知，K-均值聚类算法并未能达到我们期待的效果。比如，簇 1、4、5 代表的是 shape 为 1、2 的样本，未能识别出圆形簇；簇 2 代表的是 shape 为 3、4 的样本。对于该数据集，K-均值聚类算法几乎未能正确识别出其中一类样本，效果极差。

接下来，我们利用 dbscan() 函数生成密度聚类，并使用 fviz_cluster() 函数对聚类结果进行可视化。运行以下代码得到结果如图 8-35 所示。

```
> # 密度聚类算法及结果可视化
> db <- dbscan(multishapes[,1:2],eps = 0.15,MinPts = 5)
> fviz_cluster(db, data = multishapes[,1:2], stand = FALSE,
+                ellipse = FALSE, show.clust.cent = FALSE,
+                geom = "point",palette = "jco", ggtheme = theme_classic(),
+                main = "DBSCAN 聚类结果可视化")
```

图 8-35 中的黑圆点对应于异常值，故 DBSACN 常用于异常值检测。可以看出，与 K-均值聚类算法相比，DBSCAN 对这些数据集表现更好，并且可以识别正确的集群集。

以下代码显示作为核心点和边界点的聚类的点数的统计信息。

```
> db
dbscan Pts=1100 MinPts=5 eps=0.15
         0     1     2     3     4     5
border  31    24     1     5     7     1
seed     0   386   404    99    92    50
total   31   410   405   104    99    51
```

在上面的显示结果中，列名称是簇编号，簇 0 对应异常值（DBSCAN 图中的黑点）。行 border 为边界点，行 seed 为核心点。

169

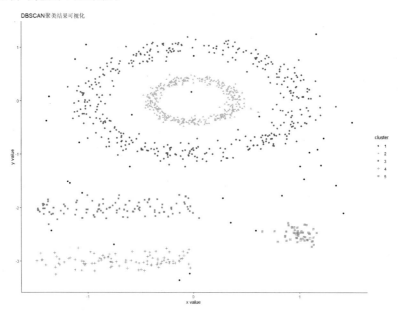

图 8-35　DBSCAN 聚类结果可视化

为了更好地对比密度聚类分群结果与实际 shape 的差异，我们将分群结果增加到数据集 multishapes 中，并通过可视化进行展示，其中 cluster 代表散点颜色，shape 代表散点形状。运行以下代码得到结果如图 8-36 所示。

```
> # 将cluster增加到数据集中
> df <- cbind(multishapes,cluster=db$cluster)
> # 结果可视化
> ggplot(data=df,
+         aes(x=x,y=y,shape=factor(shape),color=factor(cluster))) +
+    geom_point(size=3)
```

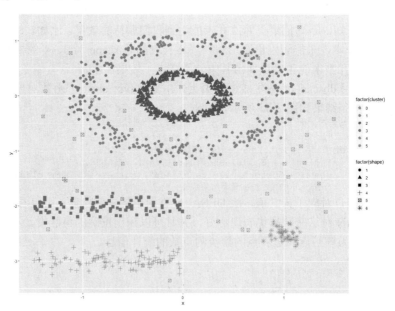

图 8-36　对比样本形状及聚类结果

从图 8-36 可知，shape 为 1 的样本为簇 1，其中有 2 个样本被归为异常值；shape 为 3 的样本全部为簇 3；shape 为 4 的样本为簇 4，有 2 个样本被归为异常值。

以下代码利用 table()函数查看变量 shape 和 cluster 的混淆矩阵。

```
> # 查看混淆矩阵
> table(df$shape,df$cluster)

     0    1    2    3    4    5
1    2  398    0    0    0    0
2    0    0  400    0    0    0
3    0    0    0  100    0    0
4    2    0    0    0   98    0
5   27   12    5    4    1    1
6    0    0    0    0    0   50
```

结果与图 8-34 传递的信息一致。

DBSCAN 算法对用户定义参数半径 E 及密度阈值 MinPts 很敏感，参数取值细微的不同可能会导致差别很大的结果。可利用样本点的 K 最近邻距离的方法来确定 Eps 值。该方法的思想是首先计算每个点到其 K 个最近邻距离平均值，此处 K 的值对应由用户指定的 MinPts，然后以升序绘制这些"K 距离"，目的是找到 K 距离曲线的"拐点"，对应于沿着 K 距离曲线发生急剧变化的阈值。

dbscan 包中的 kNNdistplot()函数可以绘制 K 距离图，在使用该函数前，请先通过 install.packages("dbscan")命令下载安装 bdscan 包。运行以下代码得到结果如图 8-37 所示。

```
> # 用于确定最佳 Eps 值的方法
> library(dbscan)
> kNNdistplot(multishapes[,1:2], k = 5)
> abline(h = 0.15, lty = 2)
```

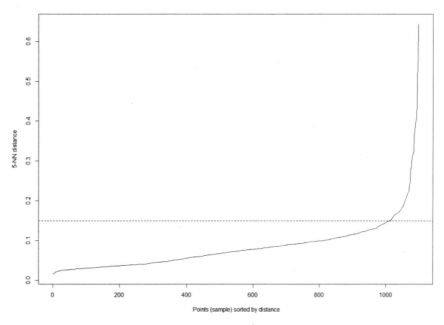

图 8-37 K 距离图

从图 8-37 可以看出，最佳 Eps 值约为 0.15。

8.7 集群评估及验证

聚类评估用于评估在数据集上进行聚类的可行性和聚类结果。聚类评估主要包括：估计聚类趋势、确定数据集中的簇数、测定聚类质量。

8.7.1　估计聚类趋势

对于给定的数据集，需评估该数据集是否存在非随机结构。盲目地在数据集上使用聚类方法返回的一些簇可能有误导性。仅当数据中存在非随机结构，对数据集的聚类分析才有意义。

聚类趋势用于评估数据集是否具有有意义聚类的非随机结构。一个没有任何非随机结构的数据集，尽管聚类算法可以为该数据集返回簇，但这些簇是随机的，没有任何意义。应该在对数据集进行聚类之前评估其聚类趋势。

下面介绍利用可视化和统计方法进行聚类趋势评估。

以下代码利用 iris 生成随机数据集 random_df，并对生成的数据集进行标准化处理。

```
> # 数据准备
> df <- iris[,1:4]
> random_df <- apply(df, 2, function(x){runif(length(x), min(x), (max(x)))})
> random_df <- as.data.frame(random_df)
> df <- scale(df)
> rarandom_df <- scale(random_df)
```

我们先对数据进行可视化，从视觉上直观评估它们是否包含有意义的集群。由于数据集包含两个以上的变量，需要对数据进行降维再绘制散点图。此处利用主成分分析进行降维，然后使用 fviz_pca_ind() 函数进行数据可视化。运行以下代码得到结果如图 8-38 所示。

```
> # 数据可视化
> # 对莺尾花数据进行绘制
> fviz_pca_ind(prcomp(df),title="PCA-Iris data",
+              habillage=iris$Species, palette = "jco",
+              geom="point", ggtheme=theme_classic(),
+              legend="bottom")
> # 对随机生成的数据进行绘制
> fviz_pca_ind(prcomp(random_df),title="PCA - Random data",
+              geom="point",ggtheme=theme_classic())
```

从图 8-38 可知，图（a）数据集 iris 包含 3 个真实簇，但图（b）随机生成的数据集不包含任何有意义的集群。

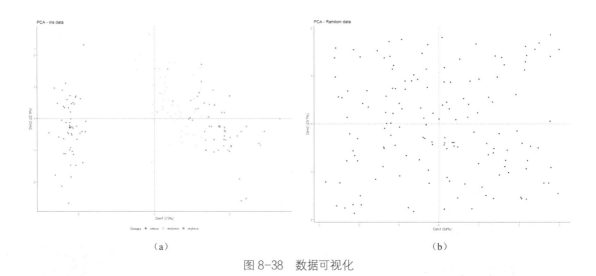

图 8-38　数据可视化

接下来，我们用统计方法来衡量聚类趋势。霍普金斯统计量（Hopkins statistic）使用空间统计量来检验变量的空间分布随机性。其计算步骤如下：

（1）均匀地从 D 空间中抽取 n 个点 $p_1, p_2, \dots, p_n$，对每个点 $p_i (1 \le i \le n)$，找出 p_i 在 D 中的

最近邻，并令 x_i 为 p_i 与它在 D 中最近邻之间的距离，即：

$$x_i = \min_{v \in D} \left\{ \mathrm{dist}(p_i, v) \right\}$$

（2）均匀地从 D 空间中抽取 n 个点 $q_1, q_2, \ldots, q_n$，对每个点 $q_i (1 \leqslant i \leqslant n)$ 找出 q_i 在 D–$\{q_i\}$ 中的最近邻，并令 y_i 为 q_i 与它在 D–$\{q_i\}$ 中的最近邻之间的距离，即：

$$y_i = \min_{v \in D, v \neq q_i} \left\{ \mathrm{dist}(q_i, v) \right\}$$

（3）计算霍普金斯统计量 H：

$$H = \frac{\sum_{i=1}^{n} y_i}{\sum_{i=1}^{n} x_i + \sum_{i=1}^{n} y_i}$$

如果样本接近随机分布，H 的值接近 0.5；如果聚类趋势明显，即 H 的值接近 1。

factoextra 包的 get_clust_tendency()函数能返回霍普金斯统计量，返回结果是一个包含两个元素的列表：hopkins_stat 和 plot。

```
> # 计算霍普金斯统计量
> # Iris 数据集
> res1 <- get_clust_tendency(df,n=nrow(df)-1,graph=FALSE)
> res1$hopkins_stat
[1] 0.8184781
> # random_df 数据集
> res2 <- get_clust_tendency(random_df,n=nrow(random_df)-1,graph=FALSE)
> res2$hopkins_stat
[1] 0.5188148
```

可以看出，iris 数据集是高度可聚类的（$H = 0.811$，接近 1）。但是 random_df 数据集不可聚集（$H = 0.52$）。

8.7.2　确定数据集中的簇数

确定数据集中的最佳簇数是分层聚类中的基本问题，例如 K-均值聚类，其要求用户指定要生成的聚类数 k。不过群集的最佳数量在某种程度上是主观的，并且取决于用于测量相似性的方法和用于分层的参数。一个简单而流行的方法是对分层聚类生成的树状图可视化，以查看聚类的簇数量。但是，这种方法也是主观的。

如果没有任何先验知识，建议设置 k 为 $\sqrt{\dfrac{n}{2}}$，其中，n 表示数据集中的样本总数。然而，该经验规则可能会导致大型数据集中的聚类簇数比较庞大。因此另一种经验规则建议将 k 设置为 2～10，不断尝试寻找最优聚类簇数。幸运的是，还有其他的统计方法可以帮助我们找到合适的聚类簇数。

肘部法（elbow method）用于计算不同的 k 值类内部的同质性或者异质性是如何变化的。随着 k 值的增大，期望类内部的同质性是上升的；类似地，异质性将随着 k 的增大而持续减小。所以我们的目标不是最大化同质性或者最小化异质性，而是要找到一个 k，使得高于该值之后的收益会发生递减，这个 k 值就是肘部点（elbow point），因为它看起来像人的肘部，俗称"拐点"。

有许多用来度量类内部同质性或异质性的统计量。常用的统计量有聚类簇内总平方和（wss）、平均轮廓系数（silhouette）和差距统计（gap statistic）。

使用 factoextra 包的 fviz_nbclust()函数可以绘制肘部法的 K 曲线，统计量指标包括 wss、silhouette 和 gap statistic。该函数的基本表达形式为：

```
fviz_nbclust(x, FUNcluster, method = c("silhouette", "wss", "gap_stat"))
```

其中参数 x 是数值矩阵或数据框；参数 FUNcluster 是聚类算法，包括 kmeans、pam、clara、

fanny 和 hcut；参数 method 是统计量，默认是平均轮廓系数。

对数据集 iris 进行 K-均值聚类，并通过 fviz_nbclust()函数，分别利用 wss、silhouette 和 gap statistic 方法寻找最优簇数。运行以下代码得到结果如图 8-39 所示。

```
> library(factoextra)
> df <- scale(iris[,1:4])
# 聚类簇内总平方和
> fviz_nbclust(df, kmeans, method = "wss") +
+     labs(subtitle = "聚类簇内总平方和")
# 轮廓系数
> fviz_nbclust(df, kmeans, method = "silhouette")+
+     labs(subtitle = "轮廓系数")
# 差距统计
> set.seed(123)
> fviz_nbclust(df, kmeans, nstart = 25, method = "gap_stat", nboot = 50)+
+     labs(subtitle = "差距统计")
Clustering k = 1,2,..., K.max (= 10): .. done
Bootstrapping, b = 1,2,..., B (= 50)  [one "." per sample]:
.............................. 50
```

从图 8-39 可知，利用 wcc 得到 K 曲线时，拐点出现在 k=2，利用 silhouette 时的建议最佳簇数为 2；利用 Gap statistic 时的建议最佳簇数为 2；故对数据集 iris，集群簇数为 2 更合适。

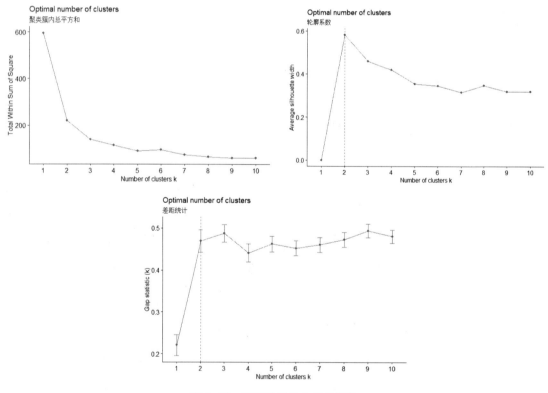

图 8-39　确定数据集中最佳簇数

8.7.3　集群验证

聚类分析仅根据数据本身将样本分组。其目标是使得同一组内的对象是相似的（相关的），而不同组中的对象是不相似的（不相关的）。组内的相似性越大，组间差别越大，聚类效果越好。

通常，集群验证的统计方法可以分为以下三类。

（1）内部集群验证。使用集群过程的内部信息来评估集群结构的好坏而不参考外部信息。还可以用于估计簇的数量和适当的聚类算法，而无需要任何外部数据。

（2）外部集群验证。包括将集群分群的结果与外部已知结果（例如外部提供的类标签）进行比较。它测量群集标签与外部提供的类标签匹配的程度。

（3）相对聚类验证。其通过改变相同算法的不同参数值来评估聚类结构（例如改变聚类数 k）。它通常用于确定最佳簇数。

接下来，将介绍如何使用 fpc 包的 cluster.stat() 函数来评估不同聚类算法的性能。以下代码使用 factoextra 包的 eclust() 函数完成 K-均值聚类算法和层次聚类算法。

```
> library(factoextra)
> library(fpc)
> df <- scale(iris[,1:4])
> # K-均值聚类
> km.res <- eclust(df,"kmeans",k = 3, nstart = 25, graph = FALSE)
> # 层次聚类
> hc.res <- eclust(df, "hclust", k = 3, hc_metric = "euclidean",
+                  hc_method = "ward.D2", graph = FALSE)
```

通常使用 within.cluster.ss() 和 avg.silwidth() 这两个函数来验证聚类算法。运行以下代码查看两个聚类算法在这两个统计量上的表现。

```
# 以列表显示聚类结果的统计信息
> sapply(list(kmeans = km.res$cluster,hc_ward.D2 = hc.res$cluster),
+        function(c)cluster.stats(dist(df),c)[c("within.cluster.ss","avg.silwidth")])
                        kmeans    hc_ward.D2
within.cluster.ss   138.8884     147.8837
avg.silwidth       0.4599482     0.446689
```

从输出结果可以得知，within.cluster.ss() 函数计算的是每个聚类内部的距离平方和，而 avg.silwidth() 函数计算的是平均轮廓值。within.cluster.ss() 函数计算同一个簇之间对象的相关程度，值越小则簇内对象相关性越大。avg.silwidth() 函数则同时考虑了簇内对象聚合度和簇间对象分离度。通常轮廓系数取值范围为[0,1]，越接近于 1 说明聚类效果越好。从 within. cluster.ss 和 avg.silwidth 指标对比可知，K-均值聚类效果要优于层次聚类。

cluster.stats() 函数返回结果还包含众多其他评价指标，运行以下代码查看聚类结果的 DUNN 指标，该值越大越好。

```
# 查看DUNN指标
> sapply(list(kmeans = km.res$cluster,hc_ward.D2 = hc.res$cluster),
+        function(c)cluster.stats(dist(df),c)[c("dunn","dunn2")])
            kmeans     hc_ward.D2
dunn    0.02649665    0.09826715
dunn2    1.600166      1.584988
```

当聚类结果有"标准答案"（有外部类标签）时，可以使用调整兰德系数（Adjusted Rand Index，ARI）评价聚类效果：

$$t_1 = \sum_{i=1}^{K_A} C_{N_i}^2, t_2 = \sum_{j=1}^{K_B} C_{N_j}^2, t_3 = \frac{2t_1 t_2}{N(N-1)}$$

$$\text{ARI}(A,B) = \frac{\sum_{i=1}^{K_A}\sum_{j=1}^{K_B} C_{N_{ij}}^2 - t_3}{\frac{t_1 t_2}{2} - t_3}$$

其中，A 和 B 是数据集 Z 的两个实际类别，分别有 K_A 和 K_B 簇；N_{ij} 表示在划分 A 的第 i 个簇中的数据同时也在划分 B 的第 j 个簇中样本的数量；N_i、N_j 分别表示划分 A 中第 i 个簇与划分 B 的第 j 个簇中数据的数量。ARI 值越大说明聚类效果越好。

在 cluster.stats() 函数返回的值中，包含 corrected.rand(corrected rand index) 和 vi(variation of information)。我们查看两个聚类算法中这两个指标度量的值。

```
# 查看 corrected.rand 和 vi 指标
> species <- as.numeric(iris$Species)
> sapply(list(kmeans = km.res$cluster,hc_ward.D2 = hc.res$cluster),
+        function(c)cluster.stats(dist(df),species,c)
+        [c("corrected.rand","vi")])
                   kmeans      hc_ward.D2
corrected.rand  0.6201352     0.615323
vi              0.7477749     0.6944976
```

从结果可知，K-均值聚类效果优于层次聚类。

8.8 本章小结

本章首先介绍了距离度量的常用方法及 R 语言实现；然后详细介绍了层次聚类、K-均值聚类、K-中心点聚类和密度聚类的基本原理及 R 语言实现；最后给读者介绍了集群评估及验证的方法。

8.9 本章练习

一、多选题

1. 常用聚类分析技术有（　　）。
   A. K-均值聚类　　　B. K-中心点聚类　　　C. 密度聚类　　　　　D. 层次聚类
   E. 期望最大化聚类

2. 常用划分（分类）方法的聚类算法有（　　）。
   A. K-均值聚类　　　　　　　　　　　B. K-中心点聚类
   C. 密度聚类　　　　　　　　　　　　D. 聚类高维空间算法

3. 层次聚类分析常用的函数有（　　）。
   A. hclust()　　　B. cutree()　　　C. rect.hclust()　　　D. ctree()

4. K-均值聚类效率高，结果易于理解，但也有以下哪种缺点？（　　）
   A. 需要事先指定簇个数 k
   B. 只能对数值数据进行处理
   C. 只能保证是局部最优，而不一定是全局最优
   D. 对噪声和孤立点数据敏感

二、上机题

数据集 LA.Neighborhoods.csv 中为美国普查局 2000 年的洛杉矶街区数据，一共有 110 个样本 15 个变量。该数据集的变量描述如表 8-4 所示。

表 8-4　　　　　　　　　　　　　该数据集的变量描述

变量名	描述	性质	变量名	描述	性质
LA.Nbhd	街区名字	分类	Black	占比	数量
Income	收入中位数	数量	Latino	占比	数量
Schools	公立学校 API 成绩中位数	数量	White	占比	数量
Diversity	种族多样性（0～10 分）	分类/定序	Population	人口	数量

变量名	描述	性质	变量名	描述	性质
Age	年龄中位数	数量	Area	面积	数量
Homes	有房家庭比例	数量	Longitude	经度	数量
Vets	复员军人比例	数量	Latitude	纬度	数量
Asian	占比	数量	—	—	—

试利用层次聚类对这个数据集进行分析。

回归分析是一种有监督学习，常用于建模分析一个因变量（响应变量、目标变量）和一个或多个自变量（预测变量）之间的关联。对于线性回归分析，自变量与因变量都是连续变量。我们可以借助回归分析来建立一个预测模型，基于训练集中给定的数据计算最小误差平方和来找到最优匹配的模型，并进一步地将该模型应用到新数据集上，对因变量进行预测。

9.1 简单线性回归

9.1.1 简单线性回归原理

简单线性回归只有一个自变量与一个因变量，其目标有两点：第一，评估自变量在解释因变量的变异或表现时的显著性；第二，在给定自变量的情况下预测因变量。

简单线性回归模型可表达为以下形式：

$$y_i = \beta_0 + \beta_1 x_i + \epsilon_i, i = 1, 2, \cdots, n$$

其目标是利用训练集中已有的 n 个观测值 $(y_1, x_1), (y_2, x_2), \cdots, (y_n, x_n)$ 的数据来估计未知系数的值，也就是要试图寻找一条直线 $y = \beta_0 + \beta_1 x$（等价于寻找截距 β_0 和斜率 β_1），使得因变量 $y = (y_1, y_2, \cdots, y_n)$ 和该直线之间的误差（也称为残差）的竖直距离的平方和最小，如图 9-1 所示。

当残差平方和（图 9-1 中虚线长度平方和）最小时，图 9-1 中实线为最优拟合直线，即线性回归旨在使残差平方和最小化。

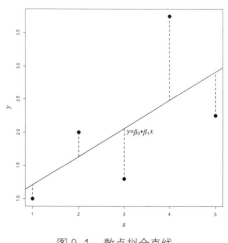

图 9-1 散点拟合直线

$$\min \sum \epsilon_i^2 = \min \sum_{i=1}^{n} \left(y_i - (\beta_0 + \beta_1 x_i) \right)^2$$

$\left(y_i - (\beta_0 + \beta_1 x_i) \right)^2$ 为凸函数，可关于 β_0 和 β_1 求偏导数，当导数等于 0 时，可证明其残差平方和最小，再求出回归系数估计值：

$$\hat{\beta}_1 = \frac{\sum_{i=1}^{n} (x_i - \overline{x})(y_i - \overline{y})}{\sum_{i=1}^{n} (x_i - \overline{x})^2} = \frac{S_{xy}}{S_{xx}}, \quad \hat{\beta}_0 = \overline{y} - \hat{\beta}_1 \overline{x}$$

其中，$\bar{x} = \dfrac{1}{n}\sum_{i=1}^{n}x_i$，$\bar{y} = \dfrac{1}{n}\sum_{i=1}^{n}y_i$，$S_{xy} = \sum_{i=1}^{n}(x_i - \bar{x})(y_i - \bar{y})$，$S_{xx} = \sum_{i=1}^{n}(x_i - \bar{x})^2$。从系数估计值可知，拟合直线必经样本中心点$(\bar{x}, \bar{y})$。

通过以下代码生成一些近似线性的数据，然后利用公式求出系数估计值。

```
> # 自定义函数，计算线性回归系数估计值
> estmate <- function(x,y){
+     mean.x <- mean(x,na.rm = T)
+     mean.y <- mean(y,na.rm = T)
+     sxx <- sum((x-mean.x)^2)
+     syy <- sum((y-mean.y)^2)
+     sxy <- sum((y-mean.y)*(x-mean.x))
+     # 计算回归系
+     alpha1 <- sxy/sxx
+     alpha0 <- mean.y-alpha1*mean.x
+     # 返回参数估计值
+     return(data.frame('Intercept' = round(alpha0,2),
+                          'X_Coefficients' = round(alpha1,2)))
+ }
> # 生成 100 个样本点
> set.seed(1234)
> X <- 2*runif(100)
> y <- 4 + 3*X + rnorm(100)
> # 估计回归系数值
> fit <- estmate(X,y)
> fit
  Intercept X_Coefficients
1       4.1           2.98
```

利用自定义函数 estmate() 计算得到这 100 个样本点拟合直线的截距为 4.1，X 的系数估计值为 2.98。由于存在噪声，参数不可能达到原来的值。现在能够使用估计值对因变量进行预测，并在散点图中增加拟合直线。运行以下代码得到结果如图 9-2 所示。

```
> y_predict <- fit$Intercept + fit$X_Coefficients * X
> plot(X,y,col='blue',pch=16,main = "增加回归直线的散点图")
> lines(X,y_predict,col='red',lwd=2)
> text(2,8,labels = paste("y=",fit$Intercept,"+",fit$X_Coefficients,"*X",sep = ""),
+      pos = 2)
> for(i in 1:length(X)){
+     segments(X,y,X,y_predict,lty = 2,col = "seagreen")
+ }
```

图 9-2 中实线为回归直线，虚线为每个样本点残差距离（$\|y_i - \hat{y}_i\|$）。通过以上代码已经计算出每个 X 对应的预测值 y_predict，现在我们可以直接计算残差平方和。

```
> # 计算残差平方和
> sum((y-y_predict)^2)
[1] 89.43723
```

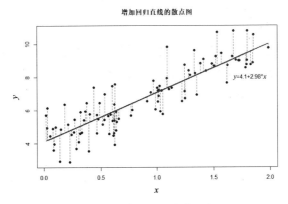

图 9-2 增加回归直线的散点图

9.1.2　简单线性回归的 R 语言实现

在 R 语言中，lm()函数可以实现最小二乘线性回归，且返回结果包括参数估计值、n 个残差值、n 个拟合值以及其他输出，完全用不着套用以上公式来计算。lm()函数的基本表达形式为：

```
lm(formula,data)
```

其中，formula 指要拟合的模型表达式，data 是一个数据框，包含用于拟合模型的数据。表达式形如：$Y \sim X_1 + X_2 + \ldots + X_n$，波浪号（~）左边为因变量，右边为自变量，自变量之间用+分隔。

当回归模型只包含一个因变量和一个自变量时，我们称之为简单线性回归。当只有一个自变量，但同时包含自变量的幂（比如 X, X^2, X^3）时，我们称之为多项式回归。当不止一个自变量时（如 $X_1, X_2, \cdots, X_n$）时，我们称之为多元线性回归。

以下代码利用 lm()函数对创建的样本点进行简单线性回归。

```
> lm.fit <- lm(y~X)
> names(lm.fit)
 [1] "coefficients"  "residuals"    "effects"      "rank"        "fitted.values"
 [6] "assign"        "qr"           "df.residual"  "xlevels"     "call"
[11] "terms"         "model"
```

我们把模型结果保存在对象 lm.fit 中，并利用 names()函数查看对象 lm.fit 中包含的结果。其中 coefficients 为系数估计值，residuals 为每个样本实际值与预测值的残差值，fitted.values 为每个样本的预测值。通过以下代码查看 lm()函数对数据拟合的系数估计值。

```
> lm.fit$coefficients
(Intercept)          X
   4.099188   2.977789
```

与 9.1.1 小节利用自定义函数计算结果一致。

对于线性回归模型对象，R 语言提供了其他函数以对其进行更丰富的操作，详情如表 9-1 所示。

表 9-1　　　　　　　　　　　常用于线性回归模型的函数

函数	用途
summary()	展示拟合模型的详细结果
coefficients()	列出拟合模型的参数估计值（截距及斜率）
confint()	提供模型参数的置信区间（默认 95%）
fitted()	列出拟合模型的预测值
residuals()	列出拟合模型的残差值
AIC()	输出赤池信息统计量
plot()	生成评价拟合模型的诊断图
predict()	用拟合模型对新的数据集预测响应变量值

以下代码利用 summary()函数查看 lm.fit 对象更详细的信息。

```
> # 查看更详细的信息
> summary(lm.fit)

Call:
lm(formula = y ~ X)

Residuals:
     Min       1Q   Median       3Q      Max
-2.03362 -0.66078 -0.08602  0.57926  2.47401
```

```
Coefficients:
            Estimate  Std. Error  t value   Pr(>|t|)
(Intercept)  4.0992     0.1784     22.97    <2e-16 ***
X            2.9778     0.1722     17.29    <2e-16 ***
---
Signif. codes:  0 '***' 0.001 '**' 0.01 '*' 0.05 '.' 0.1 ' ' 1

Residual standard error: 0.9553 on 98 degrees of freed
Multiple R-squared: 0.7531,    Adjusted R-squared: 0.7505
F-statistic: 298.9 on 1 and 98 DF,  p-value: < 2.2e-16
```

第一部分是 lm()模型函数；第二部分是每个样本的残差值的描述统计分析结果。通过 summary(lm.fit$residuals)命令查看结果是否一致。

```
> # 查看残差的描述统计分析
> summary(lm.fit$residuals)
    Min.   1st Qu.   Median     Mean   3rd Qu.     Max.
-2.03362 -0.66078 -0.08602  0.00000  0.57926  2.47401
```

第三部分是参数估计值的信息。其中的 Estimate 列给出参数 β_i 的估计 $\hat{\beta}_i$；而 Std. Error 列给出了 $\hat{\beta}_i$ 的标准误差的估计值 $se\left(\hat{\beta}_i\right)$；t value 列给出了 t 统计量的值，其是 Estimate 与 Std. Error 的比值；最后一列 Pr(>|t|)为 p 值。

最后一部分的残差标准误差输出了残差的标准偏差值，而自由度指由训练样本得到的实际值与模型预测值之间的差别。多重 R^2 是回归平方和与总离差平方和的比值，该比值称为判定系数，是线性回归拟合优度的指标。判定系数检验样本数据集在回归直线周围的密集程度，并以此判断回归方程对样本数据的拟合程度，用来衡量方程的可靠性。判定系数定义为：

$$R^2 = 1 - \frac{\sum_{i=1}^{n}(y_i - \hat{y}_i)^2}{\sum_{i=1}^{n}(y_i - \overline{y})^2} = \frac{\sum_{i=1}^{n}(\hat{y}_i - \overline{y})^2}{\sum_{i=1}^{n}(y_i - \overline{y})^2} = \frac{\text{SSA}}{\text{SST}}$$

其中，SSA 为回归平方和，SST 为总离差平方和，下面对总离差平方和与回归平方和定义进行解释。总离差可以分解为两部分：一部分来自回归直线，是由因变量引起的变动；另一部分则来自随机因素的影响。即总离差平方和=回归平方和+残差平方和，可得到以下公式：

$$\sum_{i=1}^{n}(y_i - \overline{y})^2 = \sum_{i=1}^{n}(\hat{y}_i - \overline{y})^2 + \sum_{i=1}^{n}(y_i - \hat{y}_i)^2$$

如果样本观测点越接近回归直线，回归平方和 SSA 占总离差平方和 SST 的比例就会越大，进一步说明在回归方程的总变动中，由自变量引起的变动占了很大的比例。故判定系数接近 1 意味着残差平方和很小，说明回归方程拟合程度越好；越接近 0，说明拟合程度越差。

```
# 查看判定系数
> r2 <- sum((lm.fit$fitted.values-mean(y))^2)/sum((y-mean(y))^2)
> r2
[1] 0.7530664
```

结果与输出的 Multiple R-squared: 0.7531 一致，说明线性模型能解释数据中 75.31%信息。

但是仅依靠 R^2 我们并不能得到回归模型是否符合要求，因为 R^2 不考虑自由度，所以计算值存在偏差。为了得到更准确的评估结果，我们往往会使用经过调整的 R^2 进行无偏差估计。调整的判定系数定义为：

$$\overline{R}^2 = 1 - \left(1 - R^2\right)\frac{n-1}{n-p-1}$$

其中，n 是样本个数，p 是自变量的个数。

```
> n <- length(X)
> p <- 1
> adjust_r2 <- 1-(1-r2)*(n-1)/(n-p-1)
> adjust_r2
[1] 0.7505466
```

结果与输出的 Adjusted R-squared: 0.7505 一致。

调整的判定系数是为了避免因变量增加导致 R^2 过大而设置。容易验证，$\overline{R}^2 < R^2$；当 n 比较大时，R^2 和 $\overline{R}^2$ 差不多。另外，$\overline{R}^2$ 可能会是负数。

对模型经过 F 检验也可以得到 F 统计量，p-value: < 2.2e-16，小于 0.05，因此原假设不成立（在变量之间不存在线性关系），表明 F 的观测值大于 F 临界值。也就是说，在变量之间存在很强的正相关性。

9.1.3 模型诊断及预测

可以调用 plot()函数生成线性模型的诊断图。运行以下代码得到结果如图 9-3 所示。

```
> # 生成模型诊断图
> par(mfrow=c(2,2))
> plot(lm.fit)
> par(mfrow=c(1,1))
```

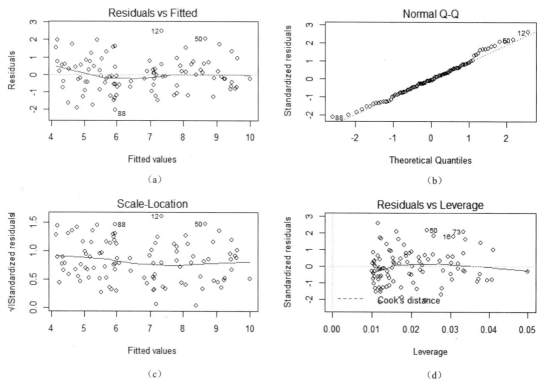

图 9-3　回归模型的诊断图

图 9-3 中 4 张诊断图的解读如下。

（1）图 9-3（a）表示的是残差和拟合值之间的关联。在该图中，残差代表当前点到回归直线的竖直距离，如果所有的点都能准确落在回归直线上，所有残差将准确地落在图中虚线上（全部样本残差为 0）。该图中实线是根据残差得到的平滑曲线，如果所有的点都完全落在回归直线上，则平滑曲线将与虚线完全重合。

（2）图 9-3（b）表示的是残差的正态分布图，此图验证残差是正态分布的设想。因此如果残差服从正态分布，散点应该基本落在图中虚线上。

（3）图 9-3（c）为位置-尺度图，用于计算标准残差与拟合值比值的平方根。因此，如果所有点都落在回归直线上，y 值近似等于 0。如果我们假设残差的变化不会对分布有本质影响的话，该图中实线应趋于平坦。

（4）图 9-3（d）展示了标准残差与杠杆值的关系，杠杆值是衡量观测点对回归效果影响大小的度量，是观测点到回归中心的距离以及孤立级别（以该点周围是否存在近邻点作为凭据）的度量。同样，我们也可以从中得出 Cook 距离的轮廓，该距离受高杠杆率及大的残差值影响。我们可以利用 Cook 值来评估如果去掉某个观测点后回归模型的变化。该图中，实线相对标准残差是平滑的，如果回归模型非常好，实线应该与图中虚线非常接近，Cook 距离小于 0.5。

当我们确定构建的线性回归模型符合预期后，就可以将其应用于未知样本的预测。通过以下代码先随机生成 3 个数字，再利用 predict() 函数进行预测。

```
> # 对新数据进行预测
> set.seed(1234)
> (X_new <- data.frame(X=2*runif(3)))
        X
1  0.2274068
2  1.2445988
3  1.2185495
> (y_predct <- predict(lm.fit,X_new))
       1        2        3
4.776358  7.805341  7.727772
```

利用 MASS 包
boxcox 函数寻找
指数变换最优值

9.1.4 指数变换

当因变量和自变量的散点不是呈现明显的"直线"分布时，我们往往考虑对因变量做指数变换或对数变换，其统一方法为 Box-Cox 变换。Box-Cox 变换是统计建模中常用的一种数据变换，用于因变量不满足正态分布的情况。比如在使用线性回归的时候，由于残差 ϵ 不符合正态分布而不满足建模的条件，要对因变量 y 进行变换，把数据变成"正态"的。Box-Cox 变换之后，可以在一定程度上减少残差和自变量的相关性。

利用 MASS 包的 boxcox() 函数可以找到回归中的 Box-Cox 变换的最优参数 λ，其采取的方法是最大似然估计。在关于 λ 的对数最大似然图像上找估计值的 95% 置信区间。λ 的搜索默认范围是[−2,2]，步长是 0.1。结果会输出一张表示似然结果的图，当然可以自定义搜索的范围或者步长。

我们首先创建 100 个非线性样本，然后利用 boxcox() 函数找出 Box-Cox 变换的参数 λ。运行以下代码得到结果如图 9-4 所示。

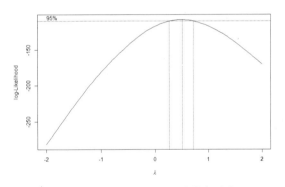

```
> set.seed(1234)
> X <- 2*runif(100)
> y <- (4 + 3*X + rnorm(100))^2
> if(!require(MASS)) install.packages
("MASS")
> b <- boxcox(y~X)
> lamdba <- b$x[b$y==max(b$y)]
> lamdba
[1] 0.5050505
```

图 9-4　寻找 Box-Cox 变换的参数 λ

根据以上结果，我们知道需要对因变量做幂为 0.505 的指数变换。

9.1.5 多项式回归

如果数据实际上比简单的直线更复杂呢？令人惊讶的是，依然可以使用线性模型来拟合非线性数据。我们可以利用 n 阶多项式来建模，这种方法称为多项式回归。

首先，根据一个简单的二次方程（加上一些噪声），来生成一些非线性数据，并查看散点分布情况。运行以下代码得到结果如图 9-5 所示。

多项式回归及稳健
线性回归

```
> # 生成非线性数据
> set.seed(1)
```

```
> m = 100
> X = 6*runif(m)-3
> y = 0.5*X^2 + X + rnorm(m)
> plot(X,y,col='blue',pch=16)
```

希望构建二阶多项式回归曲线来拟合数据，其计算公式为 $y = \beta_0 + \beta_1 x + \beta_2 x^2$，可直接利用 lm() 函数实现。运行以下代码得到二阶多项式回归模型。

```
> # 生成二阶多项式回归模型
> lmfit <- lm(y ~ X + I(X^2))
> lmfit

Call:
lm(formula = y ~ X + I(X^2))

Coefficients:
(Intercept)            X        I(X^2)
  -0.009277     1.052489      0.494568
```

得到的二阶多项式回归公式为 y=-0.009277+1.052489*X+0.494568*X^2。运行以下代码，在散点图中添加二阶多项式拟合曲线和简单线性回归直线，效果如图 9-6 所示。

```
> X_new <- data.frame(X=seq(-3,3,length.out = 100))
> y_new <- predict(lmfit,X_new)
> plot(X,y,col='blue',pch=16,main = "添加拟合曲线的散点图")
> lines(X_new$X,y_new,col='red',lwd=2)
> abline(lm(y~X),col="slategrey",lty=2,lwd=2)
```

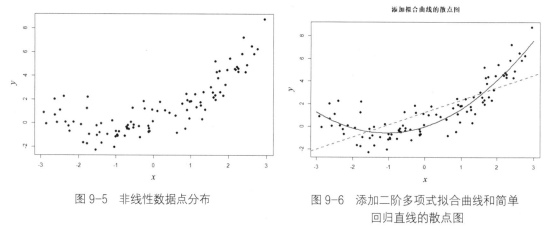

图 9-5　非线性数据点分布　　　　图 9-6　添加二阶多项式拟合曲线和简单
　　　　　　　　　　　　　　　　　　　　　回归直线的散点图

图 9-6 中的实线是二项式回归模型拟合的曲线，虚线是简单线性回归模型拟合的直线。显而易见，曲线的拟合效果优于直线。

9.2　多元线性回归

多元线性回归及自变量有定性变量回归

对于一元线性回归模型来说，其反映的是单个自变量对因变量的影响，然而实际情况中，影响因变量的自变量往往不止一个，从而需要将一元线性回归模型扩展为多元线性回归模型。

如果构建多元线性回归模型的数据集中包含 n 个观测样本、$p+1$ 个变量（其中 p 个自变量和 1 个因变量），则这些数据可以写成下方的矩阵形式：

$$\boldsymbol{y} = \begin{pmatrix} y_1 \\ y_2 \\ \vdots \\ y_n \end{pmatrix}, \quad \boldsymbol{X} = \begin{pmatrix} x_{11} & x_{12} & \cdots & x_{1p} \\ x_{21} & x_{22} & \cdots & x_{2p} \\ \vdots & \vdots & & \vdots \\ x_{n1} & x_{n2} & \cdots & x_{np} \end{pmatrix}$$

其中，x_{ij} 代表第 i 行第 j 列的变量值。如果按照简单线性回归模型的逻辑，那么多元线性回归模型应该就是因变量 y 与自变量 X 的线性组合，即可以将多元线性回归模型表示成：

$$y = \beta_0 + \beta_1 x_1 + \beta_2 x_2 + \cdots + \beta_p x_p + \varepsilon$$

根据线性代数的知识，可以将上式表示成 $y = X\beta + \varepsilon$。其中，β 为 $p \times 1$ 的一维向量，代表了多元线性模型的偏回归系数；ε 为 $n \times 1$ 的一维变量，代表了模型拟合后的每一个样本的误差项。

多元线性回归的求解思路与简单线性回归的完全一致。这时需要最小化最小二乘法 $(y - X\beta)^{\mathrm{T}}(y - X\beta)$，即要

$$\min_{\beta}\left\{(y - X\beta)^{\mathrm{T}}(y - X\beta)\right\} = \min_{\beta}\left\{y^{\mathrm{T}}y - 2y^{\mathrm{T}}X\beta + \beta^{\mathrm{T}}X^{\mathrm{T}}X\beta\right\}$$

接下来，对目标函数求参数 β 的偏导数

$$\frac{\partial\left(y^{\mathrm{T}}y - 2y^{\mathrm{T}}X\beta + \beta^{\mathrm{T}}X^{\mathrm{T}}X\beta\right)}{\partial\beta} = -2X^{\mathrm{T}}y + 2X^{\mathrm{T}}X\beta = 0$$

得到正规方程

$$\hat{\beta} = (X^{\mathrm{T}}X)^{-1}X^{\mathrm{T}}y$$

则有最优解

$$\hat{y} = X\hat{\beta} = X\left(X^{\mathrm{T}}X\right)^{-1}X^{\mathrm{T}}y$$

前面关于一个自变量的求解是上式的特例。我们也可以利用正规方程求解简单线性回归模型的截距项和斜率值。

多元线性回归模型也可以利用 lm() 函数实现。我们对 kaggle 上的个人医疗费用数据集 insurance 进行研究。通过以下代码将数据导入 R 中，并查看数据结构。

```
> # 导入数据集
> # 导入数据集,查看数据结构
> insurance <- read.csv("../data/insurance.csv")
> str(insurance)
'data.frame': 1338 obs. of  7 variables:
 $ age      : int  19 18 28 33 32 31 46 37 37 60 ...
 $ sex      : Factor w/ 2 levels "female","male": 1 2 2 2 2 1 1 1 2 1 ...
 $ bmi      : num  27.9 33.8 33 22.7 28.9 ...
 $ children : int  0 1 3 0 0 0 1 3 2 0 ...
 $ smoker   : Factor w/ 2 levels "no","yes": 2 1 1 1 1 1 1 1 1 1 ...
 $ region   : Factor w/ 4 levels "northeast","northwest",..: 4 3 3 2 2 3 3 2 1 2 ...
 $ charges  : num  16885 1726 4449 21984 3867 ...
```

数据集 insurance 一共有 1338 条记录，7 个变量，其中 charges（医疗费用）为因变量，我们希望利用其他变量来进行预测。线性回归要求自变量为连续变量，因 sex（性别）、smoker（是否吸烟）、region（区域）是字符型的离散变量，先不将它们作为自变量纳入模型。我们将 age（年龄）、bmi（体重指数）和 children（儿童人数）作为自变量，利用正规方程来求解各参数估计值。

```
> # 计算各参数值
> X <- as.matrix(cbind(Intercept = 1,insurance[,c("age","bmi","children")]))
> y <- as.matrix(insurance[,"charges"])
> theta_best <- solve(t(X) %*% X) %*% t(X) %*% y
> theta_best
                [,1]
Intercept  -6916.2433
age          239.9945
bmi          332.0834
children     542.8647
```

以下代码利用 lm() 函数得到多元线性回归模型。

```
> # 利用 lm() 函数
> fit <- lm(charges ~ age + bmi + children,data = insurance)
> summary(fit)
```

```
Call:
lm(formula = charges ~ age + bmi + children, data = insurance)

Residuals:
   Min     1Q Median     3Q    Max
-13884  -6994  -5092   7125  48627

Coefficients:
             Estimate Std. Error t value Pr(>|t|)
(Intercept) -6916.24    1757.48  -3.935 8.74e-05 ***
age           239.99      22.29  10.767  < 2e-16 ***
bmi           332.08      51.31   6.472 1.35e-10 ***
children      542.86     258.24   2.102   0.0357 *
---
Signif. codes:  0 '***' 0.001 '**' 0.01 '*' 0.05 '.' 0.1 ' ' 1

Residual standard error: 11370 on 1334 degrees of freedom
Multiple R-squared:  0.1201,    Adjusted R-squared:  0.1181
F-statistic: 60.69 on 3 and 1334 DF,  p-value: < 2.2e-16
```

模型结果的内容与简单线性回归模型结果基本相似，读者可以按照之前掌握的知识来对结果进行解读。其中利用 lm() 函数的参数估计值与正规方程求解一致；截距项、变量 age 和 bmi 的回归系数极其显著，变量 children 回归系数为 0.03（小于 0.05）显著；输出的 R^2 为 0.1201，调整 R^2 为 0.1181。从判定系数 R^2 结果可知，模型线性拟合效果很差，仅有 12% 左右的信息能被模型解释。考虑到我们还未利用变量 sex、smoker、region，在 9.3 节我们尝试将这 3 个定性变量加入模型中，看模型结果是否有优化。

9.3 自变量有定性变量的回归

线性回归模型要求自变量为连续变量，当自变量中有定性变量（也称分类变量、离散变量、属性变量等）时，需要将其进行哑变量虚拟化处理，再利用转换后的数据构建线性回归模型。利用 caret 包的 dummyVars() 函数对数据集 insurance 进行哑变量处理，并查看转换后的数据前 3 行。

```
> # 自变量有定性变量的回归
> # 利用 dummyVars() 函数进行哑变量虚拟化
> library(caret)
> dmy <- dummyVars(~.,data = insurance,fullRank=TRUE)
> insurance.dmy <- predict(dmy,newdata = insurance)
> insurance_new <- data.frame(Intercept=1,insurance.dmy)
> head(insurance_new,3)
  Intercept age sex.male  bmi children smoker.yes region.northwest
1         1  19        0 27.90        0          1                0
2         1  18        1 33.77        1          0                0
3         1  28        1 33.00        3          0                0
  region.southeast region.southwest   charges
1                0                1 16884.924
2                1                0  1725.552
3                1                0  4449.462
```

在使用 dummyVars() 函数时，我们将参数 fullRank 设置为 TRUE，表示进行虚拟变量处理后不需要出现代表相同意思的两列。因为 sex.female+sex.male、smoker.no+smoker.yes 与 region. northeast +region. northwest+ region.southeast+ region.southwest 都等于 Intercept，属于 X 矩阵共线，与 sex、smoker 和 region 有关的系数是不可估计的，所以我们在进行哑变量虚拟化时剔除了第一个因子水平所在的列。

以下代码利用正规方程求得线性回归的参数估计值。

```
> # 利用正规方程求解参数估计值
> X = as.matrix(insurance_new[,-10])
> y = as.matrix(insurance_new[,10])
```

```
> solve(t(X) %*% X) %*% t(X) %*% y
                              [,1]
Intercept          -11938.5386
age                   256.8564
sex.male             -131.3144
bmi                   339.1935
children             475.5005
smoker.yes          23848.5345
region.northwest     -352.9639
region.southeast    -1035.0220
region.southwest     -960.0510
```

在 R 语言中的 lm()函数会自动把具有字符串水平的变量识别为定性变量，然后将其进行虚拟化处理。直接用 lm()函数拟合线性回归直线，R 语言默认把定性变量的第一个因子的参数定义为0，得到和直接利用公式计算的相同的结果。

```
> # 利用 lm()函数求解
> fit <- lm(charges ~ .,data = insurance)
> fit

Call:
lm(formula = charges ~ ., data = insurance)

Coefficients:
    (Intercept)              age           sexmale              bmi
       -11938.5            256.9            -131.3            339.2
       children         smokeryes   regionnorthwest   regionsoutheast
          475.5          23848.5            -353.0          -1035.0
regionsouthwest
         -960.1
```

对于定性变量，参数估计值不是斜率，而是各种截距。sex 有两个因子水平，smoker 有两个因子水平，region 有 4 个因子水平，故最终拟合的线性模型一共有 16 个。我们以 sex 为 male、smoker 为 yes、region 为 northeast 时为例，得到的线性回归方程如下：

$$charges = -11938.5 + 256.9*age - 131.3 + 339.2*bmi + 475.5*children + 23848.5$$

$$= 11778.7 + 256.9*age + 339.2*bmi + 475.5*children$$

以下代码使用 summary()函数查看各参数估计值的 t 检验的显著性和判定系数值。

```
> summary(fit)

Call:
lm(formula = charges ~ ., data = insurance)

Residuals:
     Min        1Q    Median        3Q       Max
-11304.9   -2848.1    -982.1    1393.9   29992.8

Coefficients:
                 Estimate  Std. Error  t value  Pr(>|t|)
(Intercept)      -11938.5       987.8  -12.086   < 2e-16  ***
age                 256.9        11.9   21.587   < 2e-16  ***
sexmale            -131.3       332.9   -0.394  0.693348
bmi                 339.2        28.6   11.860   < 2e-16  ***
children            475.5       137.8    3.451  0.000577  ***
smokeryes         23848.5       413.1   57.723   < 2e-16  ***
regionnorthwest    -353.0       476.3   -0.741  0.458769
regionsoutheast   -1035.0       478.7   -2.162  0.030782  *
regionsouthwest    -960.0       477.9   -2.009  0.044765  *
---
Signif. codes:  0 '***' 0.001 '**' 0.01 '*' 0.05 '.' 0.1 ' ' 1

Residual standard error: 6062 on 1329 degrees of freedom
Multiple R-squared:  0.7509,     Adjusted R-squared:  0.7494
F-statistic: 500.8 on 8 and 1329 DF,  p-value: < 2.2e-16
```

从系数估计值的 t 检验的 p 值可知，sexmale 和 regionnorthwest 的 p 值远大于 0.05，两者的回归系数都不显著。对于那些不显著的自变量，在方程中的作用不大。我们将在 9.4 节中介绍多元线性回归的变量筛选方法。

从判定系数 R^2 对比可知，模型在加入离散变量后，R^2 从原来的 0.1201 提升到 0.7509，模型优化效果显著。说明存在某些定性变量与 charges 强相关，导致模型效果提升显著。以下代码通过 cor() 函数查看 charges 与其他自变量间的相关系数。

```
# 查看医疗费用与其他自变量的相关系数
> cor(insurance_new[,c(-1,-10)],
+     insurance_new$charges)
                      [,1]
age              0.29900819
sex.male         0.05729206
bmi              0.19834097
children         0.06799823
smoker.yes       0.78725143
region.northwest -0.03990486
region.southeast  0.07398155
region.southwest -0.04321003
```

从相关性分析可知，smoker 与 charges 有强的正相关性；其他自变量与因变量的相关性不强。

逐步回归与多重共线性

9.4 逐步回归

一般来讲，如果在一个回归方程中忽略了对 y 有显著影响的自变量，那么所建立的方程必与实际有较大的偏离，如前面数据集 insurance 忽略了 smoker 对 charges 的影响，造成判定系数（R^2）偏低。但变量选得过多，可能因为误差平方和的自由度减少而使 σ^2 的估计值增大，从而影响使用回归方程作预测的精度。因此，在众多变量中选择合适的自变量以建立一个"最优"的回归方程十分重要。这里讲的"最优"是指从可供选择的所有变量中选出对 y 有显著影响的变量建立方程，且在方程中不含对 y 无显著影响的变量。

多元线性回归按照一些方法筛选变量，建立"最优"回归方程，常用的方法有"一切子集回归法""向前法""向后法""逐步法"。这几种方法进入或剔除变量的一个准则为赤池信息量（Akaike Information Criterion，AIC）准则，即最小信息准则，其计算公式如下：

$$AIC = 2k - 2\ln(L)$$

其中，k 是参数个数，L 是似然函数，最小二乘法在正态假设下等价于选择参数使似然函数 L 最大（或-ln(L)最小）。一般来说，增加参数可使得 AIC 第二项减少，但会使惩罚项 $2k$ 增加。显然，这是在模型简单性和模型拟合性上做平衡。

假设 n 为观察数量，RSS 为残差平方和，即 $\sum_{i=1}^{n}(\hat{y}_i - y_i)^2$，则 AIC 计算公式可变成：

$$AIC = 2k + n\left(\log\left(\frac{RSS}{n}\right)\right)$$

AIC 值越小说明模型效果越好，越简洁。

R 语言提供了较为方便的"逐步回归"计算函数 step()，它是以 AIC 最小为准则，通过选择最小的 AIC，来达到删除或增加变量的目的。其基本表达形式为：

```
step(object, scope, scale = 0,
     direction = c("both", "backward", "forward"),
     trace = 1, keep = NULL, steps = 1000, k = 2, ...)
```

其中参数 object 是回归模型；参数 scope 是确定逐步搜索的区域；参数 scale 用于 AIC 统计量。参数 direction 确定逐步搜索的方向，其中"both"（默认值）是"一切子集回归法"，即不断增减变量，使用所有可能的变量组合进行建模，从中依据一定的准则选择解释能力最强、最稳定的模型；"backward"是"向后法"，是从具有全部变量的模型开始，逐个减少变量；"forward"是"向前法"，是从只有截距的模型开始，逐个增加变量。

以下代码利用 step() 函数对 9.3 节建立的回归模型 fit 进行逐步回归，寻找"最优"模型。

```
> # 逐步回归
> insurance <- read.csv("../data/insurance.csv")
> fit <- lm(charges ~ .,data = insurance)
> fit.step <- step(fit)
Start: AIC=23316.43
charges ~ age + sex + bmi + children + smoker + region

            Df  Sum of Sq         RSS      AIC
- sex        1   5.7164e+06  4.8845e+10    23315
<none>                       4.8840e+10    23316
- region     3   2.3343e+08  4.9073e+10    23317
- children   1   4.3755e+08  4.9277e+10    23326
- bmi        1   5.1692e+09  5.4009e+10    23449
- age        1   1.7124e+10  6.5964e+10    23717
- smoker     1   1.2245e+11  1.7129e+11    24993


Step:  AIC=23314.58
charges ~ age + bmi + children + smoker + region

            Df  Sum of Sq         RSS      AIC
<none>                       4.8845e+10    23315
- region     3   2.3320e+08  4.9078e+10    23315
- children   1   4.3596e+08  4.9281e+10    23325
- bmi        1   5.1645e+09  5.4010e+10    23447
- age        1   1.7151e+10  6.5996e+10    23715
- smoker     1   1.2301e+11  1.7186e+11    24996
```

从运行结果可以看到，用全部变量做回归方程时，AIC 的值为 23316.43。接下来的数据表明，如果剔除变量 sex，得到回归方程的 AIC 值为 23315；如果剔除变量 region，得到回归方程的 AIC 值为 23317；依此类推。由于剔除变量 sex 可以使 AIC 达到最小，因此 R 自动去掉变量 sex，进行下一轮计算。

在下一轮计算中，无论去掉哪一个变量，AIC 的值均会升高，因此计算终止，得到"最优"的回归方程。

下面代码利用 summary() 函数查看进行逐步回归后的结果。

```
> # 查看逐步回归结果
> summary(fit.step)

Call:
lm(formula = charges ~ age + bmi + children + smoker + region,
    data = insurance)

Residuals:
     Min       1Q    Median        3Q       Max
-11367.2  -2835.4    -979.7    1361.9   29935.5

Coefficients:
                  Estimate   Std. Error   t value   Pr(>|t|)
(Intercept)     -11990.27       978.76    -12.250    < 2e-16   ***
age                256.97        11.89     21.610    < 2e-16   ***
bmi                338.66        28.56     11.858    < 2e-16   ***
children           474.57       137.74      3.445   0.000588   ***
smokeryes        23836.30       411.86     57.875    < 2e-16   ***
regionnorthwest   -352.18       476.12     -0.740   0.459618
regionsoutheast  -1034.36       478.54     -2.162   0.030834   *
regionsouthwest   -959.37       477.78     -2.008   0.044846   *
---
Signif. codes:  0 '***' 0.001 '**' 0.01 '*' 0.05 '.' 0.1 ' ' 1
```

```
Residual standard error: 6060 on 1330 degrees of freedom
Multiple R-squared: 0.7509,    Adjusted R-squared: 0.7496
F-statistic: 572.7 on 7 and 1330 DF,  p-value: < 2.2e-16
```

9.5　多重共线性分析

由正规方程 $\hat{\beta} = \left(X^{\mathrm{T}}X\right)^{-1} X^{\mathrm{T}}y$ 可知，得到 $\hat{\boldsymbol{\beta}}$ 的前提是矩阵 $X^{\mathrm{T}}X$ 可逆，即需要满足矩阵 $X^{\mathrm{T}}X$ 不为零，$\left(X^{\mathrm{T}}X\right)^{-1}$ 才存在。当出现变量个数多于样本量或者自变量存在多重共线性的情况，$\left(X^{\mathrm{T}}X\right)^{-1}$ 不存在。通过以下代码演示矩阵不可逆的情况。

```
> # 矩阵不可逆
> (X = matrix(1:36,nrow=6))
     [,1]  [,2]  [,3]  [,4]  [,5]  [,6]
[1,]   1     7    13    19    25    31
[2,]   2     8    14    20    26    32
[3,]   3     9    15    21    27    33
[4,]   4    10    16    22    28    34
[5,]   5    11    17    23    29    35
[6,]   6    12    18    24    30    36
> det(t(X) %*% X) # 计算矩阵
[1] 0
> solve(t(X) %*% X) # 不可逆
Error in solve.default(t(X) %*% X) :
  Lapack routine dgesv: system is exactly singular: U[5,5] = 0
```

实际数据中完全共线的情况不常见，但经常出现线性相关情况，此时会造成对回归系数、截距系数的估计非常不稳定，数据的微小变化会导致训练的回归方程有很大的变化，这就是所谓的多重共线性（multicollinearity）问题。

有很多方法用于诊断与减轻多重共线性对线性回归的影响，比如方差膨胀因子、特征根与条件数、无截距的多重共线性分析等。这里主要介绍方差膨胀因子和条件数两种方法。

方差膨胀因子计算公式为：

$$\mathrm{VIF}_j = \frac{1}{1 - R_j^{\,2}}$$

式中，$R_j^{\,2}$ 是第 j 个变量在所有其他变量上回归时的判定系数 R^2。显然如果自变量 X_j 与其他自变量的共线性较强，那么回归方程的 R^2 就会比较大，从而导致该自变量的方差膨胀系数比较大。一般认为，当方差膨胀因子 VIF_j 的值大于 10 时，说明有严重的多重共线性。

而条件数的计算公式为：

$$\kappa = \sqrt{\frac{\lambda_{\max}}{\lambda_{\min}}}$$

式中，λ 为 $X^{\mathrm{T}}X$ 的特征值（X 代表自变量矩阵），显然，当自变量矩阵正交时，条件数 κ 为 1。一般认为，当 $\kappa > 15$ 时，则有共线性问题；而当 $\kappa > 30$ 时，则说明共线性问题严重。

以下代码利用 car 包的 vif() 函数得到方差膨胀因子 VIF。

```
# 计算方差膨胀因子
> library(car)
> vif(lm(Sepal.Length ~ .,data = iris1))
 Sepal.Width Petal.Length  Petal.Width
    1.270815     15.097572     14.234335
```

利用 vif() 函数得到 3 个变量的方差膨胀因子分别为 1.27、15.09、14.23，说明有严重的共线性问题。

9.6 线性回归的正则化

9.6.1 为什么要使用正则化

线性回归的
正则化

机器学习算法的核心任务是使得我们的算法能够在新的、未知的数据上表现良好，而不只是在训练集上表现良好。这种在新数据上的表现能力被称为算法的泛化能力（generalization）。

简单来说，如果一个模型在测试集（test set）与训练集（training set）上表现得一样好，就说明这个模型的泛化能力很好；如果模型在训练集上的表现良好，但在测试集上的表现一般，就说明这个模型的泛化能力不好。

从误差的角度来说，泛化能力差指的是测试误差（test error）比训练误差（training error）大的情况，所以我们常常采用训练误差、测试误差来判断模型的拟合能力，这也是测试误差常常被称为泛化误差（generalization error）的原因。机器学习的目的就是去降低泛化误差。

在训练模型时有以下两个目标。

（1）降低训练误差，寻找针对训练集最佳的拟合曲线。

（2）缩小训练误差和测试误差的差距，增强模型的泛化能力。

这两大目标对应机器学习中的两大问题：欠拟合（underfitting）与过拟合（overfitting）。 两者的定义如下。

（1）欠拟合是指模型在训练集与测试集上的表现都不好的情况，此时，训练误差、测试误差都很大。欠拟合也被称为高偏差（bais），也就是我们建立的模型拟合与预测效果较差。

（2）过拟合是指模型在训练集上的表现良好，但在测试集上的表现不好的情况，此时，训练误差很小，测试误差很大，模型泛化能力不足。过拟合也被称为高方差（variance）。

以下代码随机创建 20 个符合 $y = \frac{1}{2}x^2 + x + \varepsilon$ 的点，分别用一次多项式回归、二次多项式回归和十次多项式回归去拟合，拟合结果如图 9-7 所示。

```
# 创建数据集
> set.seed(1234)
> m = 20
> X = 6*runif(m)-3
> y = 0.5*X^2 + X + rnorm(m)
# 构建模型，并绘制拟合结果
> par(mfrow=c(1,3))
> text <- c('欠拟合','恰当拟合')
> text[10] <- '过拟合'
> for(i in c(1,2,10)){
+     fit <- lm(y ~ poly(X,i)) # 构建多项式回归
+     X_new <- data.frame(X=seq(-3,3,length.out = 100))
+     y_new <- predict(fit,X_new)
+     plot(X,y,col='blue',pch=16,cex=1.8,main = text[i])
+     lines(X_new$X,y_new,col='red',lwd=2)
+ }
> par(mfrow=c(1,1))
```

如图 9-7 所示，图 9-7（a）使用了一次多项式去拟合数据，出现了欠拟合现象；而图 9-7（c）用了十次多项式去拟合数据，虽然函数穿过了绝大部分数据点，但如果我们对新数据进行拟合，该函数会出现较大的误差，因此就会发生过拟合现象。

当我们使用数据训练模型时，很重要的一点就是要在欠拟合和过拟合之间达成一个平衡。针对欠拟合问题可以不断尝试各种合适的算法，优化算法中的参数，以及通过数据预处理等特征工程找到模型拟合效果最优化的结果；而当模型过拟合的情况发生时，可以通过添加更多的数据、

模型加入提前终止条件，通过控制解释变量等手段降低模型的拟合能力，提高模型的泛化能力。控制解释变量个数有很多方法，例如变量选择（feature selection），即用 filter 或 wrapper 方法提取解释变量的最佳子集，或是进行变量构造（feature construction），即将原始变量进行某种映射或转换，如主成分方法和因子分析。变量选择的方法是比较"硬"的方法，变量要么进入模型，要么不进入模型，只有 0 或 1 两种选择。但也有"软"的方法，也就是正则化，可以保留全部解释变量，且每一个解释变量或多或少都对模预测有些许影响。例如岭回归（ridge regression）和最小绝对值收敛和选择算子、套索（Least Absolute Shrinkage and Selection Operator，LASSO）算法。

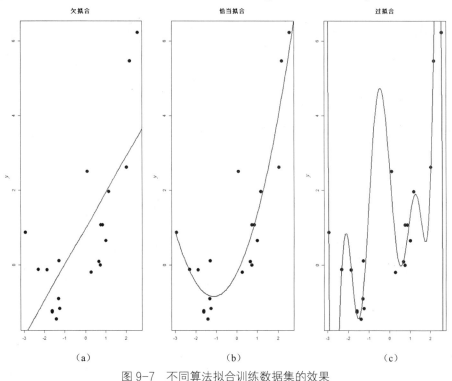

图 9-7　不同算法拟合训练数据集的效果

　　岭回归和 LASSO 回归都是线性回归算法正则化的两种常用方法。两者区别在于引入正则化的形式不同。此外，岭回归和 LASSO 回归既可以解决过拟合问题，也可以解决线性回归求解中多重共线性问题，即避免 $\left(X^{\mathrm{T}}X\right)^{-1}$ 不可逆的情况。

9.6.2　岭回归原理

　　为解决多元线性回归模型中可能存在的不可逆问题，统计学家提出了岭回归模型。岭回归是基于最小二乘估计法提出的一种有偏估计方法，是对最小二乘估计法的一种改良。为了获得既可靠又切合实际的回归系数，损失部分信息，并降低精度，放弃了最小二乘法的无偏性。它的主要解决思路就是，在 $X^{\mathrm{T}}X$ 的基础上加上一个较小的扰动项，使得行列式不再为 0，即参数的求解公式变成：

$$\hat{\beta}=\left(X^{\mathrm{T}}X+\lambda I\right)^{-1}X^{\mathrm{T}}y$$

　　其中，I 为单位矩阵，维度与 $X^{\mathrm{T}}X$ 相等。可以看出，回归参数 $\hat{\boldsymbol{\beta}}$ 的值随着 λ 的变化而变化，当 $\lambda=0$ 时，其就退化为线性回归算法的系数值；当 $\lambda\neq 0$ 时，$\left|X^{\mathrm{T}}X+\lambda I\right|\neq 0$，因此 $\left(X^{\mathrm{T}}X+\lambda I\right)^{-1}$ 存在有效解。

该模型解决问题的思路就是在线性回归模型的目标函数之上添加 L2 正则化（也称为惩罚项），故岭回归模型的目标函数可以表示成：

$$J(\beta) = \sum_{i=1}^{m} \left(y_i - \sum_{j=0}^{p} \beta_j x_{ij} \right)^2 + \lambda \sum_{j=1}^{p} \beta_j^2$$

其中，λ 为非负数，当 $\lambda = 0$ 时，该目标函数就退化为线性回归模型的目标函数；当 $\lambda \to +\infty$ 时，$\lambda \sum_{j=1}^{p} \beta_j^2$ 则会趋于无穷大，为了使目标函数 $J(\beta)$ 达到最小，只能通过缩减回归系数使 β 趋近于 0。

根据凸优化的相关知识，也可以将岭回归模型的目标函数 $J(\beta)$ 最小化问题等价于下方的式子：

$$\hat{\beta}^{\text{ridge}} = \text{argmin}_\beta \left\{ \sum_{i=1}^{m} \left(y_i - \sum_{j=0}^{p} \beta_j x_{ij} \right)^2 \right\}, \quad 其中 \sum_{j=1}^{p} \beta_j^2 \leq t$$

其中，t 为一个常数。上式可以理解为，在确保残差平方和最小的情况下，限定所有回归系数的平方和不超过上述 t。显然这里需要确定 λ 或者 t，一般可以通过交叉验证或 Mallows C_p 等准则计算来确定。

9.6.3 LASSO 回归原理

LASSO 回归算法是 Tibshirani 于 1996 年提出的。LASSO 回归与岭回归非常相似，它们的差别在于使用了不同的正则化项。岭回归模型解决线性回归模型中 $X^T X$ 矩阵不可逆的办法是添加 L2 正则的惩罚项，但缺陷在于始终保留建模时的所有变量，无法降低模型的复杂度。对于此，LASSO 回归采用了 L1 正则的惩罚项。LASSO 是在成本函数 $J(\beta)$ 中增加参数绝对值和的正则项，如下所示：

$$J(\beta) = \sum_{i=1}^{m} \left(y_i - \sum_{j=0}^{p} \beta_j x_{ij} \right)^2 + \lambda \sum_{j=1}^{p} |\beta_j|$$

根据凸优化的相关知识，也可以将 LASSO 回归模型的目标函数 $J(\beta)$ 最小化问题等价于下方的式子：

$$\hat{\beta}^{\text{LASSO}} = \text{argmin}_\beta \left\{ \sum_{i=1}^{m} \left(y_i - \sum_{j=0}^{p} \beta_j x_{ij} \right)^2 \right\}, \quad 其中 \sum_{j=1}^{p} |\beta_j| \leq t$$

通过图 9-8 可以明显看出岭回归和 LASSO 回归之间的差异。

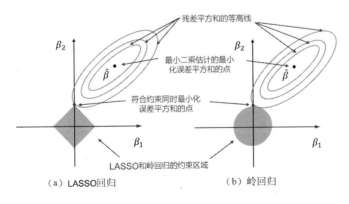

图 9-8　LASSO 回归和岭回归的几何意义

图 9-8 是两个变量回归的情况，等高线图表示残差平方和的等高线；残差在最小二乘估计处最小（$\hat{\beta}$）。阴影部分分别是 LASSO 和岭回归的约束区域，显然圆形为岭回归的，方形为 LASSO 回归的。这两种带有惩罚项的方法都是要找到第一个落在限制区域上的等高线的那个位置的坐标（岭估计和 LASSO 估计）。

可以看出，还有另一个参数 α 可控制应对高相关性（highly correlated）数据时模型的形状。LASSO 回归（$\alpha=1$）的约束是一个正方形，所以更容易让约束后的系数点落在顶点上，从而达到变量筛选或降维的目的。而岭回归（$\alpha=0$）的约束是一个圆，与同心椭圆的相切点会在圆上的任何位置，所以岭回归并没有变量筛选的功能。相应地，当几个自变量高度相关时，LASSO 回归会倾向于选出其中的任意一个加入到筛选后的模型中，而岭回归则会把这一组自变量都挑选出来。至于一般的 Elastic Net 模型（$0<\alpha<1$），其约束的形状介于正方形与圆形之间，其特点就是在任意选出一个自变量或一组自变量之间权衡。

9.6.4 glmnet 包简介

在 R 语言中，实现岭回归常用的方法有 MASS 包的 lm.ridge()函数或者 ridge 包的 linearRidge()函数，LASSO 回归可用 lar 包中的 lars()函数实现。

其实，岭回归和 LASSO 回归均属于广义线性模型的一种，我们可以用目前最好用的拟合广义线性模型的扩展包 glmnet 实现。glmnet 包由 LASSO 回归的发明人斯坦福统计学家特里瓦·哈斯蒂（Trevor Hastie）领衔开发。它的特点是对一系列不同 λ 值进行拟合，每次拟合都用到上一个 λ 值拟合的结果，从而大大提高了运算效率。此外它还包括了并行计算的功能，这样就能调动一台计算机的多个核或者多个计算机的运算网络，进一步缩短运算时间。glmnet 包可通过 install.packages("glmnet")命令进行在线安装。

glmnet 包可用来解决以下五类模型的变量选择。

（1）二分类 logistic 回归模型。

（2）多分类 logistic 回归模型。

（3）Possion 模型。

（4）Cox 比例风险模型。

（5）支持向量机（Support Vector Machine，SVM）。

glmnet 包中的 glmnet()函数可以用来构建广义线性模型，函数基本表达形式如下：

```
glmnet(x, y, family = c("gaussian", "binomial", "poisson", "multinomial",
  "cox", "mgaussian"),alpha = 1, nlambda = 100, standardize = TRUE,...)
```

主要参数解释如下。

（1）x 为自变量，x 只能接受数值矩阵，若非矩阵格式，使用 as.matrix()函数转换成矩阵。

（2）y 为因变量。

（3）family 规定了回归模型的类型：

① family="gaussian" 适用于一维连续因变量（univariate）。

② family="mgaussian" 适用于多维连续因变量（multivariate）。

③ family="poisson" 适用于非负次数因变量（count）。

④ family="binomial" 适用于二元离散因变量（binary）。

⑤ family="multinomial" 适用于多元离散因变量（category）。

（4）nlambda=100 让算法自动挑选 100 个不同的 λ 值，拟合出 100 个系数不同的模型。

（5）standardize=TRUE 表示在拟合前对数据的每一列进行标准化。

（6）alpha = 1 时为 LASSO 回归，alpha=0 时岭回归，alpha 介于 0～1 时为一般的 Elastic Net 模型。

    glmnet()函数利用所有数据进行拟合，这很有可能造成过拟合，可以借助交叉验证（cross validation）的方法来拟合和选择模型，同时对模型性能有一个更准确的估计，可以利用 cv.glmnet() 函数实现。函数中的参数 type.measure 是用来指定交叉验证选取模型时希望最小化的目标参量，有以下几种选择。

（1）type.measure="deviance"使用 deviance，即-2 倍的 log-likelihood。

（2）type.measure="mse"使用拟合因变量与实际因变量的 mean squred error。

（3）type.measure="mae"使用 mean absolute error。

（4）type.measure="class"使用模型分类的错误率（missclassification error）。

（5）type.measure="auc"使用 area under ROC curve。

    除此之外，在 cv.glmnet()函数中还可以用参数 nfolds 指定交叉个数，或者用 foldid 指定每个交叉的内容。因为每个交叉间的计算是独立的，还可以考虑运用并行计算来提高运算效率。使用 parallel=TRUE 可以开启这个功能，前提是需要先安装并加载扩展包 doParallel。

    以下代码利用 R 自带的一个高度共线回归的数据集 longley 来讲解 glmnet()函数的用法。longley 数据集一共有 16 个观测值 7 个数值变量。我们将 GNP.deflator 作为因变量，其他作为自变量构建 LASSO 回归。

```
> library(glmnet)
> x <- as.matrix(longley[,-1]) # 构建自变量
> y <- longley$GNP.deflator    # 构建因变量
> fit = glmnet(x,y,family="gaussian",nlambda=50,alpha=1) # 构建 LASSO 回归
> fit # 查看结果

Call:  glmnet(x=x,y=y,family="gaussian",alpha=1,nlambda=50)

   Df   %Dev    Lambda
1   0  0.0000  10.3600
2   2  0.3087   8.5860
3   2  0.5207   7.1140
4   2  0.6662   5.8950
5   2  0.7662   4.8850
6   2  0.8348   4.0480
......
33  4  0.9868   0.0253
```

    每一行代表一个模型。列 Df 是自由度，代表了非零的线性模型拟合系数个数。列%Dev 代表由模型解释的残差比例，对于线性模型来说就是模型拟合 R^2。列 Lambda 就是每个模型对应的 λ 值。我们可以看到，随着 λ 值的变化，越来越多的自变量被模型接纳进来，%Dev 也就越大。第 33 行时，Lambda 值为 0.0253，得到的模型包含 4 个因变量，%Dev 达到 0.9868，说明模型拟合效果很好。

    以下代码利用 coef()函数通过指定 λ 值，得到模型的系数。

```
> round(coef(fit,s=fit$lambda[33]),3) # 得到模型系数
7 x 1 sparse Matrix of class "dgCMatrix"
                      1
(Intercept) -2248.650
GNP             0.047
Unemployed      0.001
Armed.Forces    0.008
Population        .
Year            1.192
Employed          .
```

可见，LASSO 回归剔除了 Population 和 Employed 这两个变量。

以下代码利用 predict()函数对新数据进行预测。

```
> new <- t(as.matrix(apply(x,2,mean))) # 利用各变量中位数组合成新数据
> predict(fit,newx=new,s=fit$lambda[33]) # 对新数据进行预测
             1
[1,] 101.4644
```

以下代码使用 cv.glmnet()函数进行 10 折交叉验证拟合模型，同时用 plot()函数对模型对象进行可视化，如图 9-9 所示。

```
> # 交叉验证
> cvfit <- cv.glmnet(x=x,
+                    y=y,
+                    family='gaussian',
+                    alpha=1,
+                    nfolds=10,
+                    nlambda=50)
> plot(cvfit)
```

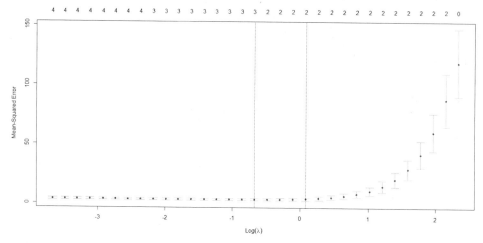

图 9-9　LASSO 回归 10 折交叉验证

两条虚线分别指示了两个特殊的值：lambda.min 和 lambda.1se。其中，lambda.min 是指在所有的 λ 值中得到最小目标参量均值。而 lambda.1se 是指在 lambda.min 一个方差范围内得到最简单模型的 λ 值。lambda.1se 给出的就是一个具备优良性能但是自变量个数最少的模型。

以下代码使用 predict()函数对新数据进行预测。

```
# lambda.min 误差最小, lambda.1se 性能优良, 自变量个数最少
> c(cvfit$lambda.min, cvfit$lambda.1se)
[1] 0.5120106 1.0859493
> predict(cvfit,newx=new,
+         s=c(cvfit$lambda.min,cvfit$lambda.1se))  # 对新数据进行预测
                 1          2
[1,] 101.3361 101.3244
```

利用 lamdba.min 值得到的预测结果为 101.3361，利用 lambda.1se 值得到的预测结果为 101.3244。

线性回归正则表达式综合案例讲解

9.6.5　综合案例

糖尿病数据集包含 442 条记录、10 个自变量和 1 个因变量。这些自变量分别为患者的年龄、性别、体质指数、平均血压及 6 个血清测量值；因变量为糖尿病指数，其值越小，说明糖尿病的治疗效果越好。根据文献可知，对于胰岛素治疗糖尿病的效果表明，性别和年龄对治疗效果无显著影响。以下代码实现剔除这两个变量，并查看各自变量间的共线性。

```
> # 导入胰岛素数据集
> library(readxl)
> diabetes <- read_excel('../data/diabetes.xlsx')
> # 剔除性别和年龄变量
> diabetes <- diabetes[,3:11]
> # 利用 car 包中的 vif()函数查看各自变量间的共线情况
> library(car)
```

```
> round(vif(lm(Y~.,data = diabetes)),2)
  BMI    BP    S1    S2    S3    S4    S5    S6
 1.48  1.34 59.03 39.04 15.35  8.83 10.04  1.45
```

从结果可知，变量 S1、S2、S3、S5 的 VIF 值分别为 59、39、15、10，说明存在多重共线性。通过绘制 S1 和 S2 变量的散点图也可看出，这两个变量有明显的线性关系，运行以下代码得到结果如图 9-10 所示。

```
> # 绘制 S1 和 S2 变量的散点图
> plot(diabetes$S1,diabetes$S2,col='blue',pch=16,cex=1.2,
+        main='S1 和 S2 的散点图',xlab='S1',ylab='S2')
```

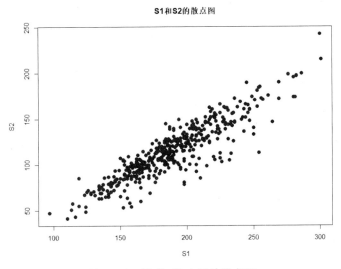

图 9-10　S1 和 S2 变量的散点图

以下代码先将数据集 diabetes 按照 8∶2 的比例随机拆分为训练集和测试集，再利用 cv.glmnet() 函数构建 LASSO 回归模型（$\alpha=1$）、岭回归模型（$\alpha=0$）和 Elastic Net 模型（$\alpha=0.5$），通过 10 折交叉验证寻找各自模型的最优 λ 值。

```
> # 数据分区
> ind <- sample(1:nrow(diabetes),nrow(diabetes)*0.8)
> train <- diabetes[ind,]
> test <- diabetes[-ind,]
> x.train <- as.matrix(train[,1:8])
> y.train <- train$Y
> x.test <- as.matrix(test[,1:8])
> y.test <- test$Y
>
> # 利用 train 数据集构建模型
> fit.lasso.cv <- cv.glmnet(x.train, y.train, type.measure="mse", alpha=1,
+                                         family="gaussian")
> fit.ridge.cv <- cv.glmnet(x.train, y.train, type.measure="mse", alpha=0,
+                                         family="gaussian")
> fit.elnet.cv <- cv.glmnet(x.train, y.train, type.measure="mse", alpha=.5,
+                                         family="gaussian")
> # 查看各自最优 lamdba 值
> cat("LASSO 最优值:",
+       c(fit.lasso.cv$lambda.min,fit.lasso.cv$lambda.1se))
Lasso 最优值: 1.637169 11.5499
> cat("岭回归最优值:",
+       c(fit.ridge.cv$lambda.min,fit.ridge.cv$lambda.1se))
岭回归最优值: 4.662715 63.08876
> cat("Elastic Net 最优值:",
+       c(fit.elnet.cv$lambda.min,fit.elnet.cv$lambda.1se))
Elastic Net 最优值: 2.056379 15.9218
```

以下代码利用构建的模型对数据集 test 进行预测，同时计算出用于评估模型好坏的均方根误差 RMSE（值越接近 0 说明模型效果越好），进而得到最优模型。

```
> # 对 test 数据集进行预测
> # 自定义计算均方根误差值函数
> rmse.cv <- function(model,new,lamdba1,y){
+     pred <- predict(object = model,
+                            newx = new,
+                            s = lamdba1)
+     rmse <- sqrt(mean((pred-y)^2))
+     return(rmse)
+ }
> # 构建 result 数据集，存放个各模型对 test 预测的均方根误差
> result <- data.frame(model = rep(c('lasso','ridge','elnet'),each=2),
+                      lamdba = c(fit.lasso.cv$lambda.min,fit.lasso.cv$lambda.1se,
+                                 fit.ridge.cv$lambda.min,fit.ridge.cv$lambda.1se,
+                                 fit.elnet.cv$lambda.min,fit.elnet.cv$lambda.1se),
+                      rmse = 0)
> value <- c()
>
> models <- c(fit.lasso.cv,fit.ridge.cv,fit.elnet.cv)
> lam <- c('lambda.min','lambda.1se')
> for(i in 1:3){
+     for(j in 1:2){
+       model <- switch(i,fit.lasso.cv,fit.ridge.cv,fit.elnet.cv)
+       lamdba1 <- switch(j,'lambda.min','lambda.1se')
+       value <- c(value,rmse.cv(model,x.test,lamdba1,y.test))
+     }
+ }
> result$rmse <- value
> # 查看各模型结果
> result
  model    lamdba        rmse
1 lasso   1.637169    55.14532
2 lasso  11.549901    55.59265
3 ridge   4.662715    55.35900
4 ridge  63.088763    56.91152
5 elnet   2.056379    55.14997
6 elnet  15.921798    55.57295
```

从结果可知，当 Lamdba 值为 1.637 时得到最优的 Lasso 回归模型，此模型对数据集 test 预测的均方根误差值为 55.14532。

9.7 逻辑回归

逻辑回归基本原理

9.7.1 逻辑回归基本原理

本章前面介绍的算法均是对连续型的因变量进行预测。更多时候，我们可能需要对客户是否流失、客户是否付费、客户是否欺诈、肿瘤是否良性等二分类或多分类的离散型因变量进行预测，得到一个预测概率，进而预测某事件是否发生的可能性。在众多分类算法中，逻辑回归因算法原理简单、高效，是应用最为广泛的分类算法之一。

逻辑回归（logistic regression）是机器学习分类算法的一种，它是在线性回归模型的基础上，构建因变量的转换函数，将因变量的数值压缩在 0～1，这个范围就可以理解为某事件发生的概率。最后通过对比一个阈值（二分类通常选择 0.5），将因变量的数值划分到 0 或 1 二分类或者多分类，进而实现对事物的分类拟合与预测。

Logistic 回归能做分类预测的关键就是利用 Sigmoid 函数将线性回归结果映射到(0,1)，进而得到各类别的概率，从而实现类别分类的目的。Sigmoid 函数定义为：

$$h(z) = \sigma(z) = \frac{1}{1 + e^{-z}}$$

式中 e 是自然常数。

Sigmoid 函数用 R 代码实现非常简单，以下代码定义了 Sigmoid 函数，并绘制出"S"曲线，如图 9-11 所示。

```
> # 自定义 Sigmoid 函数
> sigmod <- function(x){
+     return(1/(1+exp(-x)))
+ }
> # 绘制 Sigmoid 曲线
> x <- seq(-10,10,length.out = 100)
> plot(x,sigmod(x),type = 'l',col =
'blue',lwd = 2,
+           xlab = NA,ylab = NA,main =
'Sigmoid 函数曲线')
```

可见，通过 Sigmoid 函数变换，可以将因变量的取值从 $(-\infty, +\infty)$ 压缩到 $(0,1)$ 区间。Sigmoid 函数在大部分定义域内都会趋于一个饱和的定值。当 x 取很大的正值时，Sigmoid 值会无限趋近于 1；当 x 取很大的负值时，Sigmoid 值会无限趋近于 0。

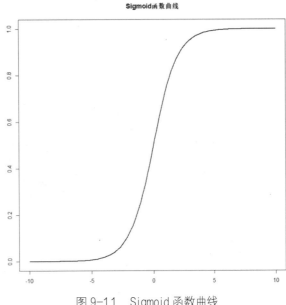

图 9-11　Sigmoid 函数曲线

接下来，我们可以选择一个阈值，通常是 0.5，当因变量取值不小于 0.5 时，就预测为 1 类（正例），小于 0.5 时则预测为 0 类（负例）。在这里要注意阈值是可以调整的，如遇到类失衡样本，可以通过阈值滑动来改变模型的预测能力。

如果将 Sigmoid 函数中的 z 换成多元线性回归模型的形式，令 $z = f(X) = \beta_0 + \beta_1 x_1 + \beta_2 x_2 + \ldots + \beta_p x_p$，就得到了 Logistic 回归模型的一般形式：

$$h(z) = \frac{1}{1 + e^{-(\beta_0 + \beta_1 x_1 + \beta_2 x_2 + \cdots + \beta_p x_p)}} = h_\beta(X)$$

它是将线性回归模型的预测值经过非线性的 Sigmoid 函数转换为(0,1)的概率。假定在已知 X 和 β 的情况下，因变量取 1 和 0 的条件概率分别用 $h_\beta(X)$ 和 $1 - h_\beta(X)$ 表示，则条件概率可以表示为：

$$P(y = 1 | X; \beta) = h_\beta(X) = p$$

$$P(y = 0 | X; \beta) = 1 - h_\beta(X) = 1 - p$$

接下来，可以通过这两个条件概率的比值（$p/(1-p)$），得到优势比（odds），代表了某个事件是否发生的概率比值，它的范围在 $(0, +\infty)$。优势比的计算公式如下：

$$\frac{p}{1-p} = \frac{h_\beta(X)}{1 - h_\beta(X)} = \frac{1}{e^{-(\beta_0 + \beta_1 x_1 + \beta_2 x_2 + \cdots + \beta_p x_p)}} = e^{\beta_0 + \beta_1 x_1 + \beta_2 x_2 + \cdots + \beta_p x_p}$$

如果对优势比 $p/(1-p)$ 取对数，则可以还原成线性回归模型，得到的公式如下：

$$\log\left(\frac{p}{1-p}\right) = \log\left(e^{\beta_0 + \beta_1 x_1 + \beta_2 x_2 + \cdots + \beta_p x_p}\right) = \beta_0 + \beta_1 x_1 + \beta_2 x_2 + \cdots + \beta_p x_p$$

Logistic 回归模型的参数估计使用的是极大似然估计法。参数估计的步骤是构建最大似然函数，估计参数 β，使得最大似然函数的值达到最大。其原理在于根据样本因变量的分布，计算最大的似然函数值，找到相应的参数 β，使得预测值最接近于因变量分布。

9.7.2 逻辑回归的 R 语言实现

逻辑回归 R 语言
实现及案例讲解

R 语言提供了拟合广义线性模型（Generalized Linear Model，GLM）的函数 glm()，模型通过一个连接函数得到线性预测结果。

glm() 函数中的参数 family 是分布族，每个分布族与相应的连接函数如表 9-2 所示。

表 9-2　　　　　　　　　　　　分布族与相应的连接函数

分布族	连接函数
binomial	logit、probit、cloglog
gaussian	identity
gamma	identity、inverse、log
inverse.gaussian	1/mu^2
poisson	identity、log、sqrt
quasi	logit、probit、cloglog、identity、inverse、log、1/mu^2、sqrt

glm() 函数的族对象默认为高斯模型，此时 glm() 函数和 lm() 函数功能一致。

glm() 函数的基本表达形式为：

```
glm(formula, family = binomial(link=logit), data,...)
```

式中 link=logit 可以不写，因为 logit 是二项分布族连接函数，是默认的。

以下代码利用鸢尾花数据集 iris 来说明逻辑回归的基本原理和 glm() 函数的用法。首先选取 iris 数据集中的第 51～150 行，第 1、5 列作为数据子集 iris1，并将 Species 变量中的"virginica"重新赋值为 1，"versicolor"赋值为 0。对 iris1 进行可视化的散点图如图 9-12 所示。

```
> iris1 <- iris[51:150,c(1,5)]
> iris1$Species <- ifelse(iris1$Species=='virginica',1,0)
> attach(iris1)
> plot(Sepal.Length,Species,pch=Species,cex=1.5,
+       main='iris1 散点图')
```

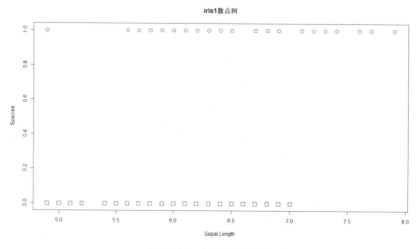

图 9-12　iris1 散点图

图 9-12 中的正方形代表 Species 为 0 的类别，圆形代表 Species 为 1 的类别。

以下代码利用 lm() 函数构建简单线性回归模型，并在散点图中增加线性拟合直线，如图 9-13 所示。

```
> # 简单线性回归模型
> fit <- lm(Species ~ Sepal.Length)
> # 增加线性拟合直线
> abline(fit,col="red",lwd=2)
> text(5,0.6,labels=paste0("Species=",round(fit$coefficients[[1]],3),
+                          "+",round(fit$coefficients[[2]],3),"*Sepal.Length"),
+          pos=4,font=2)
```

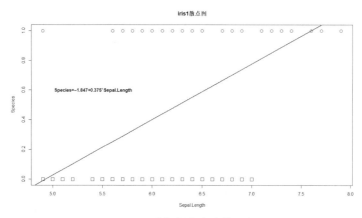

图 9-13　增加拟合直线的散点图

线性拟合直线为 Species=−1.847+0.375*Sepal.Length，不考虑 Sepal.Length 必须为非负的话，线性拟合的 Species 值域为 $(-\infty,+\infty)$。

以下代码假设 Sepal.Length 的值为 8，利用 predict()函数得到 Species 的预测结果为 1.15。

```
> # 假如 Sepal.Length=8 时，计算 Species 的值是多少
> predict(fit,newdata = data.frame(Sepal.Length=8))
        1
1.151316
```

可见，需要通过 Sigmoid 函数将其线性转换为非线性，将值域压缩在 $(0,1)$。

以下代码利用 glm()函数构建 Logistic 回归，并查看截距项和系数值。

```
> # 构建逻辑回归
> fit1 <- glm(Species ~ Sepal.Length,family = binomial,data = iris1)
> fit1$coefficients
 (Intercept)    Sepal.Length
 -12.570783       2.012927
```

故可以将 Logistic 回归模型表示为：

$$g(X) = X\beta = -12.571 + 2.013 \times \text{Sepal.Length}$$

$$h_\beta(X) = p = \frac{1}{1+\mathrm{e}^{-X\beta}} = \frac{1}{1+\mathrm{e}^{12.571-2.013 \times \text{Sepal.Length}}}$$

以下代码计算各样本为 1 的概率，并在散点图中增加各样本预测为 1 的概率曲线，如图 9-14 所示。

```
> # 计算各样本预测为 1 的概率值
> g <- fit1$coefficients[[1]]+fit1$coefficients[[2]]*iris1$Sepal.Length
> p <- exp(g)/(1+exp(g))
> # 对预测曲线进行可视化
> plot(Sepal.Length,Species,pch=Species,cex=1.5,
+      main="增加预测概率曲线的散点图")
> points(iris1$Sepal.Length,p,col='blue',pch=24,bg='blue')
```

从图 9-14 可知，各样本的预测为 1 的概率均在(0,1)内。假设阈值为 0.5，当预测为 1 的概率大于 0.5 时，预测类别为 1，否则预测类别为 0。以下代码利用 ifselse()函数实现类别预测，并将预测类别在 iris1 的散点图中展示，如图 9-15 所示。

```
> # 如果 P(Species=='virginica')概率值大于等于 0.5 时，预测类别为 1，否则为 0
```

```
> pred <- ifelse(p>0.5,1,0)
> # 对预测 Label 进行可视化
> plot(Sepal.Length,Species,pch=Species,cex=1.8,
+      main="增加预测标签的散点图")
> points(iris1$Sepal.Length,pred,col='blue',pch=24,bg='green')
```

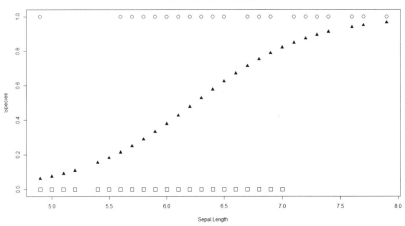

图 9-14　增加预测概率曲线的散点图

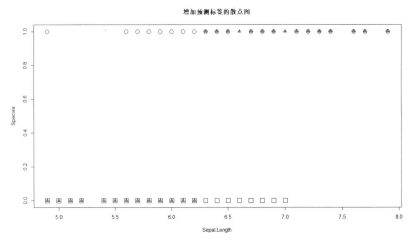

图 9-15　增加预测标签的散点图

在图 9-15 中，原来散点中若增加了淡色三角形，则说明是预测正确类别的样本，其他样本的预测类别与实际类别不符。可以通过更常用的验证分类模型的评估手段来查看模型预测效果。以下代码通过 table()函数查看实际类别与预测类别的混淆矩阵，并计算准确率。

```
> # 查看预测结果的混淆矩阵
> (t <- table(actual=Species,predict=pred))
     predict
actua  l  0   1
     0 36  14
     1 13  37
> # 计算准确率
> sum(diag(t))/sum(t)
[1] 0.73
```

从混淆矩阵可知，实际类别为 0 的 50 个样本中，有 36 个样本预测正确，有 14 个样本预测为类别 1；实际类别为 1 的 50 个样本中，有 37 个样本预测正确，有 13 个样本预测为类别 0。Logistic

回归模型整体预测准确率为 73%，说明模型的预测效果并不理想，可以增加另外 3 个变量来提高模型预测能力。

可以利用 predict()函数来预测新样本的 $X\beta$ 和 $h_\beta(X)$。当参数 type 为 link 时，得到的结果为通过连接函数计算的值（$X\beta$）；当 type 为 response 时，得到样本为 1 类别时的预测概率（$h_\beta(X)$）。

```
> # 对数据进行预测
> y <- predict(fit1,newdata = iris1) # y==g
> pr <- predict(fit1,newdata = iris1,type = "response") # pr==p
```

除了 glm()函数可以实现 Logistic 回归，也可以利用 9.7 节学习的 glmnet 包轻松实现，感兴趣的读者可以自行尝试。

9.8　本章小结

本章首先介绍了简单线性回归的基本原理及 R 语言实现，然后介绍了常用的线性回归变体及优化，最后介绍了分类模型中最常用到的逻辑回归的基本原理及 R 语言实现。让读者可以较系统地学习回归分析的相关原理，锻炼动手实践能力。

9.9　本章练习

一、判断题

1. 可以利用方差膨胀因子检验多重共线性问题。（　　）

　　A．对　　　　　　　　B．错

2. 欠拟合也被称为高方差。（　　）

　　A．对　　　　　　　　B．错

3. 岭回归方法是基于最小二乘估计法提出的一种有偏估计方法，是对最小二乘估计法的一种改良。（　　）

　　A．对　　　　　　　　B．错

4. LASSO 回归是线性回归基础上增加了 L2 正则惩罚项。（　　）

　　A．对　　　　　　　　B．错

5. 岭回归和 LASSO 回归都是 Elastic Net 模型的特例。（　　）

　　A．对　　　　　　　　B．错

6. 逻辑回归（Logistic Regression）是机器学习分类算法的一种。（　　）

　　A．对　　　　　　　　B．错

7. Logistic 回归能做分类预测的关键就是利用 tanh 函数将线性回归结果映射到(0,1)内，进而得到各类别的概率，从而实现类别分类的目的。（　　）

　　A．对　　　　　　　　B．错

二、多选题

回归分析中参数估计方法改进的有（　　）。

A．偏最小二乘回归　　　　　　　　B．岭回归

C．LASSO 回归　　　　　　　　　　D．主成分回归

三、上机题

利用基础包中的数据集 state.x77，建立自变量为人口、文盲率、平均收入和结霜天数对因变量犯罪率的线性回归模型，并使用逐步回归寻找最优模型。

第 **10** 章　**决策树**

决策树（decision tree）是一种树状分类结构模型。它是一种通过对变量值拆分建立分类规则，再利用树状图分割形成概念路径的数据分析技术。决策树因可解释性强、原理简单的优点被广泛使用，同时由于性能优异，决策树也常常作为组合算法中的基分类器模型。

10.1　决策树概述

决策树呈树形结构，是一种基本的回归和分类方法。决策树的基本思想由两个关键步骤组成：

（1）对特征空间按变量对分类效果影响大小进行变量和变量值选择；

（2）用选出的变量和变量值对数据区域进行矩阵划分，在不同的划分区间进行效果和模型复杂性比较，从而确定最合适的划分，分类结果由最终划分区域的优势类确定。

决策树主要用于分类，也可用于回归，当决策树的输出变量（因变量）是分类变量时，叫分类树，而当决策树的输出变量为连续变量时叫回归树。虽然回归树的因变量是连续变量，但叶节点数据是有穷的，因此输出的值也是在这个叶节点上的观测值的平均值。回归树不用假定经典回归中的诸如独立性、正态性、线性等特性，自变量无论是数值变量还是定性变量都同样适用。

和经典回归不同，决策树不需要对总体进行分布假设。而且，决策树对于预测很容易解释，这是其优点。此外，决策树很容易计算，但有必要设定不使其过分生长的停止规则或者修剪方法。决策树的一个缺点是每次分叉只和前一次分叉有关，而且并不考虑对以后的影响。因此，每个节点都依赖于前面的节点，如果一开始的划分不同，结果也可能很不一样。

从理论上概述决策树的构建过程，这一过程包括如下 4 个步骤。

1．决策树的生成

这一过程将初始的包含大量信息的数据集，按照一定的划分条件逐层分类至不可再分或不需再分，充分生成树。具体地，在每一次分类中：先找出各个可以作为分类变量的自变量所有可能的划分条件，再对每一个自变量，比较在各个划分条件下所得分支的差异大小，选出使分支差异最大的划分条件作为该自变量的最优划分；再将各个自变量在最优划分下所得分支的差异大小进行比较，选出差异最大者作为该节点的分类变量，并采用该变量的最优划分。

2．生成树的剪枝

利用决策树算法构建了初始的树之后，为了有效地分类，还要对其进行剪枝。这是因为，由于数据表示不当、有噪声等原因，会造成生成的决策树过大或过度拟合。因此为了简化决策树，寻找一棵最优的决策树，剪枝是一个必不可少的过程。对不同的算法，其剪枝的方法也不尽相同。常用的剪枝方法有预剪枝和后剪枝两种，例如 CHILD 和 C5.0 采用预剪枝，CART 则采用后剪枝。

（1）预剪枝：是指在构建决策树之前，先指定好生长停止准则（例如指定某个评估参数的阈值），此做法适合应用于大规模问题。

（2）后剪枝：是指待决策树完全生长结束后，根据一定的规则，剪去决策树中那些不具一般代表性的叶子节点或者分支。

3．生成规则

在生成一棵最优的决策树之后，就可以根据这棵决策树来生成一系列规则。这些规则采用"if…,then…"的形式。从根节点到叶子节点的每一条路径，都可以生成一条规则。这条路径上的分裂属性和分裂谓词形成规则的前件（if 部分），叶子节点的类标号形成规则的后件（then 部分）。

4．模型性能评估及预测

建立好模型后，可以利用测试数据对生成的决策树进行测试，常用混淆矩阵和预测误差率来验证模型的性能。选择最优模型后，就可以对新数据进行预测分类。

接下来，让我们总结决策树算法的优点。

（1）决策树算法易理解，机理解释起来简单。

（2）决策树算法的时间复杂度较小，为用于训练决策树的数据样本的对数。

（3）决策树算法既能用于分类也能用于回归。

（4）能够处理多输出的问题。

（5）对缺失值不敏感。

（6）效率高，决策树只需要一次构建，反复使用，每一次预测的最大计算次数不超过决策树的深度。

当然，决策树算法也不是没有缺点的，主要缺点如下。

（1）对连续型的因变量比较难预测，因为其是利用叶节点样本的平均值计算得到的。

（2）容易出现过拟合。

（3）当类别太多时，错误可能会增加得比较快。

（4）在处理特征关联性比较强的数据时表现得不是太好。

（5）对于各类别样本数量不一致的数据（类失衡问题），在决策树当中，信息增益的结果偏向于那些具有更多数量的特征。

10.2　决策树基本原理

决策树算法在分类、预测、规则提取等领域有着广泛的应用。在 20 世纪 80 年代初期，J.Ross Quinlan 提出了迭代二叉树 3 代（Iterative Dichotomiser 3，ID3）算法以后，决策树在数据挖掘、机器学习领域得到了极大的发展。Quinlan 后来又提出了 C4.5 算法，随后又发布了 C5.0 算法。1984 年，多位统计学家在著名的 *Classification and regression tree* 一书中提出了 CART 算法。ID3 算法和 CART 算法几乎同时被提出，但都采用类似的方法从训练样本中学习决策树。

常用的决策树算法如表 10-1 所示。

表 10-1　　　　　　　　　　　　　常用的决策树算法

决策树算法	算法描述
ID3 算法	其核心是在决策树的各级分裂节点上，使用信息增益作为分裂变量的选择标准，帮助确定生成每个节点时所应采用的合适的自变量
C4.5 算法	C4.5 算法相对于 ID3 算法的重要改进是使用信息增益率来选择节点属性。C4.5 算法可以克服 ID3 算法存在的不足：ID3 算法只适用于离散的自变量，而 C4.5 算法既能处理离散的自变量，也可以处理连续的自变量
C5.0 算法	C5.0 算法是 C4.5 算法应用于大数据集上的分类算法，主要在执行效率和内存使用方面进行了改进。适用于处理大数据集，采用 Boosting 方式提高模型准确率，又称为 BoostingTrees

续表

决策树算法	算法描述
CART 算法	CART 算法是一种非常有效的非参数分类和回归方法，通过构建树、修剪树、评估树来构建一个决策树。当因变量是连续型的时，该树被称为回归树；当因变量是离散型的时，该树被称为分类树。CART 算法也使用目标变量的纯度来分裂决策节点，只是它使用的分裂度量是 Gini 增益。需要注意的是，CART 算法内部只支持二分叉树
条件推理决策树算法	条件推理决策树算法的分裂方式不再以自变量分裂后的目标变量的纯度（如 C4.5 算法和 CART 算法）为分裂度量指标，而是以自变量与目标变量的相关性（一些统计检验）为分裂度量指标。后来又发展出快速无偏有效统计树（Quick Unbiased Effcient Statistical Tree，QUEST）翻译为快速，无偏和高效统计树，是二叉树算法。它使用 ANOVAF 或应变表卡方检验来选择分裂变量）

本节主要讲解 Quinlan 系列决策树算法（ID3、C4.5）和 CART 算法。

10.2.1　ID3 算法

ID3 算法实现案例详解

在 ID3 算法中，可使用信息增益挑选最有解释力度的变量。在了解信息增益前，让我们先来了解信息熵（Entropy）的概念。熵原本是物理学中的一个定义，后来香农将其引申到了信息论领域，用来表示信息量的大小。信息量越大（分类越不"纯净"），对应的熵值就越大，反之对应的熵值越小。信息熵的计算公式如下：

$$I(U) = \log_2\left(\frac{1}{p}\right) = -\log_2(p)$$

其中，I 被称为不确定性函数，代表事件的信息量；log 表示取对数。假定对于一个信源，其发生各种事件是相互独立的，并且其值具有可加性，因此使用 log() 函数。可见，发生的概率 p 越大，其不确定性越低。

考虑到信源的所有可能发生的事件，假设其概率为 $\{p_1, p_2, \cdots, p_m\}$，则可以计算其平均值（数学期望），该值被称为信息熵或者经验熵。假设 S 是 s 个数据样本的集合，假定离散变量有 m 个不同的水平，即 $C_i (i = 1, 2, \cdots, m)$，假设 s_i 是类 C_i 中的样本数。对一个给定的样本，它总的信息熵为：

$$I(s_1, s_2, \cdots, s_m) = -\sum_{i=1}^{m} p_i \log_2(p_i)$$

上式中，p_i 为任意样本属于 C_i 的概率，一般可以用 $\frac{s_i}{s}$ 估计。

设一个变量 A 具有 k 个不同的水平 $\{a_1, a_2, \cdots, a_k\}$，利用变量 A 将集合 S 划分为 k 个子集 $\{S_1, S_2, \cdots, S_k\}$，其中 S_j 包含了集合 S 中变量 A 取 a_j 值的样本。则根据变量 A 划分的条件熵为：

$$E(A) = \sum_{j=1}^{k} \frac{s_{1j} + s_{2j} + \ldots + s_{mj}}{s} I(s_{1j}, s_{2j}, \cdots, s_{mj})$$

上式中，$I(s_{1j}, s_{2j}, \cdots, s_{mj}) = \sum_{i=1}^{k} p_{ij} \log_2(p_{ij})$，$p_{ij} = \dfrac{sij}{s_{1j} + s_{2j} + \ldots + s_{mj}}$ 是子集 S_j 中类别为 C_j 的样本的概率。

在计算随机变量 S 的信息熵与加入变量 A 后的条件熵后，使用原来的信息熵减去条件熵得到信息增益。信息增益代表了加入变量 A 后，随机变量 S 混乱程度或纯净程度的变化。显然，这种变化越大，变量 A 对随机变量 S 的影响也就越大，这一指标称为信息增益，计算公式如下所示：

$$\text{Gain}\left(S|A\right) = I\left(s_1, s_2, \cdots, s_m\right) - E\left(A\right)$$

Gain($S|A$)表示随机变量 S 在引入变量 A 后的信息增益；$I\left(s_1, s_2, \cdots, s_m\right)$ 表示随机变量 S 原来的信息熵；$E(A)$表示引入变量 A 后随机变量 D 的条件熵。显然 $E(A)$越小，Gain($S|A$)的值越大，说明选择变量 A 对于分类提供的信息越大，选择 A 之后对分类的不确定程度越小。所以，在根节点或中间节点的变量选择过程中，就是挑选出各自变量下因变量的信息增益最大的量。

因此，对于一个有多个自变量的数据集，基本的 ID3 算法流程如图 10-1 所示。

决策树算法是一种贪心算法，它以从上到下递归的方式构建决策树，每次选择分裂数据的变量都是当前的最佳选择，并不关心是否达到全局最优。

下面以一个具体的案例详细说明决策树中 ID3 算法的原理，其中包括信息熵、信息增益的计算，以及最佳分类属性的选择。以下代码选取数据集 mtcars 中的变量 am、vs、cyl、gear，将 am、vs 变量转换成无序因子，变量 cyl、gear 转换成有序因子。

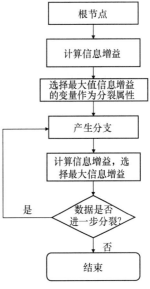

图 10-1　ID3 算法流程图

```
> mtcars2 <- within(mtcars[,c('cyl','vs','am','gear')], {
+    am <- factor(am, labels = c("automatic", "manual"))
+    vs <- factor(vs, labels = c("V", "S"))
+    cyl <- ordered(cyl)
+    gear <- ordered(gear)
+ })
> table(mtcars2$am)  # 查看因变量的类别数量
automatic    manual
       19        13
> I_am <- -19/32*log2(19/32)-13/32*log2(13/32)  # 计算因变量的信息熵
> I_am
[1] 0.9744894
```

以 am 作为因变量、其他变量作为自变量进行研究。变量 am 中类别为 "automatic" 有 19 个样本，"manual" 有 13 个样本。在无其他条件或信息的情况下，因变量的信息熵为：

$$I\left(\text{am}\right) = -\frac{19}{32}\log_2\left(\frac{19}{32}\right) - \frac{13}{32}\log_2\left(\frac{13}{32}\right) \approx 0.9744894$$

表 10-2 统计了因变量在不同自变量水平的样本数量。

表 10-2　　　　　　　　　　　因变量在不同自变量水平的样本数量

	cyl			vs			gear	
	automatic	manual		automatic	manual		automatic	manual
4	3	8	v	12	6	3	15	0
6	4	3	s	7	7	4	4	8
8	12	2				5	0	5

下面计算当条件变量为 cyl 时，条件熵为多少。当 cyl 的水平为 4 时，有 $\frac{3}{11}$ 的概率为 "automatic"，$\frac{8}{11}$ 的概率为 "manual"，其熵计算公式为 $-\frac{3}{11}\log_2\left(\frac{3}{11}\right) - \frac{8}{11}\log_2\left(\frac{8}{11}\right)$，值为 0.845；当 cyl 的水平为 6 时，熵的值为 0.985；当 cyl 的水平为 8 时，熵的值为 0.592。已知 cyl 取值为 4、

6、8 的概率分别为 $\frac{11}{32}$、$\frac{7}{32}$、$\frac{14}{32}$。

故当条件变量为 cyl 时，条件熵为：

$$E(\text{cyl}) = \frac{11}{32} \times 0.845 + \frac{7}{32} \times 0.985 + \frac{14}{32} \times 0.592 = 0.765$$

此时可以计算条件变量为 cyl 的信息增益 gain(cyl)=I(am)−E(cyl)= 0.974−0.765=0.209。同理，可以计算出 gain(vs)=0.020，gain(gear)=0.630。对比可知，gain(gear)最大，即 gear 在第一步使系统的信息熵下降得最快，所以决策树的根节点就选 gear。依此类推，构造决策树。当系统的信息熵降为 0 时，就没有必要再往下构造决策树了，此时叶子节点都是纯的，这是理想情况。

以下自定义函数 information_gain 实现计算信息熵、信息增益。

```
> # 自定义函数计算信息熵、信息增益
> information_gain <- function(x,y){
+     m1 <- matrix(table(y))
+     entropy_y <- sum(-(m1/sum(m1)*log2(m1/sum(m1)))
+     t <- table(x,y)
+     m <- matrix(t,length(unique(x)),length(unique(y)),
+                 dimnames = list(levels(x),levels(y)))
+     freq <- -rowSums((m/rowSums(m))*log2(m/rowSums(m)))
+     entropy <- sum(rowSums(m)*freq/dim(mtcars2)[1],na.rm = T)
+     gain <- entropy_y - entropy
+     return(c('因变量熵'=entropy_y ,
+                '条件熵'=entropy,
+                '信息增益' = gain))
+ }
> cat('计算条件变量为 cyl 的熵及信息增益为:\n')
计算条件变量为 cyl 的熵及信息增益为:
> information_gain(mtcars2$cyl,mtcars2$am)
    因变量熵       条件熵      信息增益
0.9744894   0.7649649   0.2095245
> cat('计算条件变量为 vs 的熵及信息增益为: \n')
计算条件变量为 vs 的熵及信息增益为:
> information_gain(mtcars2$vs,mtcars2$am)
    因变量熵       条件熵      信息增益
0.9744894   0.9540414   0.0204480
> cat('计算条件变量为 gear 的熵及信息增益为: \n')
计算条件变量为 gear 的熵及信息增益为:
> information_gain(mtcars2$gear,mtcars2$am)
    因变量熵       条件熵      信息增益
0.9744894   0.3443609   0.6301285
```

10.2.2 C4.5 算法

ID3 算法的缺点在于其倾向于选择水平数量较多的变量为最重要的变量，从而产生许多小而纯的子集，并且变量必须是分类变量（连续变量必须离散化）。C4.5 算法在继承 ID3 算法思路的基础上，将节点的分裂变量的筛选指标由信息增益改为信息增益率，并加入了对连续变量的处理方法。

C4.5 算法原理及
自定义函数实现

信息增益率为了克服信息增益的缺点，在信息增益的基础上进行相应的惩罚，即在信息增益的基础上，除以相应自变量的信息熵。这样当自变量类别过多时，信息增益较大的问题可以通过除以该变量的信息熵得到一定程度的解决。信息增益率的计算公式如下所示：

$$\text{GainRate}(S|A) = \frac{\text{Gain}(S \mid A)}{I(A)}$$

GainRate($S|A$)表示在自变量 A 条件下因变量 S 的信息增益率，Gain($S|A$)表示在自变量 A 条件下因变量 S 的信息增益，$I(A)$表示自变量 A 的信息熵。

继续以数据集 mtcars2 为例，自变量 cyl 类别为 4、6、8 的样本数分别为 11、7、14，所以其信息熵为：

$$I\left(\text{cyl}\right) = -\frac{11}{32}\log_2\left(\frac{11}{32}\right) - \frac{7}{32}\log_2\left(\frac{7}{32}\right) - \frac{14}{32}\log_2\left(\frac{14}{32}\right) = 1.532$$

由此得到在自变量 cyl 条件下因变量 am 的信息增益率。

$$\text{GainRate}\left(\text{am|cyl}\right) = \frac{\text{Gain(am | cyl)}}{I\left(\text{cyl}\right)} = \frac{0.209}{1.532} = 0.136$$

我们再计算变量 vs、gear 对应的信息熵和信息增益率分别为：

$$I\left(\text{vs}\right) = -\frac{18}{32}\log_2\left(\frac{18}{32}\right) - \frac{14}{32}\log_2\left(\frac{14}{32}\right) = 0.989$$

$$I\left(\text{gear}\right) = -\frac{15}{32}\log_2\left(\frac{15}{32}\right) - \frac{12}{32}\log_2\left(\frac{12}{32}\right) - \frac{5}{32}\log_2\left(\frac{5}{32}\right) = 1.461$$

$$\text{GainRate}\left(\text{am|vs}\right) = \frac{\text{Gain(am | vs)}}{I\left(\text{vs}\right)} = \frac{0.020}{0.989} = 0.021$$

$$\text{GainRate}\left(\text{am|gear}\right) = \frac{\text{Gain(am | gear)}}{I\left(\text{gear}\right)} = \frac{0.630}{1.461} = 0.431$$

从上面的计算结果可知，变量 gear 的信息增益率仍然是最大的，所以在根节点处仍然选择 gear 进行判断和分支。

C5.0 算法是由计算机科学家罗斯·昆兰（J.Ross Quinlan）为改进算法 C4.5 开发的新版本。该算法增强了对大量数据的处理能力，并加入了 Boosting 以提高模型准确率。尽管昆兰将 C5.0 算法销售给商业用户，但是该算法的一个单线程版本的源代码是公开的，因此可以编写成程序，R 中有相应的包可实现 C5.0 算法。

以下代码对 information_gain() 函数稍作调整，使其能计算自变量的信息熵及信息增益率。

```
> # 自定义函数计算信息熵、信息增益、信息增益率
> gain_rate <- function(x,y){
+    m0 <- matrix(table(x))
+    entropy_x <- sum(-(m0/sum(m0))*log2(m0/sum(m0)))
+    m1 <- matrix(table(y))
+    entropy_y <- sum(-(m1/sum(m1))*log2(m1/sum(m1)))
+    t <- table(x,y)
+    m <- matrix(t,length(unique(x)),length(unique(y)),
+                 dimnames = list(levels(x),levels(y)))
+    freq <- -rowSums((m/rowSums(m))*log2(m/rowSums(m)))
+    entropy <- sum(rowSums(m)*freq/dim(mtcars2)[1],na.rm = T)
+    gain <- entropy_y - entropy
+    return(c('自变量熵'=entropy_x ,
+             '因变量熵'=entropy_y ,
+             '条件熵'=entropy,
+             '信息增益' = gain,
+             '信息增益率' = gain/entropy_x))
+ }
> cat('计算条件变量为 cyl 的信息熵及信息增益率为:\n')
计算条件变量为 cyl 的信息熵及信息增益率为：
> round(gain_rate(mtcars2$cyl,mtcars2$am),3)
  自变量熵    因变量熵      条件熵    信息增益   信息增益率
    1.531       0.974       0.765       0.210        0.137
> cat('计算条件变量为 vs 的信息熵及信息增益率为:\n')
计算条件变量为 vs 的信息熵及信息增益率为：
> round(gain_rate(mtcars2$vs,mtcars2$am),3)
```

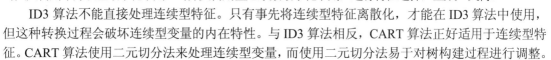

```
   自变量熵     因变量熵        条件熵     信息增益    信息增益率
    0.989      0.974        0.954      0.020        0.021
> cat('计算条件变量为 gear 的信息熵及信息增益率为:\n')
```
计算条件变量为 gear 的信息熵及信息增益率为：
```
> round(gain_rate(mtcars2$gear,mtcars2$am),3)
   自变量熵     因变量熵        条件熵     信息增益    信息增益率
    1.461      0.974        0.344      0.630        0.431
```

CART 算法原理及
案例讲解

10.2.3　CART 算法

CART 的英文全称为 Classification And Regression Tree。如果目标变量是连续变量，则可使用 CART 算法生成回归决策树，如果目标变量是分类变量，则可使用 CART 算法生成分类决策树。对回归树用平方误差最小化准则，对分类树用基尼系数最小化准则，进行特征选择，生成二叉树。

ID3 算法不能直接处理连续型特征。只有事先将连续型特征离散化，才能在 ID3 算法中使用，但这种转换过程会破坏连续型变量的内在特性。与 ID3 算法相反，CART 算法正好适用于连续型特征。CART 算法使用二元切分法来处理连续型变量，而使用二元切分法易于对树构建过程进行调整。

CART 算法是一种二分递归分割技术，把当前样本划分为两个子样本，使得生成的每个非叶节点都有两个分支，因此 CART 算法生成的决策树是结构简洁的二叉树。由于 CART 算法构成的是一个二叉树，它在每一步决策时只能为"是"或"否"，当一个离散因变量有多个类别时，首先需要将多类别合并成两个类别，形成超类，再把数据分为两部分。在 CART 算法中主要分为两个步骤。

（1）决策树生成。递归地构建二叉决策树的过程，基于训练数据集生成决策树，生成的决策树要尽量大；自上而下地从根开始建立节点，在每个节点处要选择一个最好的属性来分裂，使得子节点中的训练集尽量地纯。

（2）决策树剪枝。用验证数据集对已生成的树进行剪枝并选择最优子树，这时以损失函数最小作为剪枝的标准。

对分类树而言，CART 算法用基尼系数最小化准则来进行特征选择，生成二叉树。假设某个特征属性有 K 个类，样本点属于第 k 类的概率为 p_k，则概率分布的基尼系数定义为：

$$\text{Gini}(p) = \sum_{k}^{K} p_k(1-p_k) = \sum_{k}^{K}(p_k - p_k^2) = 1 - \sum_{k}^{K} p_k^2$$

其中，$\sum_{k}^{K} p_k = 1$。

对于给定的样本集合 D，并假设 C_k 是属于第 k 类的样本子集，则基尼系数为：

$$\text{Gini}(D) = 1 - \sum_{k}^{K}\left(\frac{|C_k|}{|D|}\right)^2$$

其中，对于给定的样本集合 D 及其样本子集，采用 $\dfrac{|C_k|}{|D|}$ 来计算 p_k。

如果数据集 D 根据特征 A 在某一取值 a 上进行分割，得到 D_1、D_2 两部分后，那么在特征 A 下集合 D 的基尼系数为：

$$\text{Gini}_A(D) = \frac{|D_1|}{|D|}\text{Gini}(D_1) + \frac{|D_2|}{|D|}\text{Gini}(D_2)$$

对于一个连续型变量来说，需要将排序后的相邻值的中点作为阈值（分裂点），同样使用上面的公式计算每一个划分子集基尼系数的加权和。

表 10-3 给出了 ID3、C4.5 和 CART 算法的比较。

表 10-3 　　　　　　　　　ID3、C4.5 和 CART 算法的比较

算法	支持模型	树结构	特征选择	连续值处理	缺失值处理	剪枝
ID3	分类	多叉树	信息增益	不支持	不支持	不支持
C4.5	分类	多叉树	信息增益比	支持	支持	支持
CART	分类、回归	二叉树	基尼系数，均方差	支持	支持	支持

仍以数据集 mtcars2 为例实现 CART 算法。根据基尼系数的公式，可以计算因变量 am 的基尼系数：

$$\text{Gini}(\text{am}) = 1 - \left(\frac{19}{32}\right)^2 - \left(\frac{13}{32}\right)^2 = 0.4824$$

在选择根节点或中间节点的变量时，就需要计算条件基尼系数。对于 3 个及以上不同值的离散变量来说，在计算条件基尼系数时会稍微复杂一些，因为该变量在做二元划分时会产生多对不同的组合。

以变量 cyl 为例，其值分别为 4、6、8，一共产生 3 对不同的组合，组合情况如表 10-4 所示。

表 10-4 　　　　　　　　　cyl 的 3 种组合数量统计

组合情况	cyl	am	
		automatic	manual
组合一	4	3	8
	6 或 8	16	5
组合二	6	4	3
	4 或 8	15	10
组合三	8	12	2
	4 或 6	7	11

所以在计算条件基尼系数时就需要考虑 3 种组合的值，最终从 3 个值中挑选出最小的，作为该变量的二元划分。其计算过程如下：

组合一：$\text{Gini}_{\text{cyl}-4}(\text{am}) = \frac{11}{32} \times \left(1 - \left(\frac{3}{11}\right)^2 - \left(\frac{8}{11}\right)^2\right) + \frac{21}{32} \times \left(1 - \left(\frac{16}{21}\right)^2 - \left(\frac{5}{21}\right)^2\right) = 0.3744$

组合二：$\text{Gini}_{\text{cyl}-6}(\text{am}) = \frac{7}{32} \times \left(1 - \left(\frac{4}{7}\right)^2 - \left(\frac{3}{7}\right)^2\right) + \frac{25}{32} \times \left(1 - \left(\frac{15}{25}\right)^2 - \left(\frac{10}{25}\right)^2\right) = 0.4821$

组合三：$\text{Gini}_{\text{cyl}-8}(\text{am}) = \frac{14}{32} \times \left(1 - \left(\frac{12}{14}\right)^2 - \left(\frac{2}{14}\right)^2\right) + \frac{18}{32} \times \left(1 - \left(\frac{7}{18}\right)^2 - \left(\frac{11}{18}\right)^2\right) = 0.3745$

由于最小值为 0.3744，故将 4、6 或 8 作为变量 cyl 的二元划分。

同理，得到其他 3 个变量的条件基尼系数为：

$$\text{Gini}_{\text{vs}}(\text{am}) = \frac{18}{32} \times \left(1 - \left(\frac{12}{18}\right)^2 - \left(\frac{6}{18}\right)^2\right) + \frac{14}{32} \times \left(1 - \left(\frac{7}{14}\right)^2 - \left(\frac{7}{14}\right)^2\right) = 0.4688$$

因为 $\text{Gini}_{\text{gear}-3}(\text{am}) = \frac{15}{32} \times \left(1 - \left(\frac{15}{15}\right)^2 - \left(\frac{0}{15}\right)^2\right) + \frac{17}{32} \times \left(1 - \left(\frac{4}{17}\right)^2 - \left(\frac{13}{17}\right)^2\right) = 0.1912$

$$\text{Gini}_{\text{gear}-4}(\text{am}) = \frac{12}{32} \times \left(1 - \left(\frac{4}{12}\right)^2 - \left(\frac{8}{12}\right)^2\right) + \frac{20}{32} \times \left(1 - \left(\frac{15}{20}\right)^2 - \left(\frac{5}{20}\right)^2\right) = 0.4010$$

$$\mathrm{Gini}_{gear-5}(am) = \frac{5}{32} \times \left(1 - \left(\frac{0}{5}\right)^2 - \left(\frac{5}{5}\right)^2\right) + \frac{27}{32} \times \left(1 - \left(\frac{19}{27}\right)^2 - \left(\frac{8}{27}\right)^2\right) = 0.3519$$

所以 $\mathrm{Gini}_{gear}(am) = \mathrm{Gini}_{gear-3}(am) = 0.1912$，变量gear按照3、4或5进行二元划分。

以基尼系数最小为准则，最终选择 gear 变量作为根节点的分裂点，按照 3、4 或 5 进行二元划分。

10.3　R 语言实现及案例

10.3.1　R 语言实现

各种决策树算法在 R 语言均有对应的函数实现。可以通过 RWeka 包中的 J48() 函数来调用 weka 的 C4.5 算法；通过 C50 包中的 C5.0()函数实现 C5.0 算法；通过 rpart 包中的 rpart()函数实现 CART 算法；通过 party 包中的 ctree()函数实现条件推理决策树算法。

决策树的 R 语言
实现

1．J48()函数

```
J48(formula,data,subset,na.action,control=Weka_control())
```

其中，formula 为建模公式；data 为包含 formula 参数变量的数据框；subset 为用于 data 中选取部分样本；na.action 为缺失数据的处理方法，默认删除目标变量的数据，保留自变量的数据；control 为 C4.5 算法的参数，使用 Weka_control()函数进行设置。

2．C5.0()函数

```
C5.0(x, y, trials = 1, rules= FALSE, weights = NULL,costs = NULL, ...)
```

其中，x 为一个包含训练数据的自变量；y 为包含训练数据的因变量；trials 为一个可选值，用于控制自助法循环的次数（默认为 1）；costs 为一个可选矩阵，用于给出与各种类型错误相对应的成本。

3．rpart()函数

```
rpart(formula,data,subset,na.action=na.rpart,method,parms,control, ...)
```

其中，formula 为建模公式；data 为包含 formula 参数变量的数据框；subset 为用于 data 中选取部分样本进行建模；na.action 为缺失数据的处理方法，默认是删除目标变量的数据，保留自变量的数据；method 为变量分割方法，该参数有 4 种取值：连续型对应 anova，分类型（因子）对应 class，计数型对应 poisson（泊松），生存分析型对应 exp。一般情况下，函数会自动检验目标变量的数据类型，自动匹配合适的取值；control 为模型建立时用于停止分裂的一些参数，其值是 rpart.control 函数的输出对象。

4．ctree()函数

```
ctree(formula, data, subset = NULL, weights = NULL, control = ctree_control(), ...)
```

其中，formula 为建模公式；data 为包含 formula 参数变量的数据框；subset 为用于 data 中选取部分样本进行建模；control 为模型建立时用于停止分裂的一些参数，其值是 ctree. control 函数的输出对象。

10.3.2　C5.0 案例

1．构建树模型

C50 包包含 C5.0 分类模型的接口。此模型的主要两种模式是：

模型创建、规则
解读及可视化

使用 boosting 提升
模型性能及使用代
价矩阵提升查全率

（1）基于树的模型。

（2）基于规则的模型。

该包可通过 install.packages("C50")进行在线下载安装。

我们重点学习基于树的模型方法。为了演示一个简单的模型,以下代码利用鸢尾花数据集 iris,使用 Petal.Length 和 Petal.Width 作为自变量, 构建树模型来预测 Species 的类别。模型构建好后,查看模型结果。

```
> # install.packages("C50")
> library(C50)
> tree_mod <- C5.0(x = iris[,c('Petal.Length','Petal.Width')],
+                   y = iris$Species)
> tree_mod
Call:
C5.0.default(x = iris[, c("Petal.Length", "Petal.Width")], y = iris$Species)
Classification Tree
Number of samples: 150
Number of predictors: 2

Tree size: 4
Non-standard options: attempt to group attributes
```

tree_mod 对象包含了一些关于该决策树的简单情况,包括生成决策树的函数调用、自变量数量（number of predictors）和用于决策树增长的样本数（number of samples）。同时列出树的大小为 4,这表明该树有 4 个决策（规则）。为了查看决策树生成的决策,我们可以对模型调用 summary()函数, 得到以下结果。

```
> summary(tree_mod) # 查看详细信息
Decision tree:
Petal.Length <= 1.9: setosa (50)
Petal.Length > 1.9:
:...Petal.Width > 1.7: virginica (46/1)
    Petal.Width <= 1.7:
    :...Petal.Length <= 4.9: versicolor (48/1)
        Petal.Length > 4.9: virginica (6/2)
```

上面的输出显示了决策树的 4 个决策准则,分别为:

（1）当 Petal.Length <= 1.9 时, Species 预测结果为 setosa。

（2）当 Petal.Length > 1.9 且 Petal.Width > 1.7 时, Species 预测结果为 virginica。

（3）当 Petal.Length > 1.9、Petal.Width <= 1.7 和 Petal.Length <= 4.9 时, Species 预测结果为 versicolor。

（4）当 Petal.Length > 1.9、Petal.Width <= 1.7 和 Petal.Length > 4.9 时, Species 预测结果为 virginica。

括号中的数字表示符合该决策准则的样本数量以及根据该决策不正确分类的样本数量。例如,46/1 表示有 46 个样本符合该决策条件, 有 1 个是被错误归类的。

summary()函数的输出结果中还包含一个混淆矩阵,这是一个交叉列表,表示模型对训练数据错误分类的记录数。

```
Evaluation on training data (150 cases):
        Decision Tree
        ----------------
        Size    Errors
        4    4( 2.7%) <<
        (a)   (b)    (c)   <-classified as
        ----  ----  ----
        50                 (a): class setosa
              47     3     (b): class versicolor
              1     49     (c): class virginica
```

字段 Errors 说明模型对 150 个训练样本中有 4 个误分类,错误率为 2.7%。有 3 个真实值为

versicolor 的样本被错误归类为 virginica；有 1 个真实值为 virginica 的样本被错误归类为 versicolor。

2．决策树可视化

以下代码通过 plot()函数对生成的决策树对象进行可视化，结果如图 10-2 所示。

```
> plot(tree_mod) # 树模型可视化
```

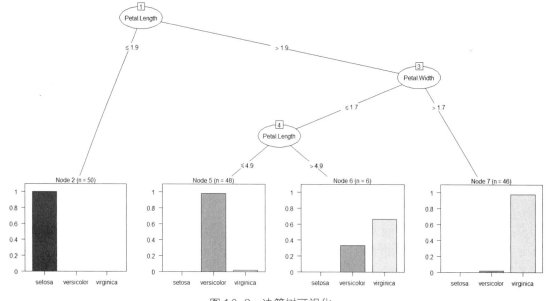

图 10-2　决策树可视化

决策树可视化可以直观地将树模型生成的决策和结果在图形中显示出来。图 10-2 中一共有 7 个节点，第一个节点是根节点，以 Petal.Length 作为分裂点，当值小于等于 1.9 时往左边走，当值大于 1.9 时往右边走。首先对最左边的规则进行解读，其就是 10.4.2 小节中的第一条决策规则，柱状图就是符合规则的样本中各类别数量及占比，Node2(n=50)说明满足 Petal.Length <= 1.9 的样本数量有 50 个，都属于 setosa，占比为 1。然后对最右边的规则进行解读，其就是 10.4.2 节中的第二条决策规则,Node7(n=46)表示满足 Petal.Length > 1.9 且 Petal.Width > 1.7 的样本数量有 46 个，柱状图说明有 45 个属于 virginica，占比 97.8%，有 1 个属于 versicolor，占比 0.2%。其他节点的规则和结果可以按照此方法进行解读。

3．评测模型预测能力

在训练好模型后，可以利用 predict()函数对新数据进行预测。比如当变量 Petal.Length 值为 2，变量 Petal.Width 值为 1 时，鸢尾花属于哪个种类。

```
> pred_class <- predict(tree_mod,newdata = data.frame('Petal.Length' = 2,
+                                                      'Petal.Width' = 1))
> pred_class
[1] versicolor
Levels: setosa versicolor virginica
```

可见，新样本类别属于 versicolor。有时并不想直接预测所属类别，而是希望得到新样本所属每个类别的概率，再根据概率判断其所属类别。此时可以通过 predict()函数的参数 type 实现，当参数 type 值为 prob 时得到新样本属于各个类别的概率，各类别的概率和为 1。

```
> pred_prob <- predict(tree_mod,type = 'prob',
+                       newdata = data.frame('Petal.Length' = 2,
+                                            'Petal.Width' = 1))
> round(pred_prob,3)
  setosa   versicolor   virginica
1 0.007        0.966       0.027
```

从结果可知，versicolor 的概率高达 0.966%，故新样本的预测类别为 versicolor。

4．提高模型的性能

C5.0 算法改进 C4.5 算法的一个优点就是加入自适应增强（adaptive boosting）算法。众所周知，决策树容易造成过拟合，故以决策树作为基分类器，生成许多决策树，然后这些决策树通过投票表决的方式为每个样本选择最佳的分类。boosting 算法可以更广泛地应用于任何机器学习算法。

C5.0()函数的参数 trials，可以很轻松地将 boosting 算法添加到 C5.0 决策树中。与更多统计方法（例如随机梯度增强）相比，该方法的模型与 AdaBoost 相似。

使用 C50 包自带的客户流失数据集 churn 进行建模及预测客户是否流失（C50 扩展包已经不带数据集 churn 了，可改用 modeldata 扩展包的数据集 mlc_churn）。该数据集有 19 个预测变量，除 4 个是离散变量外，其他都是数值变量；目标变量 churn 是二分类，值分别为 yes 或 no。由于 C5.0 算法能处理离散或连续变量，故我们不需要对预测变量进行 one-hot 编码处理；虽然各连续变量的数值范围差异较大，不过基于概率计算的模型不受预测变量的量纲影响，故无须对连续变量进行标准化处理。我们只需关注模型超参数的设置，构建最优模型即可。churn 由两部分数据集构成：churnTrain 和 churnTest，其中训练数据集（churnTrain）包含 3333 个样本，测试数据集（churnTest）包含 1667 个样本。以下代码先基于训练数据集建立分类模型，然后利用分类模型预测训练数据集和测试数据集的分类结果，并利用 table()函数构建混淆矩阵来评价这些模型的预测性能。

```
> # 导入数据集
> churnTrain <- read.csv('../data/churnTrain.csv')
> churnTest <- read.csv('../data/churnTest.csv')
> churnTrain$churn <- as.factor(churnTrain$churn)
> churnTest$churn <- as.factor(churnTest$churn)
> # 构建模型
> treeModel <- C5.0(x = churnTrain[, -20],
+                    y = churnTrain$churn)
> treeModel1 <- C5.0(x = churnTrain[, -20],
+                    y = churnTrain$churn,trials = 10) # 使用 10 次 boosting 迭代
> # 查看模型对训练数据集的混淆矩阵
> (t0 <- table(churnTrain$churn,predict(treeModel,newdata = churnTrain)))

       yes    no
 yes   365   118
 no     18  2832
> (t1 <- table(churnTrain$churn,predict(treeModel1,newdata = churnTrain)))

       yes    no
 yes   423    60
 no      4  2846
> cat('普通模型对训练集的预测准确率:',
+       paste0(round(sum(diag(t0))*100/sum(t0),2),"%"))
普通模型对训练集的预测准确率: 95.92%
> cat('增加 boosting 的模型对训练集的预测准确率:',
+       paste0(round(sum(diag(t1))*100/sum(t1),2),"%"))
增加 boosting 的模型对训练集的预测准确率: 98.08%
> # 查看模型对测试数据集的混淆矩阵
> (c0 <- table(churnTest$churn,predict(treeModel,newdata = churnTest)))

       yes    no
 yes   146    78
 no     10  1433
> (c1 <- table(churnTest$churn,predict(treeModel1,newdata = churnTest)))

       yes    no
 yes   149    75
 no      5  1438
> cat('普通模型对测试集的预测准确率:',
+       paste0(round(sum(diag(c0))*100/sum(c0),2),"%"))
普通模型对测试集的预测准确率: 94.72%
```

```
> cat('增加 boosting 的模型对测试集的预测准确率:',
+      paste0(round(sum(diag(c1))*100/sum(c1),2),"%"))
增加 boosting 的模型对测试集的预测准确率: 95.2%
```

使用 10 次 boosting 迭代的模型后，对训练集预测的整体准确率从 95.92%上升到 98.08%；对测试集预测的整体准确率从 94.72%上升到 95.2%，均有不同程度的提升。

实际中，因为争取一个新顾客的成本显然要高于维护一个老客户的成本，故期望我们的分类模型中倾向于将更多的流失用户识别出来，也就是说模型更强调预测正样本的覆盖程度，即真正率（预测正样本数量/实际正样本数量），关于查全率的知识将在模型性能评估及优化章节中详细讲解。为了能提高模型真正率，可以在训练模型时通过指定代价矩阵来使模型具有倾向性或在训练模型后通过阈值滑动的方式实现。C5.0 算法允许我们将一个惩罚因子分配到不同类型的错误上，这些惩罚因子设定在一个代价矩阵中，通过指定参数 costs 实现。

假设将实际正样本错误预测为负样本（false negative）的代价为 2，将实际负样本错误预测为正样本（false positive）的代价为 1，样本预测正确的代价为 0，则通过以下代码定义代价矩阵。

```
> cost_mat <- matrix(c(0,1,2,0),nrow = 2)
> rownames(cost_mat) <- colnames(cost_mat) <- c("no", "yes")
> cost_mat
    no yes
no   0   2
yes  1   0
```

它与混淆矩阵相比，排列上稍有不同，行用来表示预测值，列用来表示实际值。

以下代码通过 C5.0()函数中的参数 costs 将代价矩阵应用到决策树中，并与普通的决策树结果进行对比。

```
> # 增加代价矩阵的决策树模型
> treeModel2 <- C5.0(x = churnTrain[, -20],
+                     y = churnTrain$churn,costs = cost_mat)
> # 普通模型的预测结果
> pred <- predict(treeModel,newdata = churnTrain)
> # 增加代价矩阵模型的预测结果
> pred2 <- predict(treeModel2,newdata = churnTrain)
> # 普通模型预测结果的混淆矩阵
> table('Actual' = churnTrain$churn,
+       'Prediction' = pred)
         Prediction
Actual   yes    no
   yes    365   118
    no     18  2832
> # 普通模型的查全率
> paste0(round(sum(pred=='yes')*100/sum(churnTrain$churn=='yes'),2),'%')
[1] "79.3%"
> # 增加代价矩阵模型预测结果的混淆矩阵
> table('Actual' = churnTrain$churn,
+        'Prediction' = pred2)
         Prediction
Actual   yes     no
   yes    379    104
    no     24   2826
> # 增加代价矩阵模型的查全率
> paste0(round(sum(pred2=='yes')*100/sum(churnTrain$churn=='yes'),2),'%')
[1] "83.44%"
```

与普通的模型相比，增加代价矩阵的模型正样本预测正确的数量从 365 提升到 379，增加 14 例，查全率从 79.3%到 83.4%，占比提升 4%。说明在提高正样本的预测错误成本后，模型会倾向识别出更多的正样本，不过同时可能会降低查准率。此类问题将在模型性能评估及优化章节深入讨论。

10.3.3 CART 案例

1．分类树构建与预测

为了理解 CART 算法构建的分类树，以下代码对鸢尾花数据 iris 做决策树分类、输出结果，并用 rpart.plot() 函数绘制决策树，如图 10-3 所示。

```
> library(rpart)
> library(rpart.plot)
> tree_clf <- rpart(Species ~ Petal. Length + Petal.Width,data = iris)
> tree_clf
n= 150

node), split, n, loss, yval, (yprob)
        * denotes terminal node

1) root 150 100 setosa (0.33333333 0.33333333 0.33333333)
2) Petal.Length< 2.45 50    0 setosa (1.00000000 0.00000000 0.00000000) *
3) Petal.Length>=2.45 100   50 versicolor (0.00000000 0.50000000 0.50000000)
6) Petal.Width< 1.75 54    5 versicolor (0.00000000 0.90740741 0.09259259) *
7) Petal.Width>=1.75 46     1 virginica (0.00000000 0.02173913 0.97826087) *
> rpart.plot(tree_clf,extra = 3,digits = 4)
```

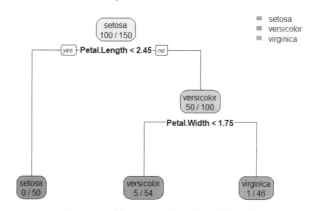

图 10-3 利用 CART 算法分类的决策树

输出结果第 1 行 n=150 说明观测样本共有 150 个。第 2 行为每个节点内容的说明：node) 为节点号码。split 为分叉的拆分变量即判别准则。n 为该节点的观测样本数量。loss 是如果在这个节点按照少数服从多数分类的话，有多少观测样本会分错。yval 为在该节点数据中因变量的多数水平，即如果不再分叉，这个节点的观测值都被判为该水平。(yprob) 为该点各个水平的比例。而最后 * denotes terminal node 说明星号（*）标明的节点是叶节点。

其次，关于该树第 1 号节点的输出为：

```
1) root 150 100 setosa (0.33333333 0.33333333 0.33333333)
```

节点号码为 1，而且是根节点（root），一共有 150 个观察样本（全部数据），其中 100 为少数水平（loss），因变量的多数水平为 setosa，还显示了因变量各水平的比例（0.33333333 0.33333333 0.33333333），图 10-3 中也标出了少数水平观测样本量与该节点样本量之比（100/150），即该节点如果为叶节点的误判比例。

输出的第 2 号节点为：

```
2) Petal.Length< 2.45 50  0 setosa (1.00000000 0.00000000 0.00000000) *
```

节点号码为 2，而且是满足拆分变量 Petal.Length 小于 2.45 的那部分数据（Petal.Length< 2.45），该节点剩下 50 个观测样本，有 0 个为少数水平，因变量的多数水平为 setosa，最后显示了该节点

各水平的比例（1.00000000 0.00000000 0.00000000）。而且由于有*号，这是叶节点，不会再继续分叉了，这相当于图 10-3 中左边的分支，图中也标出了少数水平观测样本数与该节点样本量之比（0/50）。

输出的第 3 号节点为：

```
3) Petal.Length>=2.45 100  50 versicolor (0.00000000 0.50000000 0.50000000)
```

节点号码为 3，而且是满足拆分变量 Petal.Length 不小于 2.45 的那部分数据（Petal.Length >=2.45），该节点剩下 100 个观测样本，有 50 个为少数水平，因变量的多数水平为 versicolor，最后显示了该节点各水平的比例（0.00000000 0.50000000 0.50000000）。这相当于图 10-3 中右边的分支，图中也标出了少数水平观测样本数与该节点样本量之比（50/100）。该节点未有*号，故该节点不是终结点，还要向左、向右拆分出第 6 号和第 7 号节点。第 6 号和第 7 号节点可以按照相同方式解读，此处不赘述。

可以利用 rpart 包中的 predict()函数对新数据进行预测，参数 type 默认值为 prob，返回各类别的概率，值为 class 则返回预测类别。假设有一个新样本，Petal.Length 值为 5，Petal.Width 值为 1.5，可以通过将 type 设置为 class 来预测其所属类别。

```
> predict(tree_clf,newdata = data.frame("Petal.Length" = 5,
+                                        "Petal.Width" = 1.5),
+          type = 'class')
          1
versicolor
Levels: setosa versicolor virginica
```

该样本的预测类别为 versicolor。我们使用参数 type 默认值（prob）可以得到估计分类概率，其原理是先遍历树来查找此实例的叶节点，然后返回此节点中此类别的训练实例的比例。

```
> predict(tree_clf,newdata = data.frame("Petal.Length" = 5,
+                                        "Petal.Width" = 1.5))
   setosa versicolor  virginica
1   0      0.9074074  0.09259259
```

细心的读者应该发现，该样本属于第 6 号节点的判别准则，故预测结果返回的是该节点的训练样本中各类别比例，如下：

```
4) Petal.Width< 1.75 54   5 versicolor (0.00000000 0.90740741 0.09259259) *
```

2. 回归树构建与预测

下面通过一个简单的医疗保费数据集来描述用作回归的决策树的原理。数据集中一共有 1338 个观测值和 7 个变量，将连续变量 charges 作为因变量来考虑回归问题。以下代码将数据集分成训练集和测试集，利用训练集构建回归决策树，并绘制回归决策树，如图 10-4 所示。

回归树构建及预测

```
> insurance <- read.csv('../data/insurance.csv')
> insurance$children <- insurance$children
> train <- insurance[1:1000,]
> test <- insurance[1001:1338,]
> tree_reg <- rpart(charges ~ .,data = train)
> tree_reg
n= 1000

node), split, n, deviance, yval
      * denotes terminal node

1) root 1000 143518700000 13075.760
2) smoker=no 804  29251870000  8435.581
4) age< 42.5 440   8869838000  5146.425 *
5) age>=42.5 364   9867831000 12411.480 *
3) smoker=yes 196  25944900000 32109.940
6) bmi< 30.1 94   2486942000 21457.940 *
020+7) bmi>=30.1 102   2963050000 41926.490 *
> rpart.plot(tree_reg,type = 4,extra = 1,digits = 4)
```

一开始，输出有下面信息：

```
n= 1000
node), split, n, deviance, yval  * denotes terminal node
```

第 1 行说明观测样本有 1000 个，第 2 行为每个节点的内容。node)为节点号码；split 为分叉的拆分变量及判定准则；n 为该节点观测样本的个数；deviance 是偏差，这里等于在这个节点上的 SST，即 $\sum_{i \in N_k} \left(y_i - \overline{y} \right)^2$，式中的 N_k 为该节点样本的下标集合；yval 为该节点数据因变量均值 $\overline{y}$，即新样本符合该节点情况下的预测值；而最后* denotes terminal node 说明星号（*）标明的节点是叶节点。

其次，关于该树第 1 号节点的输出为：

```
1) root 1000 143518700000 13075.760
```

节点号码为 1，而且是根节点（root），一共有 1000 个观察样本（全部训练数据），偏差为 143518700000，因变量的均值为 13075.760。图 10-4 中也标出了因变量均值（13.08e+3）和样本量（*n*=1000）。

输出的第 2 号节点为：

```
2) smoker=no 804 29251870000 8435.581
```

该节点号码为 2，而且是满足拆分变量 smoker 为 no 的那部分数据（smoker=no）。该节点处有 804 个观测样本，偏差为 29251870000，因变量均值为 8435.581。

接下来，让我们看看输出的第 4 号节点：

```
3) age< 42.5 440  8869838000 5146.425 *
```

该节点号码为 4，而且是满足拆分变量 smoker 为 no、满足 age 小于 42.5 的那部分数据（smoker=no & age < 42.5）。该节点处有 440 个观测样本，偏差为 8869838000，因变量均值为 5146.425，而且由于有*号，这是叶节点，不会再继续分叉了。

其他节点按相同方式解读，此处不赘述。

虽然因变量有 6 个，但从生成树过程可知，模型只选择变量 smoker、age 和 bmi 作为拆分变量，生成一棵回归树。通过以下代码查看各变量的重要性并绘制柱状图，如图 10-5 所示。

```
> # 查看变量重要性，并进行可视化
> tree_reg$variable.importance
      smoker          bmi          age       region          sex     children
88321952829  21101500654  11386323286   2616371774   1526216868    654092944
> barplot(tree_reg$variable.importance,
+          col='violetred',border=NA,yaxt='n',
+          main = '回归树的变量重要性')
```

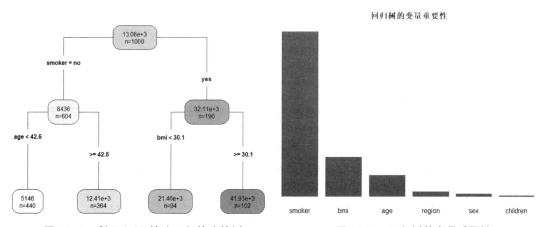

图 10-4　利用 CART 算法回归的决策树　　　　图 10-5　回归树的变量重要性

以下代码利用训练好的模型对象 tree_reg，对测试集进行预测，并查看前 6 行记录。

```
> # 对测试集进行预测
> pred <- predict(tree_reg,newdata = test)
> # 查看前6行记录
> data.frame(head(test),
+             prediction = head(pred))
      age  sex  bmi   children  smoker  region    charges  prediction
1001  30   male 22.99    2        yes   northwest 17361.766 21457.942
1002  24   male 32.70    0        yes   southwest 34472.841 41926.491
1003  24   male 25.80    0        no    southwest  1972.950  5146.425
1004  48   male 29.60    0        no    southwest 21232.182 12411.484
1005  47   male 19.19    1        no    northeast  8627.541 12411.484
1006  29   male 31.73    2        no    northwest  4433.388  5146.425
```

第 1001 条记录的预测结果为 21457.942，符合第 6 号节点的判定准则（满足 smoker=yes 且 bmi<30.1）；第 1002 条记录的预测结果为 41926.491，符合第 7 号节点的判定准则（满足 smoker=yes 且 bmi>=30.1）；第 1003、1006 条记录的预测结果为 5146.425，符合第 4 号节点的判定准则（满足 smoker=no 且 age< 42.5）；第 1004、1005 条记录的预测结果为 12411.484，符合第 5 号节点的判定准则（满足 smoker=no 且 age>= 42.5）。

从而可知，任何新数据得到的因变量预测值都会是回归树 4 个叶节点上的均值之一。这与前面学习的线性回归很不同，不同的新数据往往会得到不同的因变量的值。实际上，预测的精度和可能得到的值的多少无关。通过以下代码实现回归树和线性回归对 test 进行预测，并计算它们的 R^2。

```
> tree_r2 <- cor(test$charges,pred)^2  # 回归树的 R2
> fit <- lm(charges ~ .,data = train)
> pred1 <- predict(fit,newdata = test)
> lm_r2 <- cor(test$charges,pred1)^2  # 线性回归的 R2
> data.frame('模型' = c('回归树','线性回归'),
+            '判定系数' = round(c(tree_r2,lm_r2),3))  # 查看结果
    模型    判定系数
1   回归树      0.815
2   线性回归    0.735
```

决策树剪枝案例
讲解

从 R^2 对比结果可知，回归树的 R^2 大于线性回归，说明回归树优于线性回归。

3．决策树剪枝

决策树对训练样本有很好的预测能力，但是对于未知的新样本未必有很好的预测能力，泛化能力弱，即可能发生过拟合现象。为了防止过拟合，我们需要进行剪枝。决策树的剪枝通常有两种方法，一种是预剪枝（也叫先剪枝、前剪枝），另一种是后剪枝。

预剪枝的一般方法有以下两种：

（1）限制树生长的最大深度，即决策树的层数。如果决策树的层次已经达到指定深度，则停止生长。

（2）限制决策树中间节点或叶节点中所包含的最小样本量以及限制决策树生成的最多叶节点数量。

后剪枝的一般方法有以下两种：

（1）计算节点中因变量预测精度或误差。这种方法将原始数据分为两部分，一部分用于生成决策树，一部分用于验证。首先使树充分生长，在剪枝过程中，不断计算当前决策树对测试样本的预测精度或误差，若某节点展开后验证数据的误差大于不展开的情况，则将该节点作为叶节点，从而达到剪枝的目的。这种方法是 C4.5 算法中的剪枝思想。

（2）综合考虑误差与复杂度进行剪枝。考虑到虽然决策树对训练样本有很好的预测精度，但在测试样本和未来新样本上仍不会有令人满意的预测效果，因此决策树剪枝的目的是得到一棵"恰当"的树。决策树首先要具有一定的预测精度，其次决策树的复杂程度应该也是恰当的。这种方法是 CART 算法的剪枝思想。

现在以数据集 weather 为例，来演示决策树的剪枝。利用气温、风速、气压、今天是否下雨等信息，来预测明天是否下雨。

首先，利用预剪枝的方法对决策树进行剪枝。在构建决策树时，可以利用参数 maxdepth 控制树的深度，比如我们期望将树深设置为 3，通过以下代码实现。

```
> library(rpart)
> library(rpart.plot)
> weather <- read.csv('../data/weather.csv') # 导入 weather 数据集
> input <- c("MinTemp", "MaxTemp", "Rainfall",
+            "Evaporation", "Sunshine", "WindGustDir",
+            "WindGustSpeed", "WindDir9am", "WindDir3pm",
+            "WindSpeed9am", "WindSpeed3pm", "Humidity9am",
+            "Humidity3pm", "Pressure9am", "Pressure3pm",
+            "Cloud9am", "Cloud3pm", "Temp9am", "Temp3pm",
+            "RainToday") # 自变量
> output <- 'RainTomorrow' # 因变量
> tree_pre <- rpart(RainTomorrow ~ ., data = weather[,c(input,output)],
+                          control = rpart.control(maxdepth = 3)) # 构建决策树
> tree_pre # 查看结果
n= 366

node), split, n, loss, yval, (yprob)
      * denotes terminal node

1) root 366 66 No (0.8196721 0.1803279)
  2) Humidity3pm< 71.5 339 46 No (0.8643068 0.1356932)
    4) WindGustSpeed< 64 321 34 No (0.8940810 0.1059190) *
    5) WindGustSpeed>=64 18 6 Yes (0.3333333 0.6666667) *
  3) Humidity3pm>=71.5 27 7 Yes (0.2592593 0.7407407) *
```

生成的决策树先后以 Humidity3pm、WindGustSpeed 作为拆分变量，生成一棵深度为 3 的决策树。

接下来，我们让树自由生长，然后调用 printcp()函数输出树模型的复杂性信息，并使用 plotcp()函数绘制成本复杂性参数。运行以下代码结果如图 10-6 所示。

```
> tree_clf1 <- rpart(RainTomorrow ~ ., data = weather[,c(input,output)]) # 构建决策树
> printcp(tree_clf1) # 查看复杂性信息

Classification tree:
rpart(formula = RainTomorrow ~ ., data = weather[, c(input, output)])

Variables actually used in tree construction:
[1] Humidity3pm  MaxTemp    Pressure3pm  Sunshine    WindGustDir WindGustSpeed

Root node error: 66/366 = 0.18033

n= 366

        CP    nsplit  rel error   xerror    xstd
1 0.196970     0      1.00000    1.00000  0.11144
2 0.090909     1      0.80303    0.95455  0.10942
3 0.037879     2      0.71212    0.93939  0.10873
4 0.030303     4      0.63636    0.96970  0.11011
5 0.010000     7      0.54545    1.04545  0.11338
> plotcp(tree_clf1) # 绘制 CP 表的信息图
```

调用 printcp()函数输出树模型的复杂性参数信息。其中第一部分输出的是构建模型的方程，第二部分输出的是生成决策树的拆分变量，第三部分是根节点的错误率，第四部分是训练样本数量。最后输出结果中能找到 CP 值（成本复杂性参数），该复杂性参数可以作为控制树规模的惩罚因子。简而言之，CP 值越大，分裂的规模（nsplit）越小。输出参数（rel error）指示了当前分类模型树与空树之间的平均偏差比值。xerror 的值是通过使用 10 折交叉验证得到的相对误差，xstd 表示相对误差的标准差。

为了使 CP（成本复杂性参数）表更具可读性，使用 plotcp()函数绘制出 CP 表的信息图。如图 10-6 所示，底部横轴为 cp 值，纵轴为相对误差，顶部横轴为树的大小，虚线值为标准偏差的上限。从图 10-6 的结果我们能够得知，当树的大小为 3 时有最小交叉检验的误差，此时 CP 值为 0.059。

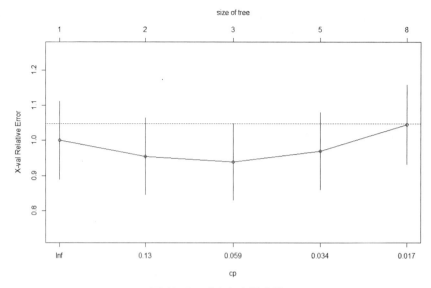

图 10-6　成本复杂性参数

可以利用 prune() 函数实现最小代价复杂度剪枝法。以下代码通过后剪枝得到最优的决策树。

```
> # 对决策树进行剪枝
> tree_clf1_pru <- prune(tree_clf1,cp = 0.059)
> tree_clf1_pru
n= 366

node), split, n, loss, yval, (yprob)
       * denotes terminal node

1) root 366 66 No (0.8196721 0.1803279)
  2) Humidity3pm< 71.5 339 46 No (0.8643068 0.1356932)
    4) WindGustSpeed< 64 321 34 No (0.8940810 0.1059190) *
    5) WindGustSpeed>=64 18  6 Yes (0.3333333 0.6666667) *
  3) Humidity3pm>=71.5 27  7 Yes (0.2592593 0.7407407) *
```

10.3.4　条件推理决策树案例

除了传统决策树（rpart）算法，条件推理决策树（ctree）算法是另一类比较常用的基于树的分类算法。条件推理决策树算法的分裂方式不再以自变量分裂后因变量的纯度（如 C5.0 和 CART 算法）为分裂度量指标，而是以自变量与目标变量的相关性（一些统计检验的显著性测量）为分裂度量指标。

条件推理决策树
案例讲解

本节继续以数据集 weather 为例，调用 party 包的 ctree() 函数构建条件推理决策树。

```
> if(!require(party)) install.packages("party") # 加载 party 包
> weather_sub <- weather[,c(input,output)]
> weather_sub$WindGustDir <- as.factor(weather_sub$WindGustDir)
> weather_sub$WindDir9am <- as.factor(weather_sub$WindDir9am)
> weather_sub$WindDir3pm <- as.factor(weather_sub$WindDir3pm)
> weather_sub$RainToday<- as.factor(weather_sub$RainToday)
> weather_sub$RainTomorrow <- as.factor(weather_sub$RainTomorrow)

> tree_ctree <- ctree(RainTomorrow ~ ., data = weather[,c(input, output)],
+                          controls = ctree_control(mincriterion = 0.99))
> tree_ctree # 查看模型树

    Conditional inference tree with 4 terminal nodes

Response:  RainTomorrow
Inputs:  MinTemp, MaxTemp, Rainfall, Evaporation, Sunshine, WindGustDir, WindGustSpeed,
WindDir9am, WindDir3pm, WindSpeed9am, WindSpeed3pm, Humidity9am, Humidity3pm, Pressure9am,
```

```
Pressure3pm, Cloud9am, Cloud3pm, Temp9am, Temp3pm, RainToday
   Number of observations:  366

   1) Cloud3pm <= 6; criterion = 1, statistic = 54.954
     2) Pressure3pm <= 1011.8; criterion = 1, statistic = 32.745
       3)* weights = 45
     2) Pressure3pm > 1011.8
       4)* weights = 210
   1) Cloud3pm > 6
     5) Humidity3pm <= 73; criterion = 0.996, statistic = 24.033
       6)* weights = 90
     5) Humidity3pm > 73
       7)* weights = 21
```

因为上述代码把参数 mincriterion 设置为 0.99，所以只有独立性检验 p 值小于 0.01（=1−0.99）的自变量才能成为决策树中的节点。在显示的结果中，criterion 等于 1−独立性检验 p 值，weights 是节点的样本数。以下代码使用 plot()函数直接绘制决策树，如图 10-7 所示。

```
> plot(tree_ctree) # 绘制决策树
```

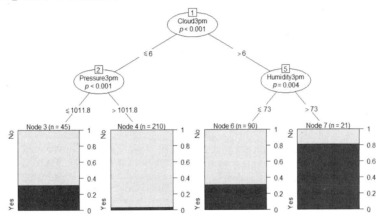

图 10-7　条件推理决策树状图

在图 10-7 中，可以显示中间节点的相应依赖的变量名称及其 p 值，p 就是独立性检验 p 值，即 1−criterion。分裂条件在左右的分支上有所显示。叶节点上可显示该分支上的样本个数 n，以及样本属于 Yes 或 No 的概率。

以最左边的分支结果为例，其满足以下分类条件。

（1）Cloud3pm <= 6; criterion = 1, statistic = 54.954。

（2）Pressure3pm <= 1011.8; criterion = 1, statistic = 32.745。

（3）* weights = 45。

提取符合 Cloud3pm <= 6 且 Pressure3pm <= 1011.8 过滤条件的数据子集，并查看其样本个数及因变量各类别的占比，通过以下代码实现。

```
> # 提取数据子集, 请查看样本个数及因变量类别占比
> weather_sub1 <- weather_sub[weather_sub$Cloud3pm<=6
                              & weather_sub$Pressure3pm<=1011.8,]
> nrow(weather_sub1)
[1] 45
> round(prop.table(table(weather_sub1$RainTomorrow)),2)

  No  Yes
0.69 0.31
```

结果与图 10-7 中显示内容一致。

在对 ctree()函数产生的模型进行预测时仍会使用 predict()函数，默认情况下输出 Yes 或 No 的因子向量。

223

```
> pred <- predict(tree_ctree,newdata = weather_sub)
> head(pred)
[1] No No No No No No
Levels: No Yes
```

也可以通过设置参数 type 为 prob 来获取预测为 No 和 Yes 的概率。

```
> pred_prob <- predict(tree_ctree,type = 'prob',
+                      newdata = weather_sub)
> head(pred_prob,3)
[[1]]
[1] 0.6888889 0.3111111
[[2]]
[1] 0.6888889 0.3111111
[[3]]
[1] 0.6888889 0.3111111
```

此时返回的 pred_prob 是一个列表对象，前 3 个样本为 No 的概率均为 0.6888889，为 Yes 的概率均为 0.3111111，所以预测类别为 No。其实这 3 个样本均属于图 10-7 中最左边的分支。

10.3.5　绘制决策边界

决策树采用非常直观的方式对事物进行预测。二叉树分支方法可以非常有效地进行预测，其每个节点都根据一个特征的阈值将数据分成两组，即决策树实质是通过与特征轴平行的分类边界分割数据。

下面通过数据集 iris 来演示，以下代码构建一棵深度为 1 的决策树。

```
> library(rpart)
> library(rpart.plot)
> # 数据处理
> iris1 <- iris[,c('Petal.Length','Petal.Width','Species')]
> iris1$Species <- as.factor(as.numeric(iris1$Species)) # 将类别变成 1、2、3
> # 生成深度为 1 的决策树
> tree_clf <- rpart(Species ~ Petal.Length + Petal.Width,data = iris1,
+                   control = rpart.control(maxdepth = 1))
> tree_clf
n= 150

node), split, n, loss, yval, (yprob)
      * denotes terminal node

1) root 150 100 1 (0.3333333 0.3333333 0.3333333)
2) Petal.Length< 2.45 50   0 1 (1.0000000 0.0000000 0.0000000) *
3) Petal.Length>=2.45 100  50 2 (0.0000000 0.5000000 0.5000000) *
```

以下代码编写一个用于绘制决策边界的自定义函数，用于对分类器的结果进行可视化。

```
> # 编写绘制决策边界函数
> visualize_classifier <- function(model,X,y,xlim,ylim,type = c('n','n')){
+     x1s <- seq(xlim[1],xlim[2],length.out=200)
+     x2s <- seq(ylim[1],ylim[2],length.out=200)
+     Z <- expand.grid(x1s,x2s)
+     colnames(Z) <- colnames(X)
+     y_pred <- predict(model,Z,type = 'class')
+     y_pred <- matrix(y_pred,length(x1s))
+
+     filled.contour(x1s,x2s,y_pred,
+                    levels = 1:(length(unique(y))+1),
+                    col = RColorBrewer::brewer.pal(length(unique(y)),'Pastel1'),
+                    key.axes = FALSE,
+                    plot.axes = {axis(1);axis(2);
+                        points(X[,1],X[,2],pch=as.numeric(y)+15,col=as.numeric(y)+1,
cex=1.5);
+                        points(c(2.45,2.45),c(0,3),type = type[1],lwd=2)
+                        points(c(2.45,7.5),c(1.75,1.75),type = type[2],lwd=2,lty=2)
+                    },
+                    xlab = colnames(X)[1],ylab = colnames(X)[2]
```

```
+    )
+ }
```

以下代码运用自定义函数绘制决策边界，检查决策树的分类结果，如图 10-8 所示。

```
> # 绘制决策边界
> visualize_classifier(tree_clf,xlim = c(0,7.5),ylim = c(0,3),
+                       X = iris1[,1:2],
+                       iris1$Species,
+                       type=c('l','n'))
```

图 10-8 中的散点为 150 个样本，其中圆形为类别 1（setosa），三角形为类别 2（versicolor），菱形为类别 3（virginica）。决策边界为 Petal.Length= 2.45，且与 Petal.Width 特征轴平行的分割直线（图中垂直实线）。该分割线将整个数据区域分为左、右两部分，左边为预测类别为 1（setosa）的区域，右边为预测类别为非 1（versicolor or virginica）的区域。

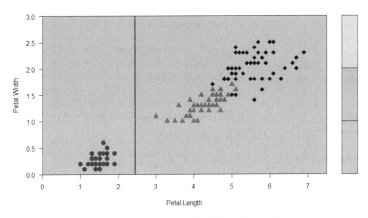

图 10-8　深度为 1 的决策边界可视化

需要注意的是，在第一个分割之后，左半个分支里的所有数据点都属于 1，因此这个分支不需要继续分割。除非一个节点只包含一种颜色，那么每次分割都需要按照两种特征中的一种对每个区域进行分割。

以下代码实现构建深度为 2 的决策树，并对决策边界进行可视化，如图 10-9 所示。

```
> # 生成深度为 2 的决策树
> tree_clf1 <- rpart(Species ~ Petal.Length + Petal.Width,data = iris1,
+                     control = rpart.control(maxdepth = 2))
> tree_clf1
n= 150

node), split, n, loss, yval, (yprob)
      * denotes terminal node

1) root 150 100 1 (0.33333333 0.33333333 0.33333333)
  2) Petal.Length< 2.45 50    0 1 (1.00000000 0.00000000 0.00000000) *
  3) Petal.Length>=2.45 100   50 2 (0.00000000 0.50000000 0.50000000)
    6) Petal.Width< 1.75 54    5 2 (0.00000000 0.90740741 0.09259259) *
    7) Petal.Width>=1.75 46    1 3 (0.00000000 0.02173913 0.97826087) *
> # 绘制决策边界
> visualize_classifier(tree_clf1,xlim = c(0,7.5),ylim = c(0,3),
+                       X = iris1[,1:2],
+                       iris1$Species,type=c('l','l'))
```

图 10-9 在右半个分支区域内增加了与 Petal.Length 特征平行的第二个分割线（水平虚线），该分割线将类别 2 和类别 3 分离出来。从图中直观发现，有 1 个实际类别为 2 的样本误分类为 3，有 5 个实际类别为 3 的样本误分类为 2。从决策边界的探索可知，对于线性可分的数据，决策树可以很好地进行预测。如果遇到非线性可分数据时，决策树也许不是首选算法。

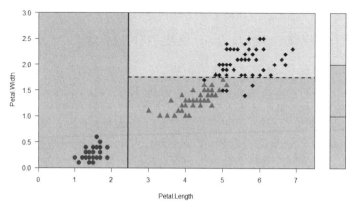

图 10-9　深度为 2 的决策边界可视化

10.4　本章小结

本章首先详细介绍了决策树常用的 ID3、C4.5 和 CART 等算法，然后介绍了其 R 语言的实现及案例演示，最后介绍了集成学习的基本原理及 R 语言实现。

10.5　本章练习

一、判断题

1．分类和回归都可用于预测，分类的输出是离散的类别值，而回归的输出是连续数值。（　　　）

    A．对　　　　　　　　　B．错

2．分类模型的误差大致分为两种：训练误差（training error）和泛化误差（generalization error）。（　　　）

    A．对　　　　　　　　　B．错

3．在决策树中，随着树中结点数变得越来越大，即使模型的训练误差还在继续减小，但是检验误差开始增大，这是出现了模型拟合不足的问题。（　　　）

    A．对　　　　　　　　　B．错

二、多选题

1．决策树包含以下哪些节点？（　　　）

    A．根结点（root node）　　　　　　　B．内部结点（internal node）

    C．外部结点（external node）　　　　　D．叶结点（leaf node）

2．以下关于决策树的说法是正确的有（　　　）。

    A．冗余属性会对决策树的准确率造成不利的影响

    B．冗余属性不会对决策树的准确率造成不利的影响

    C．决策树算法对于噪声的干扰非常敏感

    D．寻找最佳决策树是 NP 完全问题

三、上机题

数据集 cs-training.csv 是从 kaggle 上下载的信用比赛的原始数据。此数据集包含了 15 万行的数据，一共有 11 个指标，其中 SeriousDlqin2yrs 为借款人是否逾期的指标，而剩下的 10 个指标为本项目用来判断借款人是否逾期的因变量。请利用此数据集构建个人信用评估相关机器学习模型，要求如下：

1．变量 MonthlyIncome、NumberOfDependents 存在缺失值，请利用中位数对缺失值进行替换。

2．剔除变量 age 为 0 的样本，并剔除变量 NumberOfTime30-59DaysPastDueNotWorse、NumberOfTimes90DaysLate 和 NumberOfTime60-89DaysPastDueNotWorse 最大的两个值。

3．按照变量 SeriousDlqin2yrs 进行等比例分区，50%作为训练集，50%作为测试集。

4．分别使用 C5.0 算法、CART 算法、条件推理决策树算法构建决策树模型，并对比各自在测试集上的预测效果。

第 **11** 章 神经网络与支持向量机

在应对复杂的生产数据时，人工神经网络（Artificial Neural Network，ANN）以及支持向量机（Support Vector Machine，SVM）都是功能强大的分类工具，可以被广泛应用于不同领域。与前述基于树和基于概率的分类算法不同，在 ANN 和 SVM 的训练中，从输入数据到输出结果的过程并不清晰，也难以解释，因此，这两种算法都属于黑箱方法。

11.1 理解神经网络

人工神经网络对一组输入信号和一组输出信号之间的关系建模，使用的模型来源于人类大脑对来自感觉输入的刺激是如何反应的理解。就像大脑使用一个个被称为神经元（neuron）的相互连接的细胞网络来创建一个巨大的并行处理器一样，人工神经网络使用人工神经元或者节点（node）的网络来解决学习问题。从广义上讲，人工神经网络可应用于分类、数值预测，甚至无监督的模式识别。人工神经网络最适合应用于解决下列问题：输入数据和输出数据都很好理解或者至少相对简单，但其涉及输入到输出的过程是及其复杂的。作为一种黑箱方法，对于这些类型的黑箱问题，它处理得很好。

虽然有很多种不同的神经网络，但是每一种都可以由下面的特征来定义。

（1）激活函数（activation function）。将神经元的净输入信号转换成单一的输出信号，以便进一步在网络中传播。

（2）网络拓扑（network topology）（或结构）。描述了模型中神经元的数量以及层数和它们连接的方式。

（3）训练算法（training algorithm）。指定如何设置连接权重，以便减少或者增加神经元在输入信号中所占的比例。

图 11-1 展示了加入激活函数和偏置项（也称截距项）后的典型神经元数学模型。

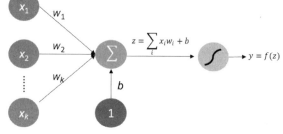

图 11-1 典型神经元数学模型

11.1.1 激活函数

激活函数是人工神经元处理信息并将信息传递到整个网络的机制。激活函数的主要作用是提供网络的非线性建模能力，如不特别说明，激活函数一般而言是非线性函数。假设一个神经网络中仅包含线性卷积和全连接运算，那么该网络仅能够表达线性映射，即便增加网络的深度也依旧是线性映射，难以有效对实际环境中非线性分布的数据建模。加入（非线性）激活函数之后，神经经网络才具备了分层的非线性映射学习能力。因此，激活函数是深度神经网络中不可或缺的部分。

常用激活函数有 Identity（恒等函数）、Binary step（单位跳跃函数）、Sigmoid（"S"形）函数、tanh（双曲正切）函数、ReLU（整流线性单元）函数等。接下来，我们详细了解 Sigmoid、tanh 和 ReLU 函数的基本原理。

1. Sigmoid 函数

接触过算法的读者估计对 Sigmoid 函数都不陌生。Logistic 回归能做分类预测的关键就是利用 Sigmoid 函数将线性回归结果映射到(0,1)范围内，进而得到各类别的概率值，从而达到类别分类的目的。在修正线性单元（ReLU）出现前，大多数神经网络使用 Sigmoid 函数作为激活函数来进行信号转换，转换后的信号被传递给下一个神经元。

Sigmoid 函数作为激活函数主要有以下 3 个缺点。

- 梯度消失。因为 Sigmoid 函数趋近 0 和 1 的时候变得非常平坦，也就是说，Sigmoid 的梯度趋近于 0，神经网络使用 Sigmoid 激活函数进行反向传播时，输出接近 0 或 1 的神经元其梯度趋近 0，这些神经元的权重不会更新，出现梯度消失。
- 不以 0 为中心。Sigmoid 函数输出是以 0.5 为中心，而不是以 0 为中心的。
- 计算成本高。exp()函数与其他非线性激活函数相比，计算成本昂贵。

2. tanh 函数

tanh 函数也叫双曲正切函数，也是在引入 ReLU 之前被经常用到的激活函数，它的定义如下：

$$h(x) = \tanh(x) = \frac{\left(e^x - e^{-x}\right)}{\left(e^x + e^{-x}\right)}$$

Sigmoid 函数和 tanh 函数之间存在计算上的关系，关系如下：

$$1 - 2\sigma(x) = -\tanh\left(\frac{x}{2}\right)$$

以下代码实现tanh 函数的定义及曲线绘制，结果如图 11-2 所示。

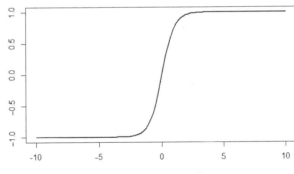

```
> # 自定义 tanh 函数
> tanh <- function(x){
+    return((exp(x)-exp(-x))/(exp
(x)+ exp(-x)))
+ }
> # 绘制 tanh 函数曲线
> x <- seq(-10,10,length.out = 100)
> plot(x,tanh(x),type = 'l',col =
'blue',lwd = 2,
+       xlab = NA,ylab = NA,main =
'tanh 函数曲线')
```

读者可以看到，tanh 函数跟 Sigmoid 函数的曲线是很相似的，都是一条"S"

图 11-2　tanh 函数

形曲线。只不过 tanh 函数是把输入值转换到(-1,1)。Sigmoid 函数在|x|>4 之后曲线就非常平缓，极为贴近 0 或 1；tanh 函数在|x|>2 之后曲线就非常平缓，极为贴近-1 或 1。与 Sigmoid 函数不同，tanh 函数的输出以 0 为中心；tanh 函数输出趋于饱和时也会"杀死"梯度，出现梯度消失的问题。

3. ReLU 函数

ReLU 全称为 Rectified Linear Units，可以翻译成整流线性单元或者修正线性单元。与传统的 Sigmoid 函数相比，ReLU 能够有效缓解梯度消失问题，从而直接以监督的方式训练深度神经网络，无须依赖无监督的逐层预训练，这也是 2012 年深度卷积神经网络在 ImageNet 大规模视觉识别挑战赛（ImageNet Large Scale Visual Recognition Challenge，ILSVRC）中取得里程碑式突破的重要原因之一。

ReLU 函数在输入大于 0 时，直接输出该值；在输入小于等于 0 时，输出 0。其公式如下：

$$f(x) = \begin{cases} 0, & x \leq 0, \\ x, & x > 0 \end{cases}$$

以下代码实现 ReLU 函数的定义及曲线绘制，结果如图 11-3 所示。

```
> # 自定义 ReLU 函数
> relu <- function(x){
+     return(ifelse(x<0,0,x))
+ }
> # 绘制 ReLU 函数曲线
> x <- seq(-6,6,length.out = 100)
> plot(x,relu(x),type = 'l',col =
'blue',lwd = 2,
+         xlab = NA,ylab = NA,main =
'ReLU 函数曲线')
> grid()
```

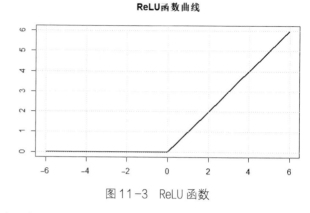

图 11-3　ReLU 函数

可见，ReLU 在 x<0 时硬饱和。由于 x>0 时一阶导数为 1，所以，ReLU 能够在 x>0 时保持梯度不衰减，从而缓解梯度消失问题。但随着训练的推进，部分输入会落入硬饱和区，导致对应权重无法更新。这种现象被称为"神经元死亡"。与 Sigmoid 类似，ReLU 的输出均值也大于 0，所以偏移现象和神经元死亡共同影响网络的收敛性。

ReLU 虽然简单，却是近几年的重要成果，它有以下几大优点。

（1）解决了梯度消失问题（在正区间）。

（2）计算速度非常快，只需要判断输入是否大于 0。

（3）收敛速度远快于 Sigmoid 和 Tanh。

ReLU 也存在一些缺点，如下。

（1）不以 0 为中心。和 Sigmoid 函数类似，ReLU 函数的输出不以 0 为中心。

（2）Dead ReLU 问题。指的是某些神经元可能永远不会被激活，导致相应的参数永远不能被更新。前向导向过程中，如果 x < 0，则神经元保持非激活状态，且在后向导向中"杀死"梯度。这样权重无法得到更新，网络无法学习。为了解决 ReLU 激活函数中的梯度消失问题，当 x < 0 时，我们使用 Leaky ReLU，该函数试图修复 dead ReLU 问题。

11.1.2　网络结构

神经网络的学习能力来源于它的拓扑结构（topology），或者相互连接的神经元的模式与结构。虽然有无数的网络结构形式，但是它们可以通过 3 个关键特征来区分：

（1）层的数目。

（2）网络中的信息是否允许向后传播。

（3）网络中每一层内的节点数。

拓扑结构决定了可以通过网络进行学习任务的复杂性。一般来说，更大、更复杂的网络能够识别更复杂的决策边界。然而，神经网络的效能不仅取决于网络规模的函数，也取决于其构成元素的组织方式。

一个神经网络通常会分成这样几层：输入层（input layer）、隐藏层（hidden layer）和输出层（output layer），如图 11-4 所示。

输入层在整个网络的最前端部分，直接接收输

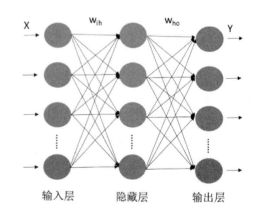

图 11-4　经典的神经网络架构

入的向量，它是不对数据做任何处理的，所以通常这一层是不计入层数的。

隐藏层可以有一层或多层。当然也可以没有隐藏层，此时就是最简单的神经网络模型，仅有输入层和输出层，这种网络称为单层网络（single-layer network）。当单层网络添加了一个或者更多隐藏层后就称为多层网络（multilayer network）。它们在信号达到输出节点之前处理来自输入节点的信号。大多数多层网络是完全连接的（full connected），这意味着前一层中每个节点都连接到下一层中的每个节点，但这不是必需的。

输出层是最后一层，用来输出整个网络处理的值，这个值可能是一个分类向量值，也可能是一个类似线性回归那样产生的连续的值，根据不同的需求输出层的构造也不尽相同。

11.1.3　人工神经网络的主要类型

人工神经网络按照神经元连接方式的不同可以分为前馈神经网络、反馈神经网络与自组织神经网络。

（1）前馈神经网络是指网络信息处理的方向是逐层进行的，从输入层到各隐藏层再到输出层，在这个过程中，各层处理的信息只向前传送，而不会反向传送。前馈神经网络又可分为单层网络和多层网络，划分依据主要是隐藏层的数量。

（2）反馈神经网络是指从输出到输入具有反馈连接的神经网络，在反馈网络中所有节点都具有信息处理功能，而且每个节点可以从外界接收输入，同时可以向外界输出。反馈神经网络比前馈神经网络复杂得多，且输出层的节点信息可以反馈给输入层、隐藏层。

（3）自组织神经网络则是通过寻找样本中的内在规律和本质属性，以自组织、自适用的方式来改变网络参数与结构，该网络结构特别适合解决模式的分类和识别方面的应用问题。自组织神经网络模型的结构与前馈神经网络模型类似，并采用无监督学习算法，但与前馈神经网络不同的是，自组织神经网络存在着竞争层，在该层里各个神经元通过竞争与输入模式进行匹配，以竞争的形式只保留一个神经元，以该获胜神经元的输出结果代表对输入模式的分类。

接下来介绍人工神经网络中应用最广泛的模型——BP（Back Propagation）神经网络。BP 神经网络是 1986 年由莱因哈特（Rinehart）和麦克利兰（McClelland）为首的科学家小组提出来的，它是一种按误差反向传播算法训练的多层感知器网络。BP 神经网络由一个输入层、至少一个隐藏层、一个输出层组成。通常设计一个隐藏层，在此条件下，只要隐藏层神经元数足够多，就具有模拟任何复杂非线性映射的能力。当第一个隐藏层含有很多神经元但仍不能改善网络的性能时，才考虑增加新的隐藏层。

BP 神经网络的基本思想是，学习过程由信号的正向传播与误差的反向传播两个过程组成。正向传播时，输入样本从输入层传入，经过各隐藏层逐层处理后，传向输出层。若输出层的实际输出与期望的输出不相等，则转到误差的反向传播阶段。误差反向传播是将输出误差以某种形式通过隐藏层逐层反传，并将误差分摊给各层的所有神经元，从而获得各层神经元的误差信息，此误差信息作为修正各神经元权值的依据。而且这种信号正向传播与误差反向传播的各层权值调整过程是周而复始地进行的，权值不断调整的过程，也是神经网络学习的过程。此过程一直进行到网络输出的误差减少到可以令人接受的程度，或进行到预先设定的学习时间，或进行到预先设定的学习次数为止。

11.2　神经网络的 R 语言实现

目前使用 R 语言构建神经网络主要包括 nnet、neuralnet、AMOTE 及 RSNNS 包，这些扩展包均可以通过 install.packages()命令进行在线安装。其中 nnet 包提供了最常见的前馈反向传播神经网络算法；neuralnet 包提供了弹性反向传播算法和更多的激活函数；AMOTE 包则进一步地提供了更为丰富的控制参数，并可以增加多个隐藏

神经网络的 R 语言实现

231

层。前面 3 个扩展包主要基于 BP 神经网络，并未涉及神经网络中的其他拓扑结构和网络模型，而 RSNNS 包提供了更多的神经网络模型。

1. nnet 包

nnet 包的 nnet()函数实现了单隐藏层的前馈神经网络和多项对数线性模型。nnet()函数基本表达形式为：

```
nnet(x, y, weights, size, Wts, mask,
    linout = FALSE, entropy = FALSE, softmax = FALSE,
    censored = FALSE, skip = FALSE, rang = 0.7, decay = 0,
    maxit = 100, Hess = FALSE, trace = TRUE, MaxNWts = 1000,
    abstol = 1.0e-4, reltol = 1.0e-8, ...)
```

nnet()函数的主要参数及说明如表 11-1 所示。

表 11-1　　　　　　　　　　　　　　nnet()函数的主要参数及说明

参数	说明
size	隐藏层中的神经元数，设置为 0 时，表示没有隐藏层
Wts	初始系数，如果不设定，则使用随机数设定
linout	如果等于 TRUE，则模型的输出为连续实数，一般用于回归分析（目标变量为连续型）；如果等于 FALSE（默认），则模型输出为逻辑数据，一般用于分类分析（目标变量为离散型）
entropy	损失函数是否采用交叉熵，FALSE（默认）表示损失函数采用误差平方和的形式
rang	初始权值设置
maxit	最大迭代次数 iterations，默认为 100 次
abstol、reltol	均是停止迭代学习的标准，默认值均为 1×10^{-4}
skip	是否跳过隐藏层，如果为 FALSE（默认），则不跳过
decay	加权系数的衰减

nnet()函数返回一个包含众多计算结果的列表，主要内容如下。

- wts。各个节点的连接权重。
- value。迭代结束时的损失函数值。
- fitted.values。各观测值的预测值。

2. neuralnet 包

neuralnet 包的 neuralnet()函数可实现传统 BP 神经网络和弹性 BP 神经网络。该函数的基本表达形式为：

```
neuralnet(formula, data, hidden = 1, threshold = 0.01,
        stepmax = 1e+05, rep = 1, startweights = NULL,
        learningrate.limit = NULL,
        learningrate.factor = list(minus = 0.5, plus = 1.2),
        learningrate=NULL, lifesign = "none",
        lifesign.step = 1000, algorithm = "rprop+",
        err.fct = "sse", act.fct = "logistic",
        linear.output = TRUE, exclude = NULL,
        constant.weights = NULL, likelihood = FALSE)
```

neuralnet()函数主要参数及说明如表 11-2 所示。

表 11-2　　　　　　　　　　　　　　neuralnet()函数的主要参数及说明

参数	说明
formula	公式
data	建模的数据
hidden	用于指定隐藏层数和隐节点个数，默认值为 1（为 1 个隐藏层和 1 个隐藏节点）。若 hidden=c(3,2,1)，则表示第 1 至第 3 个隐藏层分别包含 3、2、1 个隐藏节点

续表

参数	说明
threshold	用于指定迭代停止条件，当权重的最大调整量小于指定值（默认 0.01）时迭代终止
stepmax	同样用于指定迭代停止条件，当迭代次数达到指定次数（默认 100000 次）时迭代终止
err.fct	用于指定损失函数 L 的形式，"sse"表示损失函数为误差平方，"ce"表示为交互熵
linear.output	取值为 TRUE 或 FALSE，分别表示输出节点的激活函数为线性函数（用于线性回归预测）还是非线性函数（默认 Sigmoid 函数），在 BP 神经网络中为 FALSE
learningrate	学习率，当参数 algorithm 取值为'backpop'时需指定该参数为一个常数，否则学习率就是一个动态变化的量
algorithm	用于指定算法，"backpop"为传统 BP 神经网络算法，"rprop+"或"rprop-"为弹性 B-P 算法，分别表示采用权重回溯或不回溯，不回溯将加速收敛（默认为"rprop+"）
likelihood	逻辑值，如果损失函数为对数似然，那么将计算信息准则 AIC 和 BIC

neuralnet()函数在实际应用后会返回一个包含众多计算结果的列表，主要内容如下。

- response。各观测输出变量的实际值。
- net.result。各观测输出变量的预测值（回归预测值或预测类别的概率）。
- weights。各个节点的权重值列表。
- result.matrix。终止迭代时各个节点的权重、迭代次数、损失函数值和权重的最大调整量。
- startweights。各个节点的初始权重（初始权值为在 (−1,+1) 的正态分布随机数）。

3．AMORE 包

AMORE 包是一个更加灵活的包，对一些想自己训练算法的用户而言更有帮助。常用的函数包括创建网络的 newff()函数和训练网络的 train()函数。其中 newff()函数的定义如下：

```
newff(n.neurons, learning.rate.global, momentum.global, error.criterium, Stao,
    hidden.layer, output.layer, method)
```

newff()函数的主要参数及说明如表 11-3 所示。

表 11-3　　　　　　　　　　　　　　newff()函数的主要参数及说明

参数	说明
n.neurons	包含每层神经元数量的数值向量。第一个元素是输入神经元的数量，最后一个是输出神经元的数量，剩余的是隐藏层神经元的数量
learning.rate.global	每个神经元训练时的学习效率
momentum.global	每个神经元的动量，仅几个训练算法需要该参数
error.criterium	用于度量神经网络预测离目标值接近程度的标准，目标可以使用如下几项： （1）"LMS"，即 Least Mean Squares； （2）"LMLS"，即 Least Mean Logarithm Squared (Liano 1996)； （3）"TAO"，即 TAO Error (Pernia, 2004)
Stao	当 error.criterium 为 TAO 时的 Stao 参数，对于其他的误差标准无用
hidden.layer	隐藏层神经元的激活函数，可用的函数："purelin"、"tansig"、"sigmoid"、"hardlim"和"custom"。其中 custom 还需要用户自定义神经元 f0 和 f1 元素
output.layer	输出层神经元的激活函数，可从 hidden.layer 参数对应的列表中选择
method	优先选择的训练方法，目前包括： （1）"ADAPTgd"，即自适应的梯度下降方法； （2）"ADAPTgdwm"，即基于动量因子的自适应梯度下降方法； （3）"BATCHgd"，即批量梯度下降方法； （4）"BATCHgdwm"，即基于动量因子的批量梯度下降方法

train()函数的定义如下：

```
train(net, P, T, Pval=NULL, Tval=NULL, error.criterium="LMS", report=TRUE,
 n.shows, show.step, Stao=NA,prob=NULL,n.threads=0L)
```

train()函数的主要参数及说明如表 11-4 所示。

表 11-4　　　　　　　　　　　　　train()函数的主要参数及说明

参数	说明
net	要训练的神经网络
P	训练集输入值
T	训练集输出值
Pval	验证集输入值
Tval	验证集输出值
error.criterium	度量拟合优劣程度的标准，有 3 个值可选："LMS"、"LMIS"、"TAO"
report	逻辑值，是否输出训练过程信息
n.shows	当 report 为 TRUE 时，输出的总次数
show.step	训练过程一直进行，直到训练函数允许输出报告信息时经历的迭代次数
Stao	用于 TAO 算法的 S 参数的初始值
prob	每一个样本应用到再抽样训练时的概率向量
n.threads	用于 BATCH*训练方法的线程数量，如果小于 1，它将产生 NumberProcessors−1 个线程，其中 NumberProcessors 为处理器的个数，如果没有找到 OpenMP 库，该参数将被忽略

4. RSNNS 包

Stuttgart Neural Network Simulator（SNNS）是德国斯图加特大学开发的优秀神经网络仿真软件，为国外的神经网络研究者所广泛采用。其手册内容极为丰富，同时支持友好的 Linux 平台。而 RSNNS 包是实现连接 R 语言和 SNNS 工具的接口，能够访问 SNNS 中所有算法。不仅如此，该包还包含了一个方便的高级接口，可将最通用的神经网络拓扑和学习算法无缝集成到 R 语言中，包括 mlp（多层感知器）、dlvq（动态学习向量化网络），rbf（径向基函数网络），elman（elman 神经网络），jordan（jordan 神经网络），som（自组织映射神经网络），art1（适应性共振神经网络）等。

其中 mlp()函数用于创建一个多层感知器，并对它进行训练，多层感知器是全连接的前馈神经网络，它可能是目前最通用的神经网络结构。其定义如下：

```
mlp(x, y, size = c(5), maxit = 100,
  initFunc = "Randomize_Weights", initFuncParams = c(-0.3, 0.3),
  learnFunc = "Std_Backpropagation", learnFuncParams = c(0.2, 0),
  updateFunc = "Topological_Order", updateFuncParams = c(0),
  hiddenActFunc = "Act_Logistic", shufflePatterns = TRUE,
  linOut = FALSE, outputActFunc = if (linOut) "Act_Identity" else
  "Act_Logistic", inputsTest = NULL, targetsTest = NULL,
  pruneFunc = NULL, pruneFuncParams = NULL, ...)
```

mlp()函数的主要参数及说明如表 11-5 所示。

表 11-5　　　　　　　　　　　　　mlp()函数的主要参数及说明

参数	说明
x	一个矩阵，作为训练数据用于神经网路的输入
y	对应的目标值
size	隐藏层单元的数量，默认为 c(5)，当设置为 n 个值时，表示具有 n 个隐藏层

参数	说明
maxit	学习过程的最大迭代次数，默认为 100
initFunc	使用的初始化函数，默认为 Randomize_Weights，即随机权重
initFuncParams	用于初始化函数的参数，默认参数为 c(−0.3,0.3)
learnFunc	使用的学习函数，默认为 Std_Backpropagation
learnFuncParams	用于学习函数的参数，默认为 c(0.2,0)
updateFunc	使用的更新函数，默认为 Topological_Order
updateFuncParams	使用更新函数的参数，默认参数为 c(0)
hiddenActFunc	所有隐藏层神经元的激活函数，默认为 Act_Logistic
shufflePatterns	是否将模式打乱，默认为 TRUE
linOut	设置输出神经元的激活函数，linear 或 logistic，默认为 FALSE
inputsTest	一个矩阵，作为测试数据用于神经网络的输入，默认为 NULL
targetsTest	与测试输入对应的目标值，默认为 NULL
pruneFunc	使用的修剪函数，默认为 NULL
pruneFuncParams	用于修剪函数的参数，默认参数为 NULL

11.3 基于神经网络进行类别预测

接下来使用 iris 数据集进行实例应用。首先将数据按照 Species 变量中的类别进行等比例抽样，50%作为训练集，另外 50%作为测试集。

nnet 和 neuralnet 扩展包实现

基于 AMORE 包和 RSNNS 包进行神经网络进行预测案例讲解

```
> # 数据分区
> # install.packages("caret")
> set.seed(1234) # 设置随机种子
> library(caret)
> ind <- createDataPartition(iris$Species,p = 0.5,list = FALSE)
> train <- iris[ind,] # 训练集
> test <- iris[-ind,] # 测试集
```

1. 利用 nnet 包训练神经网络模型

首先利用 nnet()函数对训练集构建神经网络模型，设置隐藏层的节点数为 2，初始权值设置为 0.1，加权系数的衰减为 5e-4，最大迭代次数 iterations 为 200。并调用 summary()函数查看训练好的神经网络信息。

```
> # 训练神经网络模型
> set.seed(1234)
> library(nnet)
> iris.nnet <- nnet(Species ~ ., data = train,size = 2,
+                   rang = 0.1,decay = 5e-4,maxit = 200)
# weights: 19
initial  value 82.625835
iter   10 value 15.476434
iter   20 value 0.988046
iter   30 value 0.513992
iter   40 value 0.485129
iter   50 value 0.471803
iter   60 value 0.466397
iter   70 value 0.465294
iter   80 value 0.465146
iter   90 value 0.465009
iter  100 value 0.464951
```

```
iter   110 value 0.464924
iter   120 value 0.464885
final      value 0.464883
converged
>
> # 调用 summary() 函数查看训练好的神经网络信息
> summary(iris.nnet)
a 4-2-3 network with 19 weights
options were - softmax modelling  decay=0.0005
 b->h1 i1->h1 i2->h1 i3->h1 i4->h1
-11.28   -5.75   -1.36   8.65    5.24
 b->h2 i1->h2 i2->h2 i3->h2 i4->h2
 -0.27   -0.59   -1.87   2.93    1.43
 b->o1 h1->o1 h2->o1
  5.69   -1.98   -7.99
 b->o2 h1->o2 h2->o2
 -2.15  -10.39    8.97
 b->o3 h1->o3 h2->o3
 -3.54   12.37   -0.99
```

经过 200 次迭代，我们得到一个拥有 19 个权重值的 4-2-3 网络结构。summary() 函数给出在各节点间的权重值转移的变化情况。b（bias）表示偏置项，i1（input）表示输入层的第一个神经元，h1（hidden）表示首个隐藏层的第一个神经元。b->h1 对应的值为-11.28，说明偏置项到首个隐藏层第一个神经元的权重值为-11.28；i1->h1 对应的值为-5.75，说明第一个输入变量（Sepal.Length）到首个隐藏层的第一个神经元的权重值为-5.75。其他节点之间权重可以用相同的方式解读。

为了对生成的神经网络模型进行更直接的解读，通过以下代码调用自定义函数对神经网络进行可视化，如图 11-5 所示。

```
> # 对生成的神经网络进行可视化
> source('nnet_plot_update.r')
> plot.nnet(iris.nnet)
```

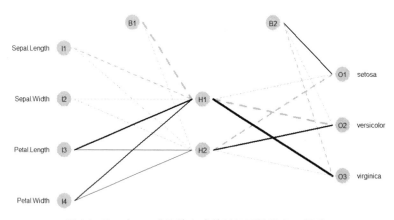

图 11-5　对 nnet() 函数生成的神经网络进行可视化

图 11-5 中各节点之间的权值如果为正数，则用实线连接，如果为负数，则用虚线连接。线的粗细代表权重值的大小，线越粗表示值越大。

还可以通过 iris.nnet$wts 查看各节点的连接权重值，通过 iris.nnet$value 查看迭代结束时的损失函数值，通过 iris.nnet$fitted.values 查看训练集各观测点的预测概率。

接下来，让我们利用训练好的模型对测试集进行预测，并查看其混淆矩阵及预测准确率。

```
> # 对 test 进行预测
> iris_nnet_pred <- predict(iris.nnet,newdata = test,type = 'class')
> (iris_nnet_pred_table <- table('actual' = test$Species,
+                                 'prediction' = iris_nnet_pred)) # 查看混淆矩阵
```

```
              prediction
actual        setosa    versicolor   virginica
setosa        25        0            0
versicolor    0         22           3
virginica     0         0            25
> sum(diag(iris_nnet_pred_table)) / sum(iris_nnet_pred_table)  # 查看模型准确率
[1] 0.96
```

有 3 个实际为 versicolor 却被误预测为 virginica，模型准确率为 96%。

2. 利用 neuralnet 包训练神经网络模型

如果是进行分类预测，在建模前需将因子型的因变量进行哑变量处理，通过以下代码对数据进行加工。

```
> # 对因子型的因变量进行哑变量处理
> dmy1 <- dummyVars(~.,data = train,levelsOnly = TRUE)
> train_dmy <- predict(dmy1,newdata = train)
> test_dmy <- predict(dmy1,newdata = test)
> head(train_dmy,3)
  Sepal.Length  Sepal.Width  Petal.Length  Petal.Width  setosa  versicolor  virginica
4   4.6           3.1          1.5           0.2          1       0           0
5   5.0           3.6          1.4           0.2          1       0           0
6   5.4           3.9          1.7           0.4          1       0           0
> head(test_dmy,3)
  Sepal.Length  Sepal.Width  Petal.Length  Petal.Width  setosa  versicolor  virginica
1   5.1           3.5          1.4           0.2          1       0           0
2   4.9           3.0          1.4           0.2          1       0           0
3   4.7           3.2          1.3           0.2          1       0           0
```

数据经加工后，训练集和测试集符合将 Species 列上取值的数据转换为 setosa、versicolor 和 virginica 这 3 列的要求。

接下来，调用 neuralnet() 函数训练神经网络模型。在建模过程中，除了指明类标号（setosa、versicolor 和 virginica）以及函数中训练的自变量，还人为规定了隐藏层的神经元的个数为 3。模型构建好后，输出神经网络模型的结果矩阵 result.matrix。

```
> # 训练神经网络模型
> set.seed(1234)
> library(neuralnet)
> iris_neuralnet <- neuralnet(setosa + versicolor + virginica ~
+                             Sepal.Length + Sepal.Width + Petal.Length + Petal.Width,
+                             data = train_dmy,hidden = 3)  # 构建模型
>
> iris_neuralnet$result.matrix  # 输出结果矩阵
                                    1
error                     0.076448822220
reached.threshold         0.009736913193
steps                     27032.000000000000
Intercept.to.1layhid1     -15.041439350100
Sepal.Length.to.1layhid1  1.868704576502
Sepal.Width.to.1layhid1   5.982465967133
Petal.Length.to.1layhid1  -1.827454140270
Petal.Width.to.1layhid1   -8.465998429911
Intercept.to.1layhid2     -1.466049207625
Sepal.Length.to.1layhid2  -0.071287074406
Sepal.Width.to.1layhid2   -0.005113637464
Petal.Length.to.1layhid2  0.120531627022
Petal.Width.to.1layhid2   0.137110563217
Intercept.to.1layhid3     -41.321194721638
Sepal.Length.to.1layhid3  -6.507712133155
Sepal.Width.to.1layhid3   0.109648419202
Petal.Length.to.1layhid3  14.454275378687
Petal.Width.to.1layhid3   6.567731061032
Intercept.to.setosa       -0.016509386473
1layhid.1.to.setosa       1.007868916992
1layhid.2.to.setosa       0.054409648036
1layhid.3.to.setosa       0.001830055780
```

```
Intercept.to.versicolor           0.674117238008
1layhid.1.to.versicolor          -0.918139282962
1layhid.2.to.versicolor           1.492021295585
1layhid.3.to.versicolor          -1.091975599792
Intercept.to.virginica            0.488312153982
1layhid.1.to.virginica           -0.131103874331
1layhid.2.to.virginica           -2.186463307760
1layhid.3.to.virginica            1.117047461858
```

从输出结果可知，整个训练执行了 27032 步，终止条件为误差函数的绝对偏导数小于 0.01（模型 reached.threshold 为 0.0097，故迭代停止），误差值的计算采用 AIC 准则。剩下的是各节点间的权重值，权重值范围在−41.32 到 14.45 之间，比如输入层的偏置项（截距项）到隐藏层第一个神经元的权重值为−15.04。为了可以对各节点权重值进行直观展示，以下代码通过 plot() 函数进行神经网络可视化，如图 11-6 所示。

```
> plot(iris_neuralnet) # 模型可视化
```

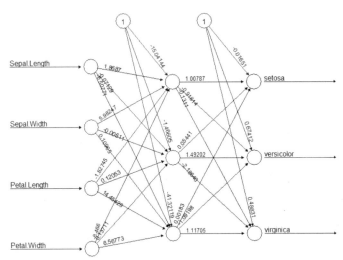

Error: 0.076449 Steps: 27032

图 11-6　对 neuralnet() 函数生成的神经网络进行可视化

接下来，让我们利用训练好的模型对测试集进行预测，生成各类别相关的预测概率矩阵。

```
> iris_neuralnet_predict <- compute(iris_neuralnet,test_dmy[,1:4])$net.result
> head(iris_neuralnet_predict,3)
           [,1]                [,2]                [,3]
1 1.0001014113  -0.0039022229356  0.00534847475064
2 0.9998314805  -0.0001362868849  0.00040721004730
3 1.0000991349  -0.0001312561147  0.00002057844103
```

然后，通过找到概率最大的那一列，得到每一个测试样本可能的类别。

```
> # 得到可能的类别
> iris_neuralnet_pred <- unique(test$Species)[apply(iris_neuralnet_predict,1, which.max)]
> head(iris_neuralnet_pred,3)
[1] setosa setosa setosa
Levels: setosa versicolor virginica
```

最后，让我们查看混淆矩阵和模型准确率。

```
> (iris_neuralnet_pred_table <- table('actual' = test$Species,
+                                     'prediction' = iris_neuralnet_pred)) # 查看混淆矩阵
            prediction
actual       setosa  versicolor  virginica
  setosa       25        0          0
  versicolor    0       23          2
  virginica     0        1         24
> sum(diag(iris_neuralnet_pred_table)) / sum(iris_neuralnet_pred_table) # 查看模型准确率
[1] 0.96
```

有 2 个实际为 versicolor 却被误预测为 virginica，1 个实际为 virginica 却被误预测为 versicolor；模型准确率为 96%。

3．利用 AMORE 包训练神经网络模型

现基于数据集 iris，使用 AMORE 包建立变量 Sepal.Length、Sepal.Width、Petal.Length 对 Petal.Width 预测的神经网络模型，实现代码如下。

```
> # 回归问题的神经网络模型
> iris1 <- iris[,1:4]
> # 对前 3 列进行标准化
> iris1[,1:3] <- apply(iris[,1:3],2,scale)
> # 加载 AMORE 包
> library(AMORE)
> # 建立神经网络模型，输入层有 3 个神经元，输出层有一个神经元，这里增加了两个隐藏层，分别具有 10、5 个神
经元。
> newNet <- newff(n.neurons = c(3,10,5,1),
+                  learning.rate.global=1e-4,
+                  momentum.global=0.05,
+                  error.criterium="LMS",
+                  Stao=NA,
+                  hidden.layer="sigmoid",
+                  output.layer="purelin",
+                  method="ADAPTgdwm")
> # 使用 train()函数，基于训练数据对神经网络进行训练
> newNet.train <- train(newNet,iris1[,1:3],iris1[,4],
+                        report = TRUE,show.step = 100,n.shows = 10)
index.show: 1 LMS 0.575364527367564
index.show: 2 LMS 0.573311933027616
index.show: 3 LMS 0.572403308700812
index.show: 4 LMS 0.571398559902228
index.show: 5 LMS 0.570292371448967
index.show: 6 LMS 0.56906195959584
index.show: 7 LMS 0.567680012232185
index.show: 8 LMS 0.566114145306589
index.show: 9 LMS 0.564325587734614
index.show: 10 LMS 0.562267513273799
> # 基于训练好的模型，对 iris1 进行预测，并计算均方误差
> pred <- sim(newNet.train$net,iris1[,1:3])
> error <- sqrt(sum(pred-iris1$Petal.Width)^2)
> error
[1] 1.634289
```

这里建立了一个包含两个隐藏层的 BP 神经网络，使用基于动量因子的自适应梯度下降方法对网络的权值和阈值进行调整，最终得到的均方根误差为 1.634。

4．利用 RSNNS 包训练神经网络模型

现基于 iris 数据集，使用 RSNNS 包的 mlp()函数建立 Sepal.Length、Sepal.Width、Petal. Length、Petal.Width 对 Species 类别预测的神经网络模型，实现代码如下。

```
> library(RSNNS)
> set.seed(12)
> # 准备数据
> # 将因变量进行哑变量处理
> library(caret)
> dmy <- dummyVars(~.,data = iris,levelsOnly = TRUE)
> iris1 <- predict(dmy,newdata = iris)
> # 将自变量进行标准化处理
> iris1[,1:4] <- apply(iris[,1:4],2,scale)
> # 将数据进行分区
> ind <- createDataPartition(iris$Species,p = 0.8,list = FALSE)
> train <- iris1[ind,] # 训练集
> test <- iris1[-ind,] # 测试集
> # 使用 mlp()函数，建立具有两个隐藏层，分别具有神经元数量为 8、4 的多层感知器网络
> mlp.nnet <- mlp(train[,1:4],train[,5:7], size = c(8,4), learnFunc="Quickprop",
+                 learnFuncParams=c(0.1, 2.0, 0.0001, 0.1),maxit=100)
```

```
> #利用上面建立的模型进行预测，得到预测概率矩阵
> pred_prob = predict(mlp.nnet,test[,1:4])
> head(pred_prob,3)
          [,1]         [,2]          [,3]
1 0.9034182   0.09030057  0.006671313
3 0.9033942   0.08900706  0.006702459
9 0.9033228   0.08609876  0.006775069
> # 然后，通过找到概率最大的那一列，得到其他可能的类别
> pred_class <- unique(iris[-ind,]$Species)[apply(pred_prob,1,which.max)]
> #生成混淆矩阵，观察预测精度
> table('actual' = iris[-ind,]$Species,
+        'prediction'= pred_class)
                    prediction
actual        setosa  versicolor  virginica
setosa          10         0           0
versicolor       0         9           1
virginica        0         0          10
```

在测试集 30 个样本的预测结果中，仅有一个预测错误，错将实际为 versicolor 误预测为 virginica。

11.4 理解支持向量机

支持向量机是个非常强大并且有多种功能的机器学习模型，能够做线性或者非线性的分类、回归、异常值检测。支持向量机是机器学习领域中最为流行的模型之一，是任何学习机器学习的人必备的工具之一。支持向量机特别适合应用于复杂但属于中小规模数据集的分类问题。其基本原理是将特征空间通过非线性变换的方式映射到一个高维的特征空间，并在这个高维空间中找出最优线性分界超平面的一种方法。支持向量机算法的工作原理就是找到一个最优的分界超平面，这个分界超平面不仅能够把两个类别的数据正确地分隔开，还能使这两类数据之间的分类间隔（margin）达到最大，如图 11-7 所示。

图 11-7 中出现支持向量机最核心的 3 个关键名词：超平面、最大间隔和支持向量。接下来让我们逐一了解这些关键名词的含义。

（1）超平面：在几何体中，超平面是比其环境空间小一维的子空间。通俗地讲，超平面就是比当前所在的空间低一个维度的子空间。例如在一维空间中，如需将数据切分为两段，只需要一个点即可；在二维空间中，对于线性可分的样本点，将其切分为两类，只需要一条直线即可（图 11-7 中的 H、M_1、M_2）；在三维空间中，将样本点切分开来，就需要一个平面；以此类推，在更高维度的空间内，可能就需要构建一个"超平面"将数据进行划分。

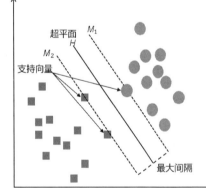

图 11-7　支持向量机

（2）最大间隔：一个好的分类超平面应该是其决策边界本身离两个类别样本越远越好，这样的超平面才具有容错性，也就是泛化能力比较好。图 11-7 中，H 为分类线，M_1 和 M_2 分别为经过各类中离分类线最近的样本且平行于分类线的直线，它们之间的距离叫作最大间隔（maximum margin）。所谓的最优分类线就是要求分类线不但能将两类正确分开，而且分类间隔最大。而将这一理论推广到高维空间，最优分类线就变为最大间隔超平面（Maximum Margin Hyperplane，MMH）。

（3）支持向量：在求解的过程中，会发现只根据部分数据就可以确定分类器，这些数据称为支持向量（support vector）。图 11-7 箭头所指的点就是每个类中最接近最大间隔超平面的点。而

且每类必须至少有一个支持向量，但也可能有多个。单独使用支持向量，就可以定义最大间隔超平面，这是支持向量机的一个重要特征，这也是支持向量机算法名称的由来。

支持向量机还有另外两个关键名词：软边界、核函数。

（1）软边界（soft margin）：在线性不可分情况下就要考虑软边界了。软边界可以破例允许个别样本"跑"到其他类别"地盘"去。但要使用参数来权衡两端，一个是要保持最大边缘的分离，另一个要使这种破例不能太离谱。这种参数就是对错误分类的惩罚程度 C。

（2）核函数（kernel function）：为了解决完美分离的问题，支持向量机还提出一种思路，就是将原始数据映射到高维空间，直觉上可以感觉高维空间中的数据变得稀疏，有利于"分清敌我"。那么映射的方法就是使用"核函数"。如果"核函数"选择得当，高维空间中的数据就变得容易线性分离了。而且可以证明，总是存在一种核函数能将数据集映射成可分离的高维数据。常用的核函数如下。

（1）Linear：线性支持向量机，效果基本等价于 Logistic 回归。但它可以处理变量极多的情况，例如文本挖掘。

（2）polynomial：多项式核函数，适用于图像处理问题。

（3）Radial basis：高斯核函数，参数包括了 sigma，其值若设置得过小，会有过度拟合的现象出现。

（4）Sigmoid：反曲核函数，多用于神经网络的激活函数。

支持向量机的目的是寻找一个超平面来对样本进行分割，分割的原则是边界最大化，最终转化为一个凸二次规划问题来求解。模型如下。

（1）当训练样本线性可分时，通过硬边界（hard margin）最大化，学习一个线性可分支持向量机。

（2）当训练样本近似线性可分时，通过软边界最大化，学习一个线性支持向量机。

（3）当训练样本线性不可分时，通过核技巧和软边界最大化，学习一个非线性支持向量机。

具有非线性核的支持向量机是机器学习强大的分类器，其也存在一些不足，其优缺点如表 11-6 所示。

表 11-6　　　　　　　　　　　　　　支持向量机的优缺点

优点	缺点
<ul><li>可解决离散的分类和连续数值的预测问题；</li><li>不会过多地受噪声数据的影响；</li><li>精确度高，灵活性强</li></ul>	<ul><li>寻找最好的模型需要测试不同的核函数和模型参数的组合；</li><li>训练缓慢，尤其是在数据维度高或观测量极大的情况下；</li><li>黑箱操作，模型结果不易解释</li></ul>

11.5　支持向量机的 R 语言实现

libsvm 和 SVMlight 都是非常流行的支持向量机算法。在 R 语言中，由维也纳理工大学统计系开发的 e1071 包提供了 libsvm 的 R 语言接口；由多特蒙德工业大学统计系开发的 klaR 包提供了 SVMlight 的一个接口。

支持向量机的
R 语言实现

如果你是初学者，那么用 kernlab 包中的支持向量机函数或许是最好的开始，该包是用 R 语言开发的，而不是在 C 或 C++ 中开发的，这使得它可以很容易地被设置。另一个重要的亮点是，kernlab 包可以与 caret 包一起使用，这就允许支持向量机模型可以使用各种自动化方法进行训练和评估。

1．e1071 包

R 语言的 e1071 扩展包提供了 libsvm 的接口。使用 e1071 包中 svm() 函数可以得到与 libsvm 相同的结果。write.svm() 函数可以把训练得到的结果保存为标准的 libsvm 格式，以供其他环境下

libsvm 的使用。下面我们来看看 svm() 函数的用法，以下两个格式都可以。

```
svm(formula, data = NULL, ..., subset, na.action = na.omit, scale = TRUE)
```
或者
```
svm(x, y = NULL, scale = TRUE, type = NULL, kernel =
    "radial", degree = 3, gamma = if (is.vector(x)) 1 else 1 / ncol(x),
    coef0 = 0, cost = 1, nu = 0.5,
    class.weights = NULL, cachesize = 40, tolerance = 0.001, epsilon = 0.1,
    shrinking = TRUE, cross = 0, probability = FALSE, fitted = TRUE,
    ..., subset, na.action = na.omit)
```
svm() 函数的主要参数及说明如表 11-7 所示。

表 11-7　　　　　　　　　　　　svm() 函数的主要参数及说明

参数	说明
formula	分类模型形式，在另一个表达式中可以理解为 y~x，即 y 相当于标签（因变量），x 相当于特征（自变量）
data	数据框
subset	可以指定数据集的一部分作为训练数据
na.action	缺失值处理，默认为删除缺失数据
scale	将数据标准化、中心化，使其均值为 0，方差为 1
type	svm 的形式。有 c-classification、nu-classification、one-classification(for novelty detection)、eps-regression、nu-regression 这 5 种形式。后面两者做回归时用到。默认为 C 分类器
kernel	在非线性可分时，我们引入核函数来完成，默认为高斯核。顺带说一下，在 kernel 包中可以自定义核函数
degree	多项式核的次数，默认为 3
gamma	除去线性核外，其他核的参数，默认为 1/数据维数
coef0	多项式核与 Sigmoid 核的参数，默认为 0
cost	C 分类中惩罚项 c 的取值
nu	Nu 分类，单一分类中 nu 的值
cross	做 k 折交叉验证，计算分类正确性

2．kernlab 包

kernlab 包是 R 语言中实现基于核技巧机器学习的扩展包，可以通过 install.packages ("kernlab") 命令进行在线安装。使用 kernlab 的算法群可以解决机器学习中分类、回归、奇异值检测、分位数回归、降维等诸多任务。kernlab 包还包括支持向量机、谱聚类、核主成分分析（Kernel Principal Component Analysis，KPCA）和高斯过程等算法。

kernlab 包中的 ksvm() 函数实现支持向量机算法。其基本表达形式为：

```
ksvm(x, y = NULL, scaled = TRUE, type = NULL,
     kernel ="rbfdot", kpar = "automatic",
     C = 1, nu = 0.2, epsilon = 0.1, prob.model = FALSE,
     class.weights = NULL, cross = 0, fit = TRUE, cache = 40,
     tol = 0.001, shrinking = TRUE, ...,
     subset, na.action = na.omit)
```
ksvm() 函数的主要参数及说明如表 11-8 所示。

表 11-8　　　　　　　　　　　　ksvm() 函数的主要参数及说明

参数	说明
x	指定模型的自变量，可以是向量、矩阵，切记不可以是数据框格式
y	指定因变量，可以是因子，也可以是数值型向量

参数	说明
scaled	指定数据是否标准化，默认将原始数据进行标准化处理
type	指定模型是用于离散因变量分类还是连续因变量的预测
kernel	指定使用何种核函数，可以是"rbfdot"（径向基函数）、"polydot"（多项式函数）、"tanhdot"（双曲正切函数）、"vanilladot"（线性函数）等，默认是"rbfdot"
C	用于给出违反约束条件时的惩罚，即对"软边界"的惩罚大小，较大的 C 值将导致较窄的边界，默认为 1
class.weights	为不同水平的类赋予不同的权重，可以提高分类的准确性
cross	整数值，可以指定训练数据集上的 k 折交叉验证，同样可以提高模型的准确率
na.action	指定缺失值的处理方法，默认将删除缺失值

kernlab 包的 ksvm() 函数和 e1071 包中的 svm() 函数均能实现支持向量机算法，前者功能更强大。接下来，我们利用 e1071 包中的 svm() 来对鸢尾花数据集 iris 进行建模，并通过案例讲解支持向量机的基本原理。

11.6　基于支持向量机进行类别预测

1．线性可分

选取鸢尾花数据集 iris 中的变量 Species 因子水平为 setosa 或 versicolor 的样本，将利用 e1071 包中的 svm() 函数建立自变量为 Sepal.Width、Petal.Length 对因变量 Species 的分类模型。以下代码实现数据子集的提取，并通过 plot() 函数绘制散点图，如图 11-8 所示。

```
> # 构建数据子集
> X <- iris[iris$Species!= 'virginica',2:3] # 自变量: Sepal.Width, Petal.Length
> y <- iris[iris$Species != 'virginica','Species'] # 因变量
> plot(X,col = y,pch = as.numeric(y)+15,cex = 1.5) # 绘制散点图
```

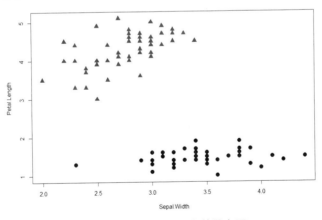

建模、绘制决策边界、软间隔及数据标准化

图 11-8　iris 数据子集的散点图

图 11-8 中三角形为 setosa 类别的样本，实心圆为 versicolor 类别的样本。可见，各类别间的样本是线性可分的。

以下代码在使用 svm() 函数建立分类模型时，将参数 kernel 设置为"linear"，degree 设置为 1，且建模时不进行数据标准化处理，故将参数 scale 设置为 FALSE。当支持向量机建好以后，再使用 summary() 函数输出分类的详细信息，包括调用方法、参数、类别个数、标记类型等。

```
> # 构建支持向量机分类器
> library(e1071)
> svm.model <- svm(x = X,y = y,kernel = 'linear',degree = 1,scale = FALSE)
> summary(svm.model)
Call:
svm.default(x = X, y = y, scale = FALSE, kernel = "linear", degree = 1)
Parameters:
   SVM-Type:  C-classification
 SVM-Kernel:  linear
       cost:  1
Number of Support Vectors:  3
 ( 2 1 )
Number of Classes:  2
Levels:
 setosa versicolor virginica
```

Number of Support Vectors: 3(2 1)说明有 3 个样本是支持向量，其中 Species 类别为 setosa 值的有两个样本，为 versicolor 值的有一个样本。通过以下代码查看支持向量的样本序号和自变量的值。

```
> svm.model$index    # 查看支持向量的序号
[1] 25 42 99
> svm.model$nSV      # 查看各类的支持向量个数
[1] 2 1
> svm.model$SV       # 查看支持向量的自变量值
    Sepal.Width    Petal.Length
25       3.4           1.9
42       2.3           1.3
99       2.5           3.0
```

以下代码构建自定义函数 plot_svc_decision_boundary()，用于绘制 SVM 分类器的判别边界实线、支持向量及最大间隔分类。

```
> # 绘制 SVM 分类器的判别边界实线、支持向量及最大间隔分类
> plot_svc_decision_boundary <- function(svm.model,X) {
+     w = t(svm.model$coefs) %*% svm.model$SV
+     b = -svm.model$rho
+     margin = 1/w[2]
+     abline(a = -b/w[1,2],b=-w[1,1]/w[1,2],col = "red",lwd=2.5)
+     points(X[svm.model$index,],col="blue",cex=2.5 ,lwd = 2)
+     abline(a = -b/w[1,2]+margin,b=-w[1,1]/w[1,2],col = "grey",lwd=2,lty=2)
+     abline(a = -b/w[1,2]-margin,b=-w[1,1]/w[1,2],col = "grey",lwd=2,lty=2)
+ }
```

以下代码通过自定义函数将支持向量用圆圈标注出来，并增加分割线，如图 11-9 所示。

```
> plot(X,col = y,pch = as.numeric(y)+15,cex = 1.5) # 绘制散点图
> plot_svc_decision_boundary(svm.model,X) # 增加决策边界和标注支持向量
```

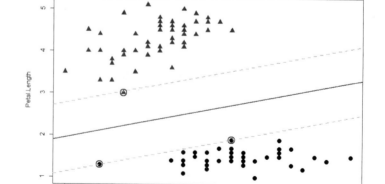

图 11-9 增加分割线及标注支持向量的散点图

支持向量对特征缩放比较敏感，通过一个小例子来理解。运行以下代码将得到特征缩放前后

的支持向量分类对比，如图 11-10 所示。

```
> Xs <- data.frame(x1 = c(1,5,3,5),
+                  x2 = c(50,20,80,60))
> ys <- factor(c(0,0,1,1))
> svm_clf <- svm(x = Xs,y = ys,cost=100,
+                kernel = "linear",scale = FALSE)
> Xs_scale <- apply(Xs,2,scale) # 标准化处理
> svm_clf1 <- svm(x = Xs_scale,y = ys,cost=100,
+                 kernel = "linear",scale = FALSE)
> par(mfrow=c(1,2))
> plot(Xs,col=ys,pch=as.numeric(ys)+15,cex=1.5,main='Unscaled')
> plot_svc_decision_boundary(svm_clf,Xs)
> plot(Xs_scale,col = ys,pch=as.numeric(ys)+15,cex=1.5,main="scaled")
> plot_svc_decision_boundary(svm_clf1,Xs_scale)
> par(mfrow=c(1,1))
```

由图 11-10 对比可知，方差较大的特征通常对支持向量机的生成影响很大，对特征进行缩放后，判定边界看起来要好很多（见图 11-10（b））。svm()函数提供了参数 scale，将其设置为 TRUE 时，可以实现对 x 变量进行标准化处理后训练模型，结果与先对 x 进行标准化处理再入模相同。

```
> # 将参数 scale 设置为 TRUE
> svm_clf2 <- svm(x = Xs,y = ys,cost=100,
+                 kernel = "linear",scale = TRUE)
> # 可以查看标准化的中心和标准差
> svm_clf2$x.scale
$'scaled:center'
  x1   x2
 3.5 52.5

$'scaled:scale'
        x1        x2
 1.914854 25.000000

> # 查看手工标准化的均值和标准差
> apply(Xs,2,function(x) {c('center' = mean(x,na.rm=TRUE),
+                          'scale' = sd(x,na.rm=TRUE))})
              x1    x2
center 3.500000 52.5
scale  1.914854 25.0
```

从以上代码运行结果可知，我们通过 svm()函数的参数 scale 设置为 TRUE 得到的自变量 x1 和 x2 的标准化与直接对 x1 和 x2 的标准化结果一致。

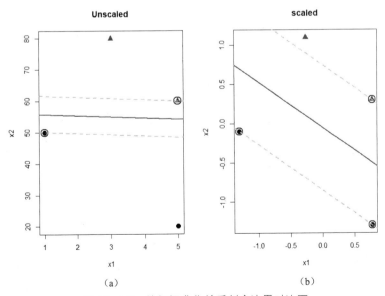

图 11-10　特征标准化前后判定边界对比图

支持向量机能够通过最大化边界得到一个优化的超平面以完成对训练数据的分离，不过有时算法也允许错分类样本的存在，惩罚因子能实现支持向量机对分类误差及分离边界的控制。如果惩罚因子比较小，分类间隔会比较大（软间隔），将产生比较多的被错分样本；相反，当加大惩罚因子时，分类间隔会缩小（硬间隔），从而减少错分样本。svm()函数中可以通过参数 cost 来控制分类间隔的大小。下面代码对比 cost 值为 1 和 100 的分类间隔，如图 11-11 所示。

```
> X = iris[iris$Species!= 'virginica',1:2] # "Sepal.Length" "Sepal.Width"
> y = iris[iris$Species != 'virginica','Species']
> svm_smallC <- svm(x = X,y = y,cost = 1,
+                    kernel = "linear",scale = FALSE)
> svm_largeC <- svm(x = X,y = y,cost = 100,
+                    kernel = "linear",scale = FALSE)
> par(mfrow=c(1,2))
> plot(X,col=y,pch=as.numeric(y)+15,main='small cost')
> plot_svc_decision_boundary(svm_samllC,X)
> plot(X,col=y,pch=as.numeric(y)+15,main='large cost')
> plot_svc_decision_boundary(svm_largeC,X)
> par(mfrow=c(1,1))
```

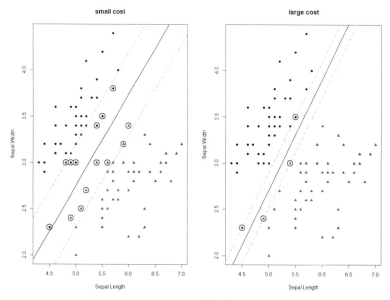

图 11-11　cost 不同绘制的分类间隔对比

2. 非线性可分

虽然在许多情况下，线性支持向量机分类器是有效的，但有很多数据集并不是线性可分的。一种处理非线性数据集的方法是增加更多的特征，例如多项式特征，在某些情况下可以变成线性可分的数据。svm()函数中可通过参数 kernel 将核函数取值为"polynomial"实现。让我们用卫星数据集（moons datasets）测试一下效果。以下代码将数据导入 R，并使用 str()函数查看数据结构。

线性不可分案例讲解

```
> moons <- read.csv('../data/moons.csv')
> # 查看数据结构
> str(moons)
'data.frame':	100 obs. of  3 variables:
 $ x1: num   1.6138 0.0898 0.7472 -1.1017 -0.7287 ...
 $ x2: num   -0.491 0.504 -0.369 0.237 0.147 ...
 $ y : num   1 1 1 0 0 0 0 1 0 0 ...
```

moons 数据集很简单，只有 100 行 3 列。以下代码使用 e1071 包的 svm()函数建立自变量 x1、x2 对因变量 y 分类问题的线性支持向量机和非线性支持向量机分类，最后通过绘制决策边界的方式进行可视化，如图 11-12 所示。

```
> # 编写绘制决策边界函数
> visualize_classifier <- function(model,X,y,xlim,ylim,title){
+     x1s <- seq(xlim[1],xlim[2],length.out=200)
+     x2s <- seq(ylim[1],ylim[2],length.out=200)
+     Z <- expand.grid(x1s,x2s)
+     colnames(Z) <- colnames(X)
+     y_pred <- predict(model,Z,type = 'class')
+     y_pred <- matrix(y_pred,length(x1s))
+
+     filled.contour(x1s,x2s,y_pred,
+                    nlevels = 2,
+                    col = RColorBrewer::brewer.pal(length(unique(y)),'Pastel1'),
+                    key.axes = FALSE,
+                    plot.axes = {axis(1);axis(2);
+ points(X[,1],X[,2],pch=as.numeric(y)+16,col=as.numeric(y)+2, cex=1.5)
+                    },
+                    xlab = colnames(X)[1],ylab = colnames(X)[2]
+     )
+     title(main = title)
+ }
>
> xlim <- c(-1.5,2.5)
> ylim <- c(-1,1.5)
>
> # 构建线性支持向量机分类
> svm_linear <- svm(x = moons[,1:2],y = factor(moons[,3]),
+                    kernel = 'linear',degree = 1,cost = 10)
> # 绘制决策边界
> visualize_classifier(svm_linear,moons[,1:2],moons[,3],
+                       xlim,ylim,title = '线性支持向量机分类')
> # 构建非线支持向量机分类
> svm_poly <- svm(x = moons[,1:2],y = factor(moons[,3]),
+                 kernel = 'polynomial',degree = 3,cost = 5)
> # 绘制决策边界
> visualize_classifier(svm_poly,moons[,1:2],moons[,3],
+                       xlim,ylim,title = '非线性支持向量机分类')
```

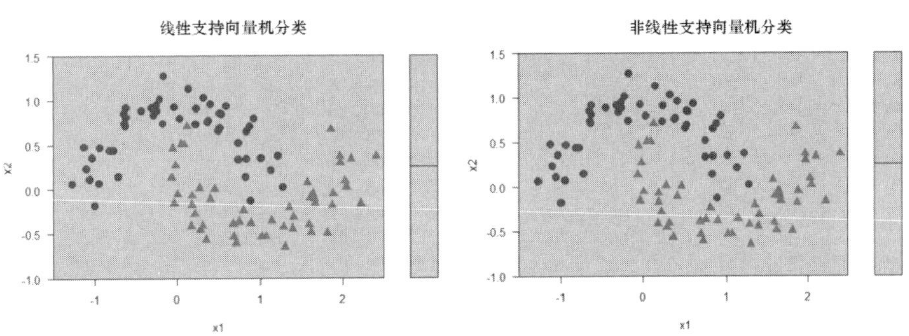

图 11-12　线性与非线性的决策边界对比

从图 11-12 的对比可知，三角形的错误分类样本数量从线性的 6 个渐少到非线性的 1 个，效果明显；但是实心圆的误分类个数没有减少，还是 8 个。接下来，需要对非线性支持向量机进行优化，以减少实心圆的错误分类样本。

低次数的多项式不能处理非常复杂的数据集，而高次数的多项式产生了大量的特征，会使模型变慢。幸运的是，当使用支持向量机时，可以运用一个被称为"核技巧"（kernel trick）的神奇数学技巧。它可以取得就像你添加了许多多项式，甚至有高次数的多项式一样好的结果，所以不会因大量特征导致的组合"爆炸"。这个技巧可以用 SVC 类（支持向量机分类）来实现。

让我们用卫星数据集测试一下效果。以下代码 svm()函数通过参数 coef0 控制多项式核与

Sigmoid 核，默认为 0，此例中将其值设为 1。最后通过 visualize_classifier()函数绘制决策边界，如图 11-13 所示。

```
> svm_poly1 <- svm(x = moons[,1:2],y = factor(moons[,3]),
+                   kernel = 'polynomial',degree = 3,cost = 5,coef0 = 1)
> visualize_classifier(svm_poly1,moons[,1:2],moons[,3],
+                       xlim,ylim,'多项式核')
```

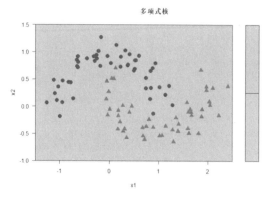

图 11-13　多项式核支持向量机分类

由图 11-13 可知，模型的分类效果很好，两个类别均仅有一个错误分类的样本。

另一种解决非线性问题的方法是使用相似函数（similarity function）计算每个样本与特定地标（landmark）的相似度。接下来，我们定义一个相似函数，即高斯径向基函数（Gaussian Radial Basis Function，RBF）。就像多项式特征方法一样，相似特征方法对各种机器学习算法同样有不错的表现。但是在大规模的训练集上，所有额外特征上的计算成本可能很高。此时，"核"技巧再一次显现了它在支持向量机上的神奇之处：高斯核让你可以获得同样好的结果，就像通过相似特征法添加了许多相似特征一样。我们使用 SVC 类的高斯 RBF 核来检验。下面代码通过调整参数 gamma 以及惩罚因子 cost 来调整支持向量机的性能，结果如图 11-14 所示。

```
> # 增加相似特征
> svm_rbf <- svm(x = moons[,1:2],y = factor(moons[,3]),
+                 kernel='radial',gamma = 0.1, cost = 0.01)
> svm_rbf1 <- svm(x = moons[,1:2],y = factor(moons[,3]),
+                  kernel='radial',gamma = 0.1, cost = 1000)
> svm_rbf2 <- svm(x = moons[,1:2],y = factor(moons[,3]),
+                  kernel='radial',gamma = 5, cost =1000)
> visualize_classifier(svm_rbf,moons[,1:2],moons[,3],
+                       xlim,ylim,'gamma = 0.1, cost = 0.01')
> visualize_classifier(svm_rbf1,moons[,1:2],moons[,3],
+                       xlim,ylim,'gamma = 0.1, cost = 1000')
> visualize_classifier(svm_rbf2,moons[,1:2],moons[,3],
+                       xlim,ylim,'gamma = 5, cost = 1000')
```

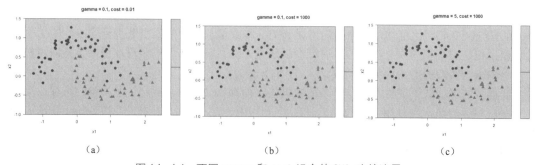

（a）　　　　　　　　　　（b）　　　　　　　　　　（c）

图 11-14　不同 gamma 和 cost 组合的 SVC 决策边界

从图 11-14 可知，在选择径向基核函数后，参数 gamma 和 cost 的不同组合生成的模型效果差异很大。图 11-14（a）明显是欠拟合，图 11-14（b）拟合效果不错，图 11-14（c）出现过拟合情况。在实际工作中，我们通常使用测试集来判断模型是否过拟合。

通过前面的学习，知道指定构建支持向量机模型是非常容易的，但是如何调整参数，使模型达到最优，是需要进行不断尝试对比才能得到的。当然，我们可以通过写一个 for 循环，通过遍历的方式来实现；也可以通过 e1071 包提供的 tune.svm() 函数简化这个过程。下面将探讨利用 tune.svm() 函数调整支持向量机的方法。

3. 调整支持向量机

让我们利用卫星数据集（moons datasets）演示 tune.svm() 函数选择支持向量机各参数的最优值，并利用得到的最佳参数设置支持向量机。以下代码首先调用 tune.svm() 函数调整支持向量机，再使用 summary() 函数得到调整后的模型相关信息。

使用 tune.svm 函数选择最优支持向量机的参数组合

```
> # 使用 tune.svm() 函数调整支持向量机
> moons$y <- as.factor(moons$y)
> tuned <- tune.svm(y ~ .,data = moons,
+                    gamma = 10^(-5:-1),cost = 10^(1:3))
> summary(tuned) # 得到模型相关信息

Parameter tuning of 'svm':

- sampling method: 10-fold cross validation

- best parameters:
 gamma cost
   0.1 1000

- best performance: 0.05

- Detailed performance results:
   gamma cost error dispersion
1  1e-05   10  0.42 0.23475756
2  1e-04   10  0.42 0.23475756
3  1e-03   10  0.14 0.06992059
4  1e-02   10  0.14 0.06992059
5  1e-01   10  0.10 0.08164966
6  1e-05  100  0.42 0.23475756
7  1e-04  100  0.14 0.06992059
8  1e-03  100  0.14 0.06992059
9  1e-02  100  0.15 0.07071068
10 1e-01  100  0.07 0.08232726
11 1e-05 1000  0.14 0.06992059
12 1e-04 1000  0.14 0.06992059
13 1e-03 1000  0.15 0.08498366
14 1e-02 1000  0.15 0.07071068
15 1e-01 1000  0.05 0.08498366
```

我们将参数 gamma 的可能范围设定为 $10^{-5} \sim 10^{-1}$，惩罚因子选择了 10、100 和 1000，使用 tune.svm() 函数可以得到 15 组不同的参数组合。函数采用 10 折交叉验证的方法来获得每次组合的错误偏差，最后选择误差最低的最优参数组合。从 summary() 结果可知，gamma 等于 0.1 和惩罚因子为 1000 时，模型性能最优。

利用得到的最佳参数设置支持向量机，以下代码利用 predict() 函数对训练集进行预测，并利用 table() 函数查看混淆矩阵。

```
> # 利用最佳参数设置支持向量机
> model.tuned <- svm(y ~ .,data = moons,
+                     gamma = tuned$best.parameters$gamma,
+                     cost = tuned$best.parameters$cost)
> # 对训练集进行类别预测
> pred <- predict(model.tuned,newdata = moons[,1:2])
```

```
> #生成混淆矩阵，观察预测精度
> table('actual' = moons$y,
+       'prediction'= pred)
         prediction
actual   0  1
      0  49  1
      1  1  49
```

从混淆矩阵可知，0、1 类别各有一个误分类。

11.7 本章小结

本章依次介绍了神经网络和支持向量机的基本原理及 R 语言实现。其中列举了多种神经网络的 R 语言实现方式，对差异性进行了阐述，通过实际案例演示了各种方法的建模过程。在介绍支持向量机的基本原理及 R 语言实现后，通过案例构建线性和非线性支持向量机的模型及效果评估；最后利用 tune.svm()函数实现自动寻找最优参数的目的。

11.8 本章练习

一、判断题

1. 对于 SVM 分类算法，待分样本集中的大部分样本不是支持向量，移去或者减少这些样本对分类结果没有影响。（　　）

　　A. 对　　　　　　　　B. 错

2. SVM 是这样一个分类器，它寻找具有最小边缘的超平面，因此它也经常被称为最小边缘分类器（minimal margin classifier）。（　　）

　　A. 对　　　　　　　　B. 错

二、多选题

1. 神经网络常用超参数有（　　）。

　　A. 学习率（learning rate）　　　　　B. 梯度下降法迭代的数量（iterations）

　　C. 隐藏层数目（hidden layers）　　　D. 激活函数（activation function）

　　E. 隐藏层神经元数目

2. 以下关于人工神经网络（ANN）的描述正确的有（　　）。

　　A. 神经网络对训练数据中的噪声非常"鲁棒"

　　B. 可以处理冗余特征

　　C. 训练 ANN 是一个很耗时的过程

　　D. 至少含有一个隐藏层的多层神经网络

三、上机题

现有一份关于汽车满意度的数据集 car。

现需建立 buy、main、doors、capacity、lug_boot、safety 来预测 accept 值的模型，其中自变量和因变量均为因子变量。要求分别使用人工神经网络和支持向量机构建预测模型，并对比模型效果。

在前面学习了常用的数据挖掘算法，包括无监督学习的聚类算法、有监督学习的回归算法、决策树算法、神经网络和支持向量机等。其中聚类算法的模型效果评估已经详细讲解，在本章就不赘述了。有监督学习的预测可以划分为数值预测和分类预测，当因变量为数值型时是数值预测模型，比如前面学过的线性回归模型；当因变量为因子型时是分类预测模型，比如前面学过的逻辑回归模型。分类预测模型的类别是根据模型对样本各类别预测概率得到的可能类别，故分类预测通常称为概率预测。在本章中，我们先学习数值预测和分类预测模型性能评估的常用手段，然后学习如何对模型进行优化，得到最优模型。

12.1 模型性能评估

预测通常有两大应用场景：第一类是预测某指标的取值，也称为数值预测，数值预测模型性能评估主要通过均方误差、均方根误差、平均绝对误差等指标来评价；第二类是预测某事物出现的概率，也称为概率预测，对于二分类概率预测，常以混淆矩阵为基础，通过准确率、覆盖率等指标，结合 ROC 曲线、KS 曲线、提升图等可视化方法来评估模型性能。

12.1.1 数值预测评估方法

对于数值预测的效果评估，主要是比较真实数值与预测数值或真实数值列与预测数值列的接近程度。若表现得越接近，预测模型效果越好；若表现得越远离，预测模型效果越差。

数值预测评估方法
及代码实现

1. 常见评估指标

数值预测常见的评估指标有绝对误差、相对误差、平均绝对误差、均方误差、归一化均方误差、均方根误差、判定系数 R^2 等。接下来，让我们来学习这些指标的定义。

假设用 $y_i, i \in [1, n]$ 表示真实值，用 $\widehat{y_i}, i \in [1, n]$ 表示预测值，则可用如下指标评估数值预测模型效果。

（1）绝对误差（Absolute Error，简记为 E），它表示预测值比真实值差多少，其绝对值越小越好，但是会有正负之分。其定义为：

$$E_i = y_i - \widehat{y_i}, i \in [1, n]$$

（2）相对误差（Relative Error，简记为 e），它表示预测值比真实值差百分之多少，同样，其绝对值越小越好，但也会有正负之分。其定义为：

$$e_i = \frac{y_i - \widehat{y_i}}{y_i}, i \in [1, n]$$

（3）平均绝对误差（Mean Absolute Error，MAE），与绝对误差相比，它取了绝对值，避开了正负误差不能相加的问题。其定义为：

$$MAE = \frac{1}{n}\sum_{i=1}^{n}|E_i| = \frac{1}{n}\sum_{i=1}^{n}\left|y_i - \widehat{y_i}\right|, i \in [1,n]$$

（4）均方误差（Mean Squared Error，MSE），与平均绝对误差相比，它取了绝对误差值的平方，这与取绝对值相比，增加了误差的作用，也就对误差的估计更加敏感。其定义为：

$$MSE = \frac{1}{n}\sum_{i=1}^{n}E_i^2 = \frac{1}{n}\sum_{i=1}^{n}\left(y_i - \widehat{y_i}\right)^2, i \in [1,n]$$

（5）归一化均方误差（Normalized Mean Squared Error，NMSE），与均方误差相比，它对均方误差做了归一化处理。其定义为：

$$NMSE = \frac{\sum_{i=1}^{n}\left(y_i - \widehat{y_i}\right)^2}{\sum_{i=1}^{n}\left(y_i - \overline{y}\right)^2}, i \in [1,n]$$

（6）均方根误差（Root Squared Error，RMSE），它是均方误差的平方根，表示预测值与真实值的平均偏离程度。其定义为：

$$RMSE = \sqrt{MSE} = \sqrt{\frac{1}{n}\sum_{i=1}^{n}E_i^2} = \sqrt{\frac{1}{n}\sum_{i=1}^{n}\left(y_i - \widehat{y_i}\right)^2}, i \in [1,n]$$

（7）判定系数（Coefficient Of Determination，即 R^2）：用于度量因变量的变异中可由自变量解释部分所占的比例，以此来判断回归模型的解释力。在多元回归模型中，判定系数的取值范围为 $[0,1]$，取值越接近 1，说明回归模型拟合程度越好，模型的解释性越强。其定义为：

$$R^2 = 1 - \frac{\sum_{i=1}^{n}\left(y_i - \hat{y}_i\right)^2}{\sum_{i=1}^{n}\left(y_i - \overline{y}\right)^2} = \frac{\sum_{i=1}^{n}\left(\hat{y}_i - \overline{y}\right)^2}{\sum_{i=1}^{n}\left(y_i - \overline{y}\right)^2} = \frac{SSA}{SST}$$

其中 SSA 为回归平方和，SST 为总离差平方和。

但是仅依靠 R^2，我们并不能得到回归模型是否符合要求，因为 R^2 不考虑自由度，所以计算值存在偏差。为了得到准确的评估结果，我们往往会使用经过调整的 R^2 进行无偏差估计。调整的判定系数定义为：

$$\overline{R}^2 = 1 - \left(1 - R^2\right)\frac{n-1}{n-p-1}$$

其中，n 是样本个数，p 是自变量的个数。

（8）AIC 准则，即最小信息准则，AIC 值越小说明模型效果越好，越简洁。其定义为：

$$AIC = 2k + n\left(\log\left(\frac{RSS}{n}\right)\right)$$

其中 k 是参数个数，n 为观察数量，RSS 为残差平方和，即 $\sum_{i=1}^{n}\left(\hat{y}_i - y_i\right)^2$。

2．R 语言实现

让我们以 mlbench 包中 BostonHousing（波士顿房价）数据集为例，利用 lm() 函数建立以 medv 为因变量、其他特征为自变量的线性回归模型，并通过自定义函数，实现计算以上常见数值预测模型评估指标。实现代码如下。

```
> # 加载包，不存在就进行在线下载后加载
> if(!require(mlbench)) install.packages("mlbench")
> data("BostonHousing")
> # 数据分区
> library(caret)
```

```
> index <- createDataPartition(BostonHousing$medv,p = 0.75,list = FALSE)
> train <- BostonHousing[index,]
> test <- BostonHousing[-index,]
> # 利用训练集构建模型,并对测试集进行预测
> set.seed(1234)
> fit <- lm(medv ~ .,data = train)
> pred <- predict(fit,newdata = test)
>
> # 自定义函数计算数值预测模型的评估指标
> numericIndex <- function(obs,pred){
+    # 计算平均绝对误差 MAE
+    MAE <- mean(abs(obs-pred))
+    # 计算均方误差 MSE
+    MSE <- mean((obs-pred)^2)
+    # 计算均方根误差 RMSE
+    RMSE <- sqrt(mean((obs-pred)^2))
+    # 计算归一化均方误差
+    NMSE <- sum((obs-pred)^2)/(sum((obs-mean(obs))^2))
+    # 计算判定系数 Rsquared
+    Rsqured <- cor(pred,obs)^2
+    # 返回向量形式
+    return(c('MAE' = MAE,'MSE' = MSE,'RMSE' = RMSE,'NMSE' = NMSE,'Rsqured' = Rsqured))
+ }
> # 计算各指标度量值
> numericIndex(test$medv,pred)
       MAE        MSE       RMSE       NMSE    Rsqured
 3.4565308 26.6531431  5.1626682  0.3731474  0.6461423
```

回归模型对测试集进行预测后得到的 MAE 值为 3.46、RSME 值为 5.16、R^2 为 0.65。我们也可以直接利用 caret 包的 postResample()函数得到这 3 个评估指标的值。

```
> library(caret)
> postResample(pred,test$medv)
     RMSE  Rsquared       MAE
5.1626682 0.6461423 3.4565308
```

结果与自定义函数计算的一致。MAE 和 RMSE 这两个指标是目前数值预测模型评估最常用的指标,也是深度学习最常用的两个评估指标。

12.1.2　概率预测评估方法

概率预测是对目标变量中各类别出现的可能性进行预测,本质上是分类问题(通过各类别出现的概率大小确定取某一类)。常用评估方法有:混淆矩阵、ROC曲线、KS 曲线、累计提升图等。

混淆矩阵及相关指标

1.混淆矩阵

处理分类问题的评估思路,最常见的就是通过混淆矩阵,结合分析图表综合评价。二元分类混淆矩阵如表 12-1 所示。

表 12-1　　　　　　　　　　　　　二元分类混淆矩阵

		预测类别	
		1	0
实际类别	1	TP	FN
	0	FP	TN

先对表 12-1 中的 TP、TN、FP、FN 进行解释。

- True Positive(TP):指模型预测为正(1),并且实际上也的确是正(1)的观察对象的数量。
- True Negative(TN):指模型预测为负(0),并且实际上也的确是负(0)的观察对象的数量。
- False Positive(FP):指模型预测为正(1),但是实际上是负(0)的观测对象的数量。
- False Negative(FN):指模型预测为负(0),但是实际上是正(1)的观测对象的数量。

接下来，可以根据混淆矩阵得到以下评估指标。

（1）准确率（accuracy）：模型总体的正确率，是指模型能正确预测正（1）和负（0）的对象数量与预测对象总体的比值。公式如下：

$$\frac{TP+TN}{TP+FP+FN+TN}$$

（2）错误率（error rate）：模型总体的错误率，是指模型错误预测正（1）和负（0）的观测对象的数量与预测对象总数的比值，即1减去准确率的差。公式如下：

$$1-\frac{TP+TN}{TP+FP+FN+TN}$$

（3）灵敏性（sensitivity）：又叫召回率、击中率或真正率，模型正确识别为正（1）的对象占全部观测对象中实际为正（1）的对象数量的比值。公式如下：

$$\frac{TP}{TP+FN}$$

（4）特效性（specificity）：又叫真负率，模型正确识别为负（0）的对象占全部观测对象中实际为负（0）的对象数量的比值。公式如下：

$$\frac{TN}{TN+FP}$$

（5）精度（precision）：模型的精度是指模型正确识别为正（1）的对象占模型识别为正（1）的观测对象总数的比值。公式如下：

$$\frac{TP}{TP+FP}$$

（6）错正率（false positive rate）：又叫假正率，模型错误地识别为正（1）的对象数量占实际为负（0）的对象数量的比值。公式如下：

$$\frac{FP}{TN+FP}$$

（7）负元正确率（negative predictive value）：模型正确识别为负（0）的对象数量占模型识别为负（0）的观测对象总数的比值。公式如下：

$$\frac{TN}{TN+FN}$$

（8）正元错误率（False Discovery Rate）：模型错误识别为正（1）的对象数量占模型识别为正（1）的观测对象总数的比值。公式如下：

$$\frac{FP}{TP+FP}$$

（9）提升度（Lift Value）：它表示经过模型，预测能力提升了多少，通常与不利用模型相比较（一般为随机情况）。公式如下：

$$\frac{TP/(TP+FP)}{(TP+FN)/(TP+FP+FN+TN)}$$

其中强调预测准确程度的指标有准确率、精度和提升率；强调预测覆盖程度的指标有灵敏性/召回率、特效性和错正率。

还可以用F1-SCORE来既强调覆盖又强调精准程度，其为精度和灵敏性的调和平均。公式如下：

$$F1=\frac{2(Precision\times Specificity)}{Precision+Specificity}=\frac{2TP}{(2TP+FP+FN)}$$

接下来，利用 DAAG 包的数据集 anesthetic 为例进行演示。数据集来自一组医学数据，其中变量 conc 表示麻醉剂的用量，move 则表示手术病人是否有所移动，而我们用 nomove 作为因变量，研究的重点在于 conc 的增加是否会使 nomove 的概率增加。以下代码利用逻辑回归构建二分类预测模型，以 0.5 作为预测概率的划分阈值，大于 0.5 预测概率的样本类别为 1，否则为 0，最后利用 table()函数得到混淆矩阵，并计算各评估指标值。

```
> # install.packages("DAAG")
> library(DAAG)
> data(anesthetic)
> anes1=glm(factor(nomove)~conc,family=binomial(link='logit'),data=anesthetic)
> # 对模型做出预测结果
> pre=predict(anes1,type='response') # 得到的是样本为 1 类别时的预测概率值
> # 以 0.5 作为分界点
> result <- ifelse(pre>0.5,1,0)
> # install.packages("DAAG")
> library(DAAG)
> data(anesthetic)
> anes1=glm(factor(nomove)~conc,family=binomial(link='logit'),data=anesthetic)
> # 对模型做出预测结果
> pre=predict(anes1,type='response') # 得到的是样本为 1 类别时的预测概率
> # 以 0.5 作为分界点
> result <- ifelse(pre>0.5,1,0)
> # 构建混淆矩阵
> confusion<-table(actual=anesthetic$nomove,predict=result)
> confusion
        predict
actual   0    1
     0  10    4
     1   2   14
> # 计算各指标（1 为正样本，0 为负样本）
> (TP <- confusion[4])
[1] 14
> (TN <- confusion[1])
[1] 10
> (FP <- confusion[3])
[1] 4
> (FN <- confusion[2])
[1] 2
> (Accuracy <- (sum(TN) + sum(TP))/sum(confusion)) #准确率
[1] 0.8
> (Precision <- TP/(TP+FP)) # 精度
[1] 0.7777778
> (Recall <- TP/(TP+FN)) # 灵敏性/召回率
[1] 0.875
> (F1 <- 2*TP/(2*TP+FP+FN)) # F1-score
[1] 0.8235294
> (FPR <- FP/(TN+FP)) #假正率
[1] 0.2857143
```

以下代码直接利用 caret 包中的 confusionMatrix()函数生成混淆矩阵完成分类预测模型的性能评估。

```
> # 使用 confusionMatrix()函数
> library(caret)
> confusionMatrix(data = factor(result), # 预测结果
+                 reference = factor(anesthetic$nomove), # 实际结果
+                 positive = '1', # 指定类别 1 为正样本
+                 mode = "prec_recall") # 设置为精度和查全率模式
Confusion Matrix and Statistics

          Reference
Prediction  0    1
         0 10    2
         1  4   14

                Accuracy : 0.8
```

```
                95% CI : (0.6143, 0.9229)
    No Information Rate : 0.5333
    P-Value [Acc > NIR] : 0.002316

                 Kappa : 0.5946

 Mcnemar's Test P-Value : 0.683091

             Precision : 0.7778
                Recall : 0.8750
                    F1 : 0.8235
            Prevalence : 0.5333
        Detection Rate : 0.4667
  Detection Prevalence : 0.6000
     Balanced Accuracy : 0.7946

       'Positive' Class : 1
```

2. ROC 曲线

ROC（Receiver Operating Characteristic，受试者工作特征）曲线来源于信号检测理论，它显示了给定模型的灵敏性真正率与假正率（False Postive Rate）之间的比较评定。给定一个二元分类问题，通过对测试数据集可以正确识别"1"实例的比例与模型将"0"实例错误地识别为"1"的比例进行分析，来进行不同模型的准确率的比较评定。真正率的增加是以假正率的增加为代价的，ROC 曲线下与坐标轴围成的面积（Area Under Curve，AUC）就是比较模型准确度的指标和依据。AUC 大的模型对应的模型准确度要高，也就是要择优应用的模型。AUC 越接近 0.5，对应的模型的准确率就越低。AUC 值越接近 1，模型效果越好，通常情况下，当 AUC 在 0.8 以上时，模型就基本可以接受了。ROC 曲线如图 12-1 所示。

图 12-1 中的实线就是 ROC 曲线。图 12-1 中以假正率为横轴，代表在所有正样本中，被判断为假正的概率，又写 1-Specificity；以真正率（True Positive Rate，TPR）为纵轴，代表在所有正样本中，被判断为真正的概率，又称为灵敏性。可见，ROC 曲线的绘制还是非常容易的。只要利用预测为正的概率对样本进行降序排列后，再计算出从第一个累积到最后一个样本的真正率和假正率，就可以绘制 ROC 曲线了。

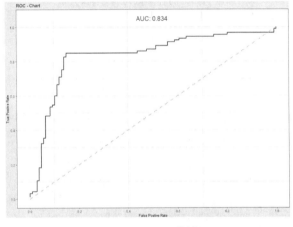

图 12-1　ROC 曲线

让我们继续利用之前的类别为 1 的预测概率，结合样本实际类别，通过以下代码计算出从第一个累积到最后一个样本的真正率和假正率。

```
> # 构建结果数据集
> result <- data.frame(pre_prob = pre,true_label = anesthetic$nomove)
> result <- result[order(result$pre_prob,decreasing = T),] # 按照预测概率进行降序排列
> result$cumsum <- cumsum(rep(1,nrow(result))) # 统计累计样本数量
> result$poscumsum <- cumsum(result$true_label) # 统计累计正样本数量
> result$tpr <- round(result$poscumsum/sum(result$true_label==1),3) # 计算真正率
> result$fpr <- round((result$cumsum-result$poscumsum)/sum(result$true_label== 0),3) # 计
算假正率
> result$lift <- round((result$poscumsum/result$cumsum)
/(sum(result$true_label==1)/nrow(result)),2) # 计算提升度
> head(result)
    pre_prob  true_label  cumsum  poscumsum  tpr  fpr  lift
6  0.9994179      1         1         1    0.062    0  1.88
```

```
13   0.9994179        1        2        2 0.125        0 1.88
7    0.9196901        1        3        3 0.188        0 1.88
9    0.9196901        1        4        4 0.250        0 1.88
12   0.9196901        1        5        5 0.312        0 1.88
15   0.9196901        1        6        6 0.375        0 1.88
> tail(result)
     pre_prob   true_label   cumsum   poscumsum    tpr      fpr     lift
11   0.1176095        0       25          15      0.938    0.714    1.12
18   0.1176095        0       26          15      0.938    0.786    1.08
19   0.1176095        1       27          16      1.000    0.786    1.11
21   0.1176095        0       28          16      1.000    0.857    1.07
22   0.1176095        0       29          16      1.000    0.929    1.03
24   0.1176095        0       30          16      1.000    1.000    1.00
```

结果中变量 pre_prob 是预测为正的概率，按照从大到小进行降序排列；变量 true_label 是实际类别；变量 cumsum 是所有样本累计数量；变量 poscumsum 是正样本累计数量；变量 tpr、fpr、lift 在此为真正率、假正率和提升度。result 前 6 行中第一个样本的预测概率为 0.9994179；实际类别为 1；所有样本累计数量和正样本累计数量均为 1；真正率为 0.062（1/16）；假正率为 0（0/14）；提升度为 1.88（(1/1)/(16/30)），即当前累计样本的正样本比例除以整体正样本的比例。result 后 6 行中第一个样本的预测概率为 0.1176095；实际类别为 0；所有样本累计数量为 25；正样本累计数量均为 15；真正率为 0.938（15/16）；假正率为 0.714（(25−15)/14）；提升度为 1.12（(15/25)/(16/30)），即当前累计样本的正样本比例除以整体正样本的比例。

接下来，利用 result 中的变量 tpr 和 fpr，可以非常轻松地绘制出 ROC 曲线，运行以下代码得到结果如图 12-2 所示。

```
> # 画出 ROC 曲线
> library(ggplot2)
> if(!require(ROCR)) install.packages("ROCR")
> ggplot(result) +
+   geom_line(aes(x = result$fpr, y = result$tpr),color = "red1",size = 1.2) +
+   geom_segment(aes(x = 0, y = 0, xend = 1, yend = 1), color = "grey", lty = 2,size = 1.2) +
+   annotate("text", x = 0.5, y = 1.05,
+                   label=paste('AUC:',round(ROCR::performance(prediction(result$pre_prob,
result$true_label),'auc')@y.values[[1]],3)),
+            size=6, alpha=0.8) +
+   scale_x_continuous(breaks=seq(0,1,.2))+
+   scale_y_continuous(breaks=seq(0,1,.2))+
+   xlab("False Postive Rate")+
+   ylab("True Postive Rate")+
+   ggtitle(label="ROC - Chart")+
+   theme_bw()+
+   theme(
+     plot.title=element_text(colour="gray24",size=12,face="bold"),
+     plot.background = element_rect(fill = "gray90"),
+     axis.title=element_text(size=10),
+     axis.text=element_text(colour="gray35"))
```

以上代码在计算 AUC 值时用到了 ROCR 包的 performance() 函数。从图 12-2 可知，AUC 值为 0.85，模型效果不错。

其实 R 语言的 ROCR 包已经实现了绘制 ROC 曲线功能，并且可以输出对应的 AUC 值。ROCR 包通过可视化方法根据得分评估分类器的性能，其中，ROC 曲线、敏感度/特异度曲线、提升图、精度/召回率是权衡可视化中用于具体成对性能指标的经典方法。ROCR 包是用于创建阈值参数化的二维性能曲线的灵活工具，对应的两个性能指标可以从超过 25 个性能指标中选取，并且自由组合。其中主要函数为 performance()，其基本表达形式为：

```
performance(prediction.obj, measure, x.measure="cutoff", ...)
```

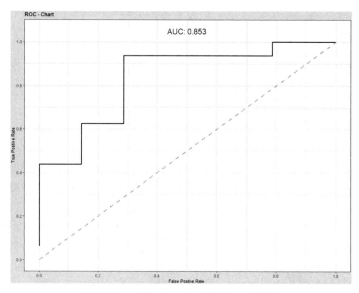

图 12-2　利用 ggplot2 绘制 ROC 曲线

performance()函数的主要参数及说明如表 12-2 所示。

表 12-2　　　　　　　　　　performance()函数的主要参数及说明

参数	说明
prediction.obj	prediction 类的对象
measure	用于评估的性能指标，如下为可用性能指标。 acc：总体准确率。 err：总体错误率。 fpr：假正率。 fall：虚报率，与 fpr 一样。 rec：召回率。 sens：灵敏度。 fnr：假负率。 miss：漏报率，与 fnr 一样。 tnr：负元覆盖率。 spec：特异性，与 tnr 一样。 ppv：准确率。 prec：精度，与 ppv 一样。 npv：负元正确率。 pcfall：错误率。 pcmiss：负元错误率。 rpp：正类预测占比。 rnp：负类预测占比。 phi：ϕ 相关系数。 mat：马修斯相关系数，与 phi 一样。 mi：互信息。 odds：优势比。 lift：提升度。

参数	说明
measure	f：F 值。 rch：ROC 凸包，从 ROC 曲线（tpr 与 fpr）中移走了凹陷部分。 auc：ROC 曲线下方的面积。 cal：矫正误差。 mxe：平均交叉熵。 rmse：均方根误差。 sar：组合不同特性的性能指标得分。 ecost：预期成本。 cost：误分类时的错误成本
x.measure	第二个性能指标，如果与默认的指标不同，便会以 x.measure 作为横轴方向的单位，并且以 measure 作为纵轴方向的单位创建一条二维曲线。该曲线用 cutoff 进行参数化

以下代码利用 ROCR 包直接绘制 ROC 曲线，结果如图 12-3 所示。

```
> # 利用 ROCR 包绘制 ROC 曲线
> library(ROCR)
> pred1 <- prediction(pre,anesthetic$nomove)
> # 设置参数，横轴为假正率 fpr，纵轴为真正率 tpr
> perf <- performance(pred1,'tpr','fpr')
> # 绘制 ROC 曲线
> plot(perf,main = "利用 ROCR 包绘制 ROC 曲线")
```

以下代码利用 performance() 函数计算 AUC 值。

```
> # 计算 AUC 值
> auc.adj <- performance(pred1,'auc')
> auc <- auc.adj@y.values[[1]]
> auc
[1] 0.8526786
```

概率预测评估方法-
KS 曲线和累计提
升图

3. KS 曲线

KS 曲线基于 Kolmogorov-Smirnov 的两样本检验的思想，按预测概率从大到小的顺序划分等分位数并分别统计正负样本的累积函数分布，检验其一致性。分布相差越大，模型效果越好；分布越接近，模型效果越差。KS 曲线如图 12-4 所示。

图 12-4 中的两条折线分别代表各分位点下的正例覆盖率和 1-负例覆盖率，通过两条曲线很难对模型的好坏做评估，一般会选用最大的 KS 值作为衡量指标。KS 值的计算公式为 KS= Sensitivity−(1−Specificity)= Sensitivity+ Specificity−1。对于 KS 值而言，也是希

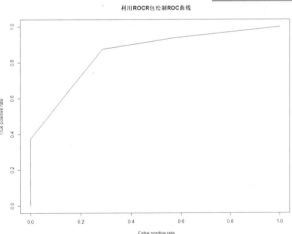

图 12-3 利用 ROCR 包绘制 ROC 曲线

望越大越好，通常情况下，当 KS 值大于 0.2 时，说明模型具有区分能力，预测效果可能达到使用要求。

这里仍利用 result 结果集，使用 ggplot2 包绘制 KS 曲线，运行以下代码得到结果如图 12-5 所示。

```
> # 画出 KS 曲线
> ggplot(result) +
+    geom_line(aes((1:nrow(result))/nrow(result),result$tpr),colour = "red2",size = 1.2) +
+    geom_line(aes((1:nrow(result))/nrow(result),result$fpr),colour = "blue3",size = 1.2) +
```

```
+          annotate("text", x = 0.5, y = 1.05, label=paste("KS=", round(which.max
(result$tpr-result$fpr)/nrow(result), 4),
+               "at Pop=", round(max(result$tpr-result$fpr), 4)), size=6, alpha=0.8)+
+     scale_x_continuous(breaks=seq(0,1,.2))+
+     scale_y_continuous(breaks=seq(0,1,.2))+
+     xlab("Total Population Rate")+
+     ylab("TP/FP Rate")+
+     ggtitle(label="KS - Chart")+
+     theme_bw()+
+     theme(
+       plot.title=element_text(colour="gray24",size=12,face="bold"),
+       plot.background = element_rect(fill = "gray90"),
+       axis.title=element_text(size=10),
+       axis.text=element_text(colour="gray35"))
```

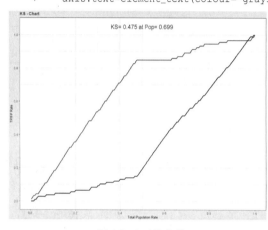

图 12-4　KS 曲线

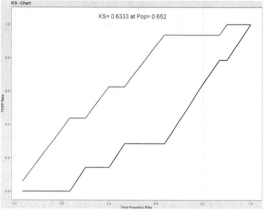

图 12-5　利用 ggplot2 包绘制 KS 曲线

从图 12-5 可知，KS 值为 0.63，远大于 0.2，说明模型效果良好。

4．累积提升图

上文介绍过提升度的概念，它是指经过模型得到的准确率和未使用模型的情况下正样本占总样本得到比例的比值。累积提升图是基于各分位数对应区间的提升度来绘制的。假设全体样本量为 N，目标分类（正类）样本共有 M 个样本，预测分类的概率经降序排列后，按分位数等分成 q份，那么对于第 i 个分位数对应的提升度，定义如下：

$$\text{lift}_i = \frac{M_i / \left(\dfrac{N}{q}\right)}{\dfrac{M}{N}} = \frac{qM_i}{M}$$

result 结果集最后一列已经统计好各样本从首到尾的累积提升度，通过以下代码直接利用 ggplot2 包绘制累积提升图，结果如图 12-6 所示。

```
> # 画累积提升图
> ggplot(result) +
+     geom_line(aes(x = (1:nrow(result))/nrow(result), y = result$lift),color = "red3",size = 1.2) +
+     scale_x_continuous(breaks=seq(0,1,.2))+
+     xlab("Total Population Rate")+
+     ylab("Lift value")+
+     ggtitle(label="LIFT - Chart")+
+     theme_bw()+
+     theme(
+       plot.title=element_text(colour="gray24",size=12,face="bold"),
+       plot.background = element_rect(fill = "gray90"),
+       axis.title=element_text(size=10),
+       axis.text=element_text(colour="gray35"))
```

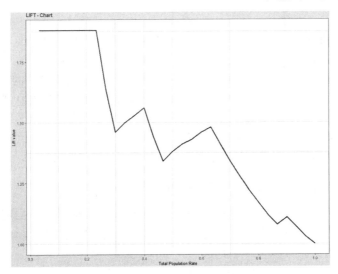

图 12-6　利用 ggplot2 包绘制累积提升图

为了方便绘制 ROC 曲线、KS 曲线、累积提升图，我们将以上的绘图代码封装在 plotCurve() 函数中，并利用 ROCR 包自带的数据集 ROCR.simple 进行验证。该数据集很简单，以列表形式存储，第一部分是预测为正的概率；第二部分是实际标签。利用 plotCurve() 函数绘制 ROC 曲线、KS 曲线和累积提升图，结果如图 12-7 所示。

```
> # 读入封装好的 R 代码
> source('自定义绘制各种曲线函数.R')
> # 加载 ROCR.simple 数据集
> library(ROCR)
> data(ROCR.simple)
> # 绘制各种曲线
> pc <- plotCurve(pre_prob=ROCR.simple$predictions,
+                 true_label=ROCR.simple$labels)
> # 查看各种曲线
> library(gridExtra)
> grid.arrange(pc$roc_curve,pc$ks_curve,pc$lift_curve,ncol = 3)
```

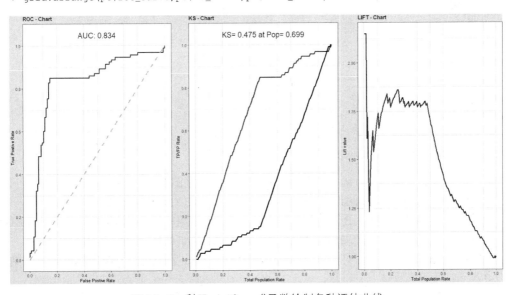

图 12-7　利用 plotCurve() 函数绘制各种评估曲线

模型参数优化

12.2 模型参数优化

参数是指算法中的未知数，有的需要人为指定，比如神经网络算法中的学习率、迭代次数等，这些参数在深度学习中又称为超参数；有的是从数据中拟合而来的，比如线性回归中的系数。在使用选定算法进行建模时设定或得到的参数很可能不是最优或接近最优时设定，这时需要对参数进行优化以得到更优的预测模型。常用的参数优化方法主要包括训练集、验证集和测试集的引入，K 折交叉验证，网格搜索等。

12.2.1 训练集、验证集、测试集的引入

在模型的训练过程中可以引入验证集策略来防止模型的过拟合，即将数据集分为 3 个子集：训练集，用来训练模型；验证集，用来验证模型效果，帮助模型调优；测试集，用来测试模型的泛化能力，避免模型过拟合。"三分数据"训练示意图如图 12-8 所示。

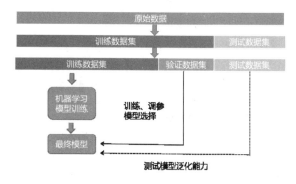

图 12-8 "三分数据"训练示意图

我们也可以一次性将原始数据划分为训练集、验证集和测试集。也可不划分验证集，比如深度学习训练模型时，可以通过某些参数指定将训练集按照多少比例拆分出验证集来调优模型。

此处我们用 R 语言中的 keras 包来对手写数字进行辨识。Keras 是 TensorFlow 高级集成 API，是一个对用户非常友好而简单的深度学习框架。RStudio 公司提供了 R 语言与 Keras 的 API 接口，kears 包的安装相对烦琐，本书不做介绍。

数据集 MNIST 全称为 Modified National Institute of Standards and Technology，MNIST 数据为 7 万幅（6 万幅训练样本+1 万幅测试样本）0～9 的手写数字图像。通过以下命令将 MNIST 的 4 个数据集导入 R。

```
> # 导入数据集
> library(keras)
> c(c(x_train,y_train),c(x_test,y_test )) %<-% dataset_mnist()
> # 查看数据集的维度
> cat('x_train shape:',dim(x_train))
x_train shape: 60000 28 28
> cat('y_train shape:',dim(y_train))
y_train shape: 60000
> cat('x_test shape:',dim(x_test))
x_test shape: 10000 28 28
> cat('y_test shape:',dim(y_test))
y_test shape: 10000
```

x_train、x_test 分别是 6 万幅、1 万幅 28×28 像素的数字图像；y_train、y_test 分为是 6 万个、1 万个的数字 0～9 的标签。在此我们简单了解下图像原理：28×28=784 的像素（pixel）组成一幅图像；而每个彩色的像素是由 R、B、G 这 3 个由 0～255 的数字组成，由于这里的像素是黑白的像素，所以一个像素只有 1 个数字；0～255，数字越大颜色越浅，比如 0 为黑色，255 为白色。

通过以下代码，绘制训练集中前 9 幅数字图像，并将数字标签作为图像标题展示，结果如图 12-9 所示。

```
> # 对数字图像进行可视化
> par(mfrow=c(3,3))
> for(i in 1:9){
```

```
+       plot(as.raster(x_train[i,,],max = 255))
+       title(main = paste0('数字标签为: ',i))
+ }
> par(mfrow = c(1,1))
```

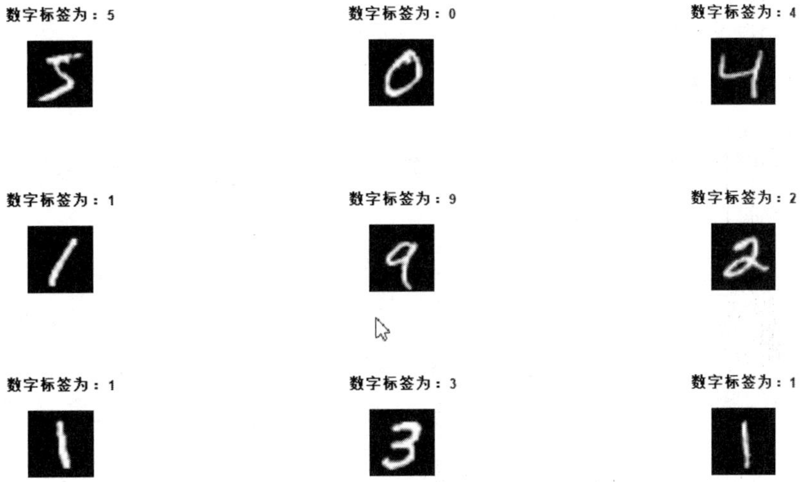

图 12-9　通过 plot()函数绘制前 9 幅数字图像

在入模前，需要对数据进行预处理，使其达到入模要求。

```
> x_train <- array_reshape(x_train,c(nrow(x_train),784))
> x_test <- array_reshape(x_test,c(nrow(x_test),784))
> x_train <- x_train / 255
> x_test <- x_test / 255
> y_train <- to_categorical(y_train,10)
> y_test <- to_categorical(y_test,10)
```

建立深度神经网络模型（deep neural network），网络结构如下。

- 输入层。每幅图像的形状为 784 的数字输入层。
- 第一层。使用"relu"激活函数的 256 个张量的隐藏层。
- 第二层。使用"relu"激活函数的 128 个张量的隐藏层。
- 输出层。使用"softmax"激活函数的 10 个神经元的输出层。

```
> # 构建网络结构
> model <- keras_model_sequential()
> model %>%
+   layer_dense(units = 256,activation = 'relu',input_shape = c(784)) %>%
+   layer_dense(units = 128,activation = 'relu') %>%
+   layer_dense(units = 10,activation = 'softmax')
> summary(model)
```

Layer (type)	Output Shape	Param #
dense (Dense)	(None, 256)	200960
dense_1 (Dense)	(None, 128)	32896
dense_2 (Dense)	(None, 10)	1290

```
Total params: 235,146
Trainable params: 235,146
Non-trainable params: 0
```

最后，编译和训练模型。在训练模型时，指定参数 validation_split 值为 0.2，则 6 万幅图像的 80%用来训练，20%用来验证。训练后的模型效果如图 12-10 所示。

```
> # 编译和训练深度学习模型
> model %>%
+   compile(loss = 'categorical_crossentropy',
+           optimizer = optimizer_rmsprop(),
+           metrics = c('accuracy'))
> history <- model %>% fit(
+   x_train,y_train,
+   epochs = 10,batch_size = 128,
+   validation_split = 0.2
+ )
> plot(history)
```

从图 12-10 可知，经过 10 次迭代，最后得到训练集的 acc（准确率）为 0.9964，验证集的 acc 为 0.9776。

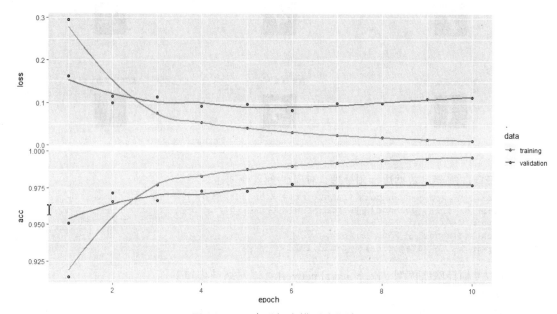

图 12-10　查看每次模型迭代效果

最后，让我们利用测试数据集对模型效果进行评估。

```
> # 评估模型效果
> DNN_score <- model %>% evaluate(x_test,y_test)
10000/10000 [==============================] - 1s 139us/sample - loss: 0.1036 - acc: 0.9769
> DNN_score$acc # 查看测试集的准确率
[1] 0.9769
```

测试集的准确率为 0.9769，说明模型拟合效果很好，且未出现过拟合，说明该模型是可以投入应用的深度学习模型。

12.2.2　K 折交叉验证

K 折交叉验证是采用某种方式将数据集切分为 k 个子集，每次采用其中的一个子集作为模型的测试集，余下的 $k-1$ 个子集用于模型训练；这个过程重复 k 次，每次选取作为测试集的子集均不相同，直到每个子集都测试过；最终将 k 次测试结果的均值作为模型的效果评价。显然，交叉验证结果的稳定性很大程度取决于 k 的取值。k 常用的取值是 10，此时称为 10 折交叉验证。在此给出 10 折交叉验证的示意图，如图 12-11 所示。

K 折交叉验证在切分数据集时有多种方式，其中最常用的一种是随机不放回抽样，即随机地将数据集平均切分为 k 份，每份都没有重复的样例。另一种方式常用的切分方式是分层抽样，即按照因变量类别百分比划分数据集，使每个类别百分比在训练集和测试集中都一样。

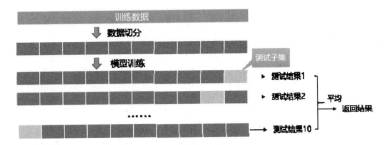

图 12-11　10 折交叉验证

让我们利用汽车满意度数据集 car 来演示 10 折交叉验证的用法。

根据 buy、main、doors、capacity、lug_boot、safety 来预测 accept 的值，其中自变量和因变量均为因子变量。我们以准确率为度量指标，将 car 数据集分成 10 份，利用决策树算法构建分类器，并最终查看平均准确率。

以下代码将数据按照变量 accept 类别百分比将数据切分为 10 份，并利用 for 循环实现 10 折交叉验证，并查看最终的平均准确率。

```
> # 导入 car 数据集
> car <- read.table("../data/car.data",sep = ",")
> # 对变量重命名
> colnames(car) <- c("buy","main","doors","capacity",
+                     "lug_boot","safety","accept")
> # 手动构建 10 折交叉验证
> #下面构造 10 折下标集
> library(caret)
> ind<-createFolds(car$accept,k=10,list=FALSE,returnTrain=FALSE)
> # 下面再做 10 折交叉验证，这里仅给出训练集和测试集的分类平均误判率
> E0=rep(0,10);E1=E0
> library(C50)
> for(i in 1:10){
+     n0=nrow(car)-nrow(car[ind==i,]);n1=nrow(car[ind==i,])
+     a=C5.0(accept~.,car[!ind==i,])
+     E0[i]=sum(car[!ind==i,'accept']!=predict(a,car[!ind==i,]))/n0
+     E1[i]=sum(car[ind==i,'accept']!=predict(a,car[ind==i,]))/n1
+ }
> (1-mean(E0));(1-mean(E1))
[1] 0.9886195
[1] 0.9745528
```

可见，经过了 10 折交叉验证后，10 次训练集的平均准确率为 0.9886195，测试训练集的平均准确率为 0.9745528。

手写交叉验证略微麻烦，以下代码使用 caret 包的 train() 函数来建模并自动实施 10 折交叉验证。首先，设置训练控制参数，进行重复 3 次的 10 折交叉验证。

```
> library(caret)
> control <- trainControl(method="repeatedcv",number=10,repeats=3)
```

以下代码将参数 method 设置为 rpart，模型将调用 raprt 算法生成分类模型。

```
> # 利用 caret 包中的 trainControl() 函数完成交叉验证
> library(caret)
> control <- trainControl(method="repeatedcv",number=10,repeats=3)
> model <- train(accept~.,data=car,method="rpart",
+                trControl=control)
> model
CART

1728 samples
   6 predictor
   4 classes: 'acc', 'good', 'unacc', 'vgood'
```

```
No pre-processing
Resampling: Cross-Validated (10 fold, repeated 3 times)
Summary of sample sizes: 1554, 1556, 1556, 1555, 1556, 1556, ...
Resampling results across tuning parameters:

    cp          Accuracy     Kappa
    0.04633205  0.7835686    0.5375123
    0.05598456  0.7743243    0.5476656
    0.07528958  0.7324543    0.2435594

Accuracy was used to select the optimal model using the largest value.
The final value used for the model was cp = 0.04633205.
> plot(model)
```

先使用 trainControl 设置检验的控制参数，确定为 10 折交叉验证，反复进行 3 次，目的是减少模型评价的不稳定性，这样得到 30 次检验结果。训练过程完成后，模型将输出 3 次重新采样的结果，其中，cp 值为 0.04633205 的模型准确率最高（0.7835686），因此被确定为分类最优模型。利用 plot()函数绘制的图 12-12 也可以直观进行参数选择。

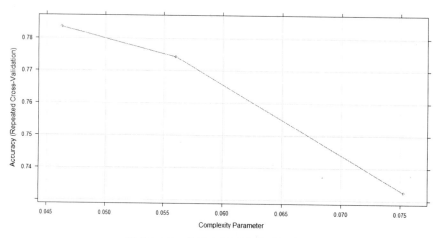

图 12-12　使用交叉验证来选择参数

从图 12-12 可知，当 cp 值为 0.0463 时，模型准确率最高，为 0.783。

12.2.3　网格搜索

网格搜索的基本原理是将各参数变量值的区间划分为一系列的小区间，并按顺序计算出对应各参数变量值组合所确定的目标值（通常是误差），并逐一择优，以得到该区间内最小目标值及其对应的最佳参数值。该方法可保证所得的搜索解释为全局最优或接近最优，可避免产生重大的误差。网格搜索示意图如图 12-13 所示。

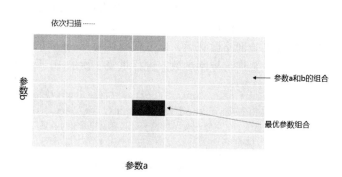

图 12-13　网格搜索示意图

同样利用 caret 包实现网格搜索，自动找出最优模型的参数组合。

第一步，通过以下代码使用 trainControl()函数设置模型训练时用到的参数，其中参数 method 使用重抽样方法。此处，" repeatedcv "表示重复交叉验证，参数 number 表示 K 折交叉验证，此处是

10 折交叉验证。参数 repeats 表示反复进行的次数，此处设置为 5。

```
> set.seed(1234)
> library(caret)
> fitControl <- trainControl(method = 'repeatedcv',
+                            number = 10,
+                            repeats = 5)
```

第二步，设置网格搜索的参数池，也就是设定参数的选择范围。这里选用机器学习中的梯度提升机（Gradient Boosting Machine，GBM）算法，该算法在 R 语言中的 gbm 包实现，可以通过 install.packages("gbm")进行在线安装。gbm()函数的参数很多，这里我们对其中 4 个参数进行了设定，分别为迭代次数（n.trees）、树的复杂度（interaction.depth）、学习率（shrinkage）、训练样本的最小数目（n.minobsinnode）。以下代码设定了 60 组参数组合。

```
> gbmGrid <- expand.grid(interaction.depth = c(3,5,9),
+                        n.trees = (1:20)*5,
+                        shrinkage = 0.1,
+                        n.minobsinnode = 20)
> nrow(gbmGrid)
[1] 60
```

第三步，利用 train()函数来进行模型训练及得到最优参数组合。该函数会遍历第二步得到的所有参数组合，并得到使评价指标最大的参数组合作为输出。参数 method 设置为"gbm"，表示选用 GBM 模型，参数 metric 设置为"Accuracy"，表示用准确率作为模型性能的评价指标。运行以下代码，会得到使模型最优的参数组合。

```
> # 训练模型，找出最优参数组合
> gbmfit <- train(accept ~ .,data = car,
+                 method = 'gbm',
+                 trControl = fitControl,
+                 tuneGrid = gbmGrid,
+                 metric = 'Accuracy')
> gbmfit$bestTune # 查看模型最优的参数组合
   n.trees    interaction.depth shrinkage n.minobsinnode
60 100        9                 0.1       20
```

当 n.trees=100、nteraction.depth=9、shrinkage=0.1、n.minobsinnode=20 时，模型在所有参数组合中达到最优。可以通过 plot()函数查看每一个组合下的准确率，如图 12-14 所示。

```
> plot(gbmfit)
```

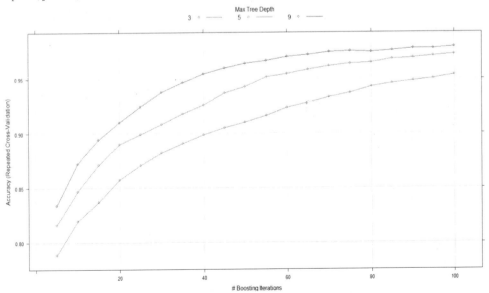

图 12-14　准确率与迭代次数的折线图

12.3　本章小结

　　本章首先介绍了数值预测和概率预测模型常用的评估指标的定义及 R 语言实现。特别是通过混淆矩阵构建各项指标是目前分类预测模型评估中最常用的方法，该方法简单实用，特别容易比较各模型间的优劣，挑选出较优模型。然后介绍了模型参数的优化，文中介绍的数据分区、K 折交叉验证的方法，是目前机器学习中对模型调优非常有用的方法之一。

12.4　本章练习

一、判断题

1. 阈值移动只影响对新数据分类时模型如何做出决策。（　　）

　　A．对　　　　　　　　B．错

2. 阈值移动不涉及抽样，而是根据输出值返回决策分类，如逻辑回归原始划分阈值为 0.5。（　　）

　　A．对　　　　　　　　B．错

二、多选题

1. 数值预测评估方法是（　　）。

　　A．绝对误差　　　　　　　　　　B．均方误差

　　C．归一化均方误差　　　　　　　D．均方根误差

2. 建模前为什么需要进行归一化？（　　）

　　A．为了后面数据处理的方便，归一化的确可以避免一些不必要的数值问题

　　B．为了程序运行时收敛加快

　　C．同一量纲。样本数据的评价标准不一样，需要对其量纲化，统一评价标准

　　D．保证输出数据中数值小的不被"吞食"

3. 数据不平衡问题可采用以下哪种方式处理？（　　）

　　A．过采样　　　　B．欠采样　　　　C．阈值移动　　　　D．组合技术

三、上机题

现有一份汽车满意度的数据集 car。

　　现需建立 buy、main、doors、capacity、lug_boot、safety 来预测 accept 值的模型，其中自变量和因变量为均为因子变量。要求使用 e1071 包的 tune.svm()函数实现 10 折交叉验证。